# 别让情绪害了你

宋丹丹 编著

吉林文史出版社
JILINWENSHICHUBANSHE

**图书在版编目（CIP）数据**

别让情绪害了你 / 宋丹丹编著 . -- 长春 : 吉林文史出版社 , 2017.3

ISBN 978-7-5472-3906-3

Ⅰ . ①别… Ⅱ . ①宋… Ⅲ . ①情绪－自我控制－通俗读物 Ⅳ . ① B842.6-49

中国版本图书馆 CIP 数据核字 (2017) 第 045525 号

# 别让情绪害了你

---

书　　名：别让情绪害了你
编　　著：宋丹丹
出 版 人：孙建军
责任编辑：程　明
封面设计：艺海晴空
文字编辑：陈凤玲
美术编辑：郭　静
出版发行：吉林文史出版社
电　　话：0431-86037509
地　　址：长春市人民大街 4646 号
邮　　编：130021
网　　址：www.jlws.com.cn
印　　刷：北京市昌平新兴胶印厂
开　　本：710 毫米 ×1000 毫米　1/16
印　　张：16 印张
字　　数：270 千字
印　　次：2017 年 3 月第 1 版　2017 年 3 月第 1 次印刷
书　　号：ISBN 978-7-5472-3906-3
定　　价：36.00 元

# 前言

情绪，是一个人各种感觉、思想和行为的一种心理和生理状态，是对外界刺激所产生的心理反应，以及附带的生理反应，包括喜、怒、忧、思、悲、恐、惊等情绪表现。比如，高兴的时候会手舞足蹈，发怒的时候会咬牙切齿，忧虑的时候会茶饭不思，悲伤的时候会痛心疾首……这些都是情绪在身体动作上的反映。情绪最可怕的就是“失控”，有人乐极生悲，有人自怨自艾，有人绝望自杀，原因何在？主要是情绪失控！其实，每个人都像在同自己战斗，情绪掌控能力差的人就会迷失自己，成为彻底的失败者；而情绪掌控能力强的人就能控制自己内心蠢蠢欲动的想法，能调节即将喷发的怒火，缓解内心的焦虑。唯有掌控好自己情绪的人,才能在人生的道路上走得更稳、更远。

现代医学已经证实，情绪源于心理，它左右着人的思维与判断，进而决定人的行为，影响人的生活。正面情绪使人身心健康，并使人上进，能给我们的人生带来积极的动力；负面情绪给人的体验是消极的，身体也会有不适感，进而影响工作和生活。情绪问题如果不予理会、不妥善处理就会越积越多，最后把你的一切都搅得面目全非。成功者掌控情绪，失败者被情绪掌控。处理情绪问题的关键在于学会对各种情绪进行调适，将其控制在适当的范围内。事实上，喜、怒、忧、思、悲、恐、惊等情绪表现，恰恰是成功与失败的关键，这些情绪的组合有着非凡的意义，掌控得当可助你成功，掌控不当就会导致失败，而成功与失败完全由你自己决定。

成功和快乐总是属于那些善于控制自己情绪的人。卓越的成功者活得充实、自信、快乐，平庸的失败者过得空虚、窘迫、颓废。究其原因，仅仅是因为这两类人控制情绪的能力不同。善于控制自己情绪的人，能在绝望的时候看到希望，能在黑暗的时候看到光明，所以他们心中永远燃烧着激情和乐观的火焰，永远拥有积极向上、不断奋斗的动力；而失败者并不是真的像他们所抱怨的那样缺少机会，或者是资历浅薄，甚至是上天不公。其实，大多数失败者失意时总是一味地抱怨而不思东山再起，落后时不想奋起直追，消沉时只会借酒消愁，得意时却又忘乎所以。他们之所以失败，就是因为他们没有很好地掌控自己的情绪 。

我们不妨试着放慢生活的节奏，腾出时间给身心松绑，这样才能让自己保持积极、健康的情绪。每个人心中都有把“快乐的钥匙”，但我们却常常不知如何掌管。一个成熟的人握住自己的快乐钥匙，他不期待别人使自己快乐，反而能将快乐与幸福带给他人。只有管理好情绪，用一颗平常心去体味人生，生活的泥潭和世俗的眼光才无法将我们击倒。我们不能因为有值得快乐的事情才快乐，我们还要为自己制造能够让自己快乐的事情。学会爱自己、照顾自己，拥有健康的体魄，用全部的爱来构建幸福的家庭，给自己的家人快乐，用真心和诚意与人相处、对人友善，以从容的姿态对待生活、享受生活。只有培养快乐的习惯，训练出快乐的性格，并且怀着感恩之心，才能向着属于自己的快乐出发。善于控制情绪，才能走向成功；善于控制情绪，才能拥有快乐人生！

《别让情绪害了你》是一部系统讲解情绪掌控原理、方法和现实运用的读本。本书首先从情绪的原理出发，全面、深入、系统地讲解情绪是什么，情绪有哪些方面等问题；其次，从情绪如何产生入手，讲解了人为什么会有不同情绪的产生，我们该如何使积极的情绪得到良好的培养以及怎样杜绝不良情绪的滋生；最后，从实际运用入手，通过比较实用、典型的方法和技巧来管理自己的情绪，最终达到掌控情绪的目的。同时，书中通过大量实例详细解读了情绪与心理的对应关系，并制定了如何在生活中保持健康情绪的方案，提出了行之有效的情绪掌控的方法，从不同角度向读者介绍了如何掌控自己的情绪，为读者的健康心理保健提供有力的保障。本书从心理学的角度解析了关于情绪的种种问题，可帮助读者了解情绪、掌控情绪并走出情绪陷阱，塑造一个平和、充实的人生，同时，也为那些正处于负面情绪中的人们提供一个走出困境的途径，帮助他们重新回到积极、乐观的生活中来。

# 目 录

## 上篇　认识自己的情绪


第一章　情绪是什么……2

情绪伴随我们一生……2

情绪是怎么一回事……3

情绪是一种反应形态……6

人人都有情绪周期……8

情商与情绪管理……10

情绪是一个警示信号……13

情绪的“蝴蝶效应”……14

第二章　是什么在影响你的情绪……16

性格对情绪的影响……16

我们为何会产生忧虑……17

是什么原因造成了悲观情绪……19

焦虑随时随处可以产生……21

自卑情绪生成的因素……23

为何负罪感久久不能散去……25

我们因什么而困惑……26

为什么内心无法宁静……28

抑郁对情绪的影响……30

**第三章　情绪的惊人力量……33**

情绪决定生活质量……33

情绪对认知和行为的影响……35

好心情对健康的积极效用……37

心情的颜色影响世界的颜色……39

1% 的坏心情导致 100% 的失败……40

**第四章　提升自我认识，摆脱情绪负债……43**

情绪债务从童年开始产生……43

情绪负债多半由自己造成……44

三种因素造成情绪负债……45

我们如何摆脱情绪负债……47

**第五章　提升认知更能拥有好情绪……49**

理清负面情绪的罪魁祸首……49

不断强化你的健康信念……51

从“森田疗法”中学会接受一切……54

不断提高自我对挫折的认知……56

完美主义是一种情绪问题……57

告别“灾难化信念”……60

解铃还须系铃人，理清情绪……62

改变情绪就可能等来机遇……64

# 中篇　失控的内心世界

第一章　情绪爆发，人体不定时的“炸弹”............ 68
看清你的情绪爆发............ 68
“情绪风暴”中人心容易失控............ 70
负面情绪消耗着我们的精神............ 72
负面情绪的极端爆发............ 73
勿让情绪左右自己............ 75
第二章　梦想遭遇灭顶之灾——恐惧爆发............ 77
时刻怀疑自己的能力............ 77
输给自己的假想敌............ 79
直面恐惧才能消除恐惧............ 81
不能正确认识已经历或未经历的事............ 83
内心怯懦容易导致失败............ 84
不轻易给自己下判决书............ 86
遭遇羞涩的情绪屏障............ 87
依赖心理过于严重............ 89
勇敢去做让你害怕的事............ 92
第三章　无法承受的心灵伤痛——悲伤爆发............ 94
沉浸在失去的痛苦中不能自拔............ 94
内心世界没有阳光............ 96
感觉挫折像暴雨一样袭来............ 97
认为难以找到理解自己的人............ 99

总为逝去的昨天流泪……100
忘不了苦难和不快……101
悲苦地面对生活……102

**第四章　不可抑制的气愤脱缰——愤怒爆发……105**

杀人不见血的“气”……105
及时停住你的愤怒冲动……107
总为无谓的小事抓狂……109
主动抑制愤怒情绪……110
认为事情到了无法容忍的地步……112
落入别人挖设的陷阱……113
愤怒是灵魂在折磨自身……115
愤怒不能随心所欲……117
战胜冲动这个魔鬼……118

**第五章　见不得别人比自己好——嫉妒爆发……121**

心胸狭隘让你“情非得已”……121
极度自卑导致妒火中烧……122
虚荣心如何引发嫉妒……123
缺失正确的竞争心理……125
在攀比中迷失自己……126
看不到自身独一无二的优点……127
化解嫉妒心理……129

**第六章　希望屡屡被现实击破——绝望爆发……132**

不要被别人偷走自己的梦想……132

怀着正面信念生活……133
学会苦中求乐……136
每天给自己一个希望……137
不要为无法控制的事情绝望……139
在绝望中追逐希望的光芒……140

**第七章 自己总遭遇“不公平”——抱怨爆发……143**

做不到顺其自然……143
不能坦然面对问题……144
对拥有的东西不去珍惜……146
受控于自己的缺陷……147
随时随地放大抱怨……148
将抱怨视作理所当然的事情……149

**第八章 难以走出心里的阴霾——郁闷爆发……151**

遇到不感兴趣的事……151
不够忙碌，身心空荡……152
在等待或拖延中耗费时光……154
不会从不快乐中解脱出来……155
没有一双善于发现美好的眼睛……157
思想中充塞消极情绪……159

**下篇 控制自己的情绪**

**第一章 我们为何总是情绪化——情绪认知……162**

接受并体察你的情绪……162

正确感知你所处的情绪 ........................................ 163

运用情绪辨析法则 ........................................ 165

了解我们自身的情绪模式 ........................................ 167

情绪同样有规律可循 ........................................ 169

用默剧的方式获知他人情绪 ........................................ 170

**第二章　探究我们的情绪发生——情绪动机......... 173**

善于运用情绪的自动发生系统 ........................................ 173

给你的情绪留一个思考空间 ........................................ 174

回忆也能存储情绪经历 ........................................ 176

勾勒一个美丽的情绪幻境 ........................................ 177

学会向别人倾诉真实的你 ........................................ 179

用表情带动你的积极情绪 ........................................ 181

**第三章　摸清情绪的来源——情绪评价............... 183**

对人对己，情绪归因有不同 ........................................ 183

情绪分析的"内观疗法" ........................................ 184

运用辩证法策略改善情绪 ........................................ 186

将换位思考运用在情绪分析中 ........................................ 188

消除因偏见产生的情绪问题 ........................................ 190

培养你的加法思维 ........................................ 192

行动前的利益权衡 ........................................ 193

**第四章　状态不好时换件事做——情绪转移......... 196**

换一个环境激发情绪 ........................................ 196

古老中医的神奇情绪疗法 ........................................ 198

给情绪注满鲜活的泉水……200
疲惫时，和工作暂时告别……201
不要死钻牛角尖……203
唱歌也能疏解情绪压力……204
第五章　消极情绪的积极评估——情绪转化……206
发掘负面情绪的价值……206
换个角度看问题……208
“ACT”疗法助你接受现实……210
积极的后悔才可能产生积极的情绪……212
第六章　别让不良情绪毁了你——情绪调控……214
以目标的形式改进情绪问题……214
不要被小事拖入情绪低谷……216
九型人格中的情绪调控……217
给生活加点让人愉悦的色彩……220
走出情绪调适的误区……221
第七章　微小情绪的强大力量——情绪传导……223
情绪具有感染力……223
用笑容改善情绪气场……225
领导者情绪的扩散效应……227
多和快乐的人在一起……229
第八章　心理暗示能左右心情——情绪激励……231
绕过苦难直达目标需要积极暗示……231
积极的自我暗示激发潜能……232

意识唤醒法使人走出悲伤情绪 ........................................ 234

**第九章 给负面情绪找个出口——情绪释放......... 237**

为情绪找一个出口 ........................................ 237

不要刻意压制情绪 ........................................ 239

情绪发泄掌握一个分寸 ........................................ 241

把负面情绪写在纸上 ........................................ 243

## 上 篇

# 认识自己的情绪

情绪是人对客观事物是否符合自身需要而产生的态度体验。在现实生活中，人们时而开心快乐时而悲伤忧虑，可见情绪是极其复杂的心理现象，伴随着身体的行为表现而发生变化。那么，我们如何认识自己的情绪呢？情绪又是如何影响你的日常生活、学习和工作的呢？情绪蕴涵着怎样惊人的力量？面对当前的情绪现状，如何提升认识拥有积极情绪？

# 第一章　情绪是什么

## 情绪伴随我们一生

生活中，我们难免会有各种各样的情绪随境而生。心中愉快时，我们就会开怀大笑；心中愤怒时，我们就会横眉竖眼；心中伤感时，我们就会泣涕涟涟。这些都是情绪的表达，仿佛也是我们与生俱来的技能。但是情绪有时候也会让我们十分苦恼，一些坏情绪干扰了我们的行为与生活，也给我们带来很多负面影响。

这就是情绪，无论你是否喜欢，它都与你绑在一起，伴随我们每个人的一生，它是客观事物是否符合人们需要、愿望和观点而产生的主观体验，也是对现实的反映，既体现了主体对客体的关系，也反映了主体对客体的态度和观点。

所以这种情绪反应带有很强烈的个人色彩，每个人因外物而引起的情绪体验都是不同的。如当你正在安静思考的时候，一声紧急的刹车声就有可能让你心生厌烦；但是换成另外一个人，他的情绪可能就不会受这种外界的干扰，还是专注于思考中。

另外，人们在不同的时间段引发的情绪体验也会有所不同：比如一个人在前一分钟可能还觉得桌子上摆着的盆栽很漂亮，但是下一分钟可能就会觉得它既突兀又难看，原因可能就是他想起一件让自己生气的事。这种现象在我们的生活中十分普遍；又或者第一次的失败让你觉得羞愧难当，情绪低落，但是下一次的失败你就可能更快地从低落情绪中走出，失败的经验多了，也许就不会对你的情绪有负面影响。

情绪体验除了会有各方面的不同外，它还是会保持一定稳定性的，也就是形成我们所说的心境。《辞海》里这样解释：“心境，心情也。”心境之好，使人愉悦，催人奋进；心境之坏，使人颓丧，茫然无措。当一个人处于持续的健康情绪中，心境自然而平和，他的整体心理状况是积极向上的。

但是现在很多人无法保持心境的平静，尤其是在高压力、高节奏的工作环境下，每个人的心情就像是六月的天空，瞬息万变。很多人容易被自己的情绪左右，结果不仅影响工作，还不利于自己的身心健康。

我们与情绪朝夕相处、日日为伴，所以我们应该学会调整自己的情绪，使自己的心境保持在一个平和、极佳的状态。如果你现在面临困境，那么请保持乐观，将挫折视为鞭策自己前进的动力，遇事多往好处想，多聆听自己的心声，努力在消极情绪中加入一些积极的思考；如果此刻你感到焦虑，那么就静下来理智地分析原因，冷静地恢复自信心，使自己振奋，摆脱主观臆断。如果此刻你感到抑郁，那么就可以郊游、运动、与人交谈、读书写字、听音乐、看图画等，既能转移“视线”又对健康有益的活动，往往对人产生良性刺激，使你得以解脱。

另外，情绪还对生命健康有很大的影响。当心情愉悦的时候，个人的精神、体力、想象力都达到了最佳状态，这个时候不仅在工作、生活上会觉得如鱼得水，而且还能化干戈为玉帛、化疾病为健康，甚至还能把握机遇，享受成功的喜悦，从而让生命锦上添花。但是坏心情就不同，当个人情绪处于低迷消极期，不仅会觉得各种琐事、烦心事都向你涌来，让你应接不暇、招架不住，而且会整天愁眉苦脸地面对生活，不管做什么事情都不积极，导致错误百出，还经常跟别人发脾气，不愿意配合别人的工作，人际关系相当紧张，从而使心情更加消极抑郁。这时候的你茶不思、饭不想、夜不寐，长此以往，这些负面的情绪很可能诱发各种疾病，你的健康就会亮起红灯。

既然情绪是伴我们一生的朋友，我们就要把握住自己的情绪规律，从而由渐悟到顿悟，让自己的心境修成正果。当然，我们还要学会呵护、调理好心情，不断使其滋润生命，让生命更加丰盈、饱满，促使生命之花灿烂绽放。

## 情绪是怎么一回事

情绪与我们的生活密不可分，我们就应该时刻关注情绪，并深入地了解它。下面我们就从以下 4 个方面来认识情绪：

### 1. 情绪如何产生

科学研究表明，人的大脑中枢的一些特殊的原始部位明显地决定着人的情绪。但是，人类语言的使用和更高级的大脑中枢又影响和支配着比较原始的大脑中枢。影响着人的情绪和行为的主要来源是人自己的思维。另外，有些专家也指出：遗传结构只是在很小程度上决定着你是倾向于安静还是倾向于激动。而孩提时的经验和当时周围人的情绪则诱发着你的情绪萌芽。各种生理因素（如疾病、睡眠缺乏、营养不良等）可能使你变得容易激动。但是，对大部分人来说，这些因素并不能决定我们能否免受焦虑、愤怒和抑郁之苦。

我们的情绪在很大程度上受制于我们的信念、思考问题的方式。如果是因为身体的原因而使自己产生不愉快的情绪，则可借助药物来改变身体状况。但我们非理性的思维方式就像我们的坏习惯一样，都具有自我损害的特性，而又难以改变。这正是情绪不易控制的真正原因。

### 2. 情绪的种类

情绪的种类主要分为以下几种：

（1）原始的基本的情绪。

这类情绪具有高度的紧张性，包括快乐、愤怒、恐惧和悲哀。

（2）感觉情绪。

这类情绪包括疼痛、厌恶、轻快。

（3）自我评价情绪。

这类情绪主要取决于一个人对自己的行为与各种行为标准的关系的知觉。包括成功感与失败感、骄傲与羞耻、内疚与悔恨。

（4）恋他情绪。

这类情绪常常凝聚成持久的情绪倾向或态度，主要包括爱与恨。

（5）欣赏情绪。

这类情绪包括惊奇、敬畏、美感和幽默。

### 3. 情绪的反应模式

情绪的反应模式是多种多样的，依据情绪发生的强度、持续的时间以及紧张的程度，可以把情绪分为心境、激情和应激反应 3 种模式。

（1）心境。

心境是一种微弱、平静、持续时间很长的情绪状态。心境受个人的思维方式、方法、理想以及人生观、价值观和世界观影响。同样的外部环境会造成每个人不同的情绪反应。有很多在恶劣环境中保持乐观向上的例证，像那些身残志坚的人、临危不惧的人都是情绪掌控的高手。

（2）激情。

激情是迅速而短暂的情绪活动，通常是强有力的。我们经常说的勃然大怒、大惊失色、欣喜若狂都是激情所致。很多情况下，激情的发生是由生活中的某些事情引起的。而这些事情往往是突发的，使人们在短时间内失去控制。激情是常被矛盾激化的结果，也是在原发性的基础上发展和夸张表现的结果。

（3）应激反应。

应激反应是出乎意料的紧急情况所引起的急速而又高度紧张的情绪状态。人们在生活中经常会遇到突发事件，它要求我们及时而迅速地做出反应和决定，应对这种紧急情况所产生的情绪体验就是应激反应。在平静的状况下，人们的情绪变化差异还不是很明显，而当应激反应出现时，人们的情绪差异立刻就显现出来。加拿大生理学家塞里的研究表明：长期处于应激状态会使人体内部的生化防御系统发生紊乱和瓦解，随之身体的抵抗力也会下降，甚至会失去免疫能力，由此就更容易患病。所以我们不能长期处于高度紧张的应激反应中。

### 4. 影响情绪变化的因素

影响情绪变化的因素有很多，概括起来主要有以下 3 个方面：

（1）遗传因素。

遗传因素对情绪的影响主要体现在人的高级神经活动方面。我们可根据高级神经活动类型的 3 个基本特征，即兴奋与抑制过程的强度、灵活性、平衡性，将受遗传影响的情绪分为 4 种类型：胆汁质、多血质、黏液质、抑郁质。遗传因素对情绪的影响一经产生，就很难改变。

（2）个人认知因素。

情绪是由刺激引起的一种主观体验，但刺激并不能直接导致情绪反应，而是要经过人的认知活动进行评价，而后才决定人体验到什么样的情绪。对同一事物，不同的人由于需要不同、观念不同、理解不同，情绪体验相差甚远。同样，由于认知不同，表现在不同人身上的同样的情绪，其产生的原因也可能是千差万别的。同一种刺激会产生不同的情绪，比如：迎面来了一个熟人，他并未向你打招呼，匆匆而过。如果你认为他故意装作没看到你，你的心情会很坏；如果你认为他很忙，根本没注意到你，你就不会懊恼。因此，你对事件的理解，很大程度上决定了你的情绪状态是好是坏。如果改变认知观念，转变理解角度，你就会有一个良好的情绪体验。

（3）特定的环境因素。

环境因素对人的情绪也有一定的影响。特定的环境可以增强或者减弱情绪变化的速度和强度。美丽的山水、清新的空气、宽松整洁的办公室等环境会使你心情愉快，而嘈杂的街区、拥挤的交通则无疑会让你感到烦躁。社会环境对人的影响可能更大，他人对自己的关怀、帮助，将使个体出现的焦虑、紧张、痛苦得到缓解，甚至彻底消失。

了解了这些情绪的基本知识，有助于我们下面深入探讨情绪。情绪说浅显真的很浅显，说高深也就真的很高深，需要我们每个人认真学习。

## 情绪是一种反应形态

情绪作为一种反应形态，有快乐、悲伤、兴奋、惊讶、愤怒、沮丧等多种表现形式。不同的原因引发不同的情绪，了解这些原因，才能更好地掌控情绪。总体来看，情绪包括生理变化、主观感觉、行为冲动和表情动作这 4 个方面的反应形态。每一种反应形态有其特点，并不是所有形态都必须同时出现，我们的情绪可能会通过其中的几项来表达。下面就主要介绍一下：

### 1. 生理变化

情绪会引起人们的某种生理反应，这是在生活中司空见惯的。比如“怒发冲冠”这 4 个字就是形容人极度愤怒而让头发都竖起来了，虽然有一点夸张，但也能很好地说明情绪反应与生理变化之间的关系。还有些人害羞时会脸红，也是情绪反应中的生理变化，反之，我们通过脸红，就可以知道这个人可能是害羞了。

另外，情绪的变化也会受人自身神经系统的控制。人的神经系统分为自律神经和向律神经。向律神经不受人的完全控制，自己会动，而自律神经则可以通过大脑的控制指令进行自我情绪调节。当你很兴奋的时候，自律神经会告诫自己要保持冷静；当你很激动的时候，自律神经又会自我调整到缓和的状态。

### 2. 主观感觉

不同的人面对同一种事物，反应不一定相同，这就是主观感觉特征。比如有人看到晴天会产生愉悦感，讨厌阴雨天，而有人则喜欢雨天漫步，讨厌艳阳高照。他们对于天气的不同感受也同样影响其自身的情绪。

不同的人可以有不同的主观感觉，或高兴或生气或喜欢或不喜欢，这都是自己的情绪，与他人关系不大。即使面对相同的情况，每个人的反应也不尽相同。因此，我们要彼此尊重对方的情绪，千万不要将自己的感觉推己及人。你喜欢喝咖啡提神，有人或许喝咖啡容易犯困。假如你出于好意请对方喝咖啡一同加夜班，反而会耽误了对方的工作。错误地通过自己的主观感觉去判断别人的主观感觉，很有可能会弄巧成拙。

另外需要注意的是，主观感觉的私人化特征比较明显。对一件事物不同的主观感觉，对情绪的影响也不尽相同，“将心比心”应当站到别人的立场去想问题，观察问题，尤其不要将自己的主观感觉强加到别人头上，剥夺别人的评估能力。正所谓“己所不欲，勿施于人”。

### 3. 行为冲动

行为对人的情绪影响分为正面和反面的影响，好的行为能够促进积极情绪的产生，然而行为上的冲动则容易导致负面情绪产生。

比如，学生考试成绩不好，假如老师通过研究总结发现成绩下滑的原因，通过鼓励缓解学生的焦虑情绪，那么良好的情绪就可以促进学生学习的进步；反之，假如老师一味打骂学生，学生就会出现抵触情绪；容易厌恶学习。因此，要在冲动之前保持冷静，才能避免冲动之后的后悔。

### 4. 表情动作

喜欢某种东西时会表现出高兴，厌恶某人时会撇嘴，看东西时会很专注……表情动作这一特征对于全人类来说，状态都是一样的，大家都能从表情动作上看出个人情绪的变化，这也是不需要语言的“世界语”。

然而，很多情绪并不是表面上的表情动作就能体现出来的，因不同的后天教育和文化的影响，表情动作表现的方式方法也不一样。

中西文化有差异，即使同样表达同一种情绪，个人采用的表情动作也会不同，西方人喜欢自然地表现出喜怒哀乐的情绪，中国人则讲究含蓄；

美国人认为一个人有话就说是有能力的表现，中国人在很多时候会认为这是“出风头”，容易成为众矢之的，“枪打出头鸟”。大学生走上工作岗位，尤其要注意如何利用表情动作去合理表达情绪，不能不表现，也不要乱表现，通过适当地表现来表达情绪才是比较合理的。

了解了这 4 种反应形态之后，我们就能更好地把握自身和他人的情绪。注意不要刻意压制自己的情绪反应。压制情绪，长此下去，对我们的精神与身体都是非常有害的。

## 人人都有情绪周期

我们的情绪好比月有阴晴圆缺一样，也会有高低起伏的周期，这叫做情绪周期。情绪周期又称“情绪生物节律”，是指一个人的情绪高潮和低潮的交替过程所经历的时间。情绪周期反映的是人体内部的周期性张弛规律。

科学研究表明，人的情绪周期从出生的那一天就开始循环，周而复始。一个情绪周期一般为 28 天，也不排除有的人的周期较长或较短。前一半时间为“高潮期”，后一半时间为“低潮期”。在高潮与低潮过渡的 2 至 3 天是“临界期”，这一阶段的特点是情绪不稳定，机体各方面的协调性能差，容易发生不好的事情。

人的情绪的周期性变化，如同一年里有春夏秋冬的四季变化一样。如果处于情绪周期的高潮期，就会对人和蔼可亲，感情丰富，做事认真，容易接受别人的规劝，表现出强烈的生命活力，自己本身也感觉很轻松；倘若处于情绪周期的低潮期，则喜怒无常，常感到孤独与寂寞，容易急躁和发脾气，易产生反抗情绪。

少泽有一个温柔内向的女朋友小佳，他对小佳各方面都很满意，唯独有一点让他不能理解，那就是小佳有时会莫名其妙地发脾气。事后小佳总是说自己当时就是控制不住情绪，总有一股无名之火在胸中燃烧。后来，少泽经过自己的一位学习心理学方面的朋友讲解之后，才明白原来小佳是受到了情绪周期的影响，只不过她的症状更明显一些而已。

小佳就是受情绪周期影响的典型例子，每个人的情况或轻或重，而小佳刚好是比较重的那一种，但是这都是正常的，我们应该科学正确地去看待，而不能视此为心理疾患。

具体来说，虽然女人和男人都有情绪周期，但是女人的情绪周期表现要比男人更强烈一些，下面就详细解读一下：

**1. 情绪周期中的女人**

一般来说，女人的情绪周期在行经前的一个星期左右及行经期间。这一期间会出现种种与经期有关的症状，例如腹胀、便秘、肌肉关节痛、容易疲倦、长粉刺暗疮、胸部胀痛、头痛、体重增加等种种身体不适；有些人还会食欲增加、显得沮丧、神经质及容易发脾气等。这是由于女性体内的荷尔蒙变化所导致的，雌激素、肾上腺素等荷尔蒙出现了变化，马上会引起生理上的变化。心理情绪随着生理变化也会呈现一系列表征。

情绪周期不可避免，但我们可以通过记录，在周期到来之际控制自己忧郁、焦躁不安、想发脾气的心理，来避免不良情绪对身心的影响。

**2. 情绪周期中的男人**

人的生长、发育、体力、智能、心跳、呼吸、消化、泌尿、睡眠乃至人的情绪全部受体内生物节律的控制。男人的情绪周期也是一种正常的生物节律变化，受男性机体激素水平变化的影响。只不过，有的男人情绪周期表现明显，有的表现不明显。

男人的情绪周期受工作和工作环境的影响很大。轻松的工作和有规律的生活会使其情绪放松，男人的表现则会积极乐观；长时间的紧张工作和不规律的生活容易导致情绪周期失调，心情烦闷、急躁，情绪处于压抑的状态。

科学研究表明，情绪节律周期影响着男人们的创造力和对事物的敏感性、理解力以及情感、精神、心理方面的一些机能。在“情绪高潮”期，男人往往表现得精神焕发、谈笑风生；在“情绪低潮”期，他又变得情绪低落、心情烦闷、脾气暴躁。

男人的情绪周期体现在情感表现上，可以用“橡皮筋”来形容：亲密—疏远—亲密。通常在最初的时候，男人对你完全信任，充满爱意，两人天天在一起。不久之后，男人会心不在焉，开始疏远你，乃至不愿与你说话。经过一段时间的独处和反省之后，他会再次情意绵绵。理解男性的情绪周期的表现，两个人的相处会更加融洽。

在我们明白了情绪周期的客观存在之后，我们就要更好地利用情绪周期。首先，我们要如实记录下自己的情绪变化，这样才能描画出自己的基本情绪周期。在这里有一种简单的表格测评方法，可以有效地帮助大家。

| 日期<br>心情 | 1日 | 2日 | 3日 | …… |
| --- | --- | --- | --- | --- |
| 兴高采烈＋3 | | | | |
| 愉悦快乐＋2 | | | | |
| 感觉不错＋1 | | | | |
| 平平常常　0 | | | | |
| 感觉欠佳－1 | | | | |
| 伤心难过－2 | | | | |
| 焦虑沮丧－3 | | | | |

通过每天晚上对当天情绪的回想，在与日期相符合的表格里打上记号，一个月之后，把记号联系起来，就可以发现情绪韵律的模式，经过几个月的概括，我们便可以知道自己情绪的高潮期和低潮期。

掌握了自己的情绪周期，可以将其运用到日常生活中。根据自己情绪周期的“晴雨表”，我们可以安排好自己的生活和工作。遇上低潮和临界期，我们可以运用意志加强自我控制，可以把自己的情绪周期告诉自己最亲密的人。一方面，让他提醒你，帮助你克服不良情绪；另一方面，避免不良情绪给自己的交往带来不便。在工作和生活中，因为人在情绪低落的时候容易畏惧不安，而在情绪高涨的时候乐意迎接挑战，我们则可以在情绪良好的时候安排一些难度大、烦琐、棘手的任务，在情绪处于低潮期的时候做一些简单的工作，放松思想，多参加群体活动，学会倾诉，寻求心理支持，切记不要强迫自己违背情绪周期的规律。

## 情商与情绪管理

我们所说的情绪控制与管理能力被心理学家引申为“情商”这个概念。1990年，一个心理学概念的提出在世界范围内掀起了一场人类智能的革命，并引起了人们旷日持久的讨论，这就是美国心理学家彼得·塞拉维和约翰·梅耶提出的情商概念。紧跟其后的1995年10月美国《纽约时报》的专栏作家丹尼尔·戈尔曼出版了《情感智商》一书，把情感智商这一研究成果介绍给大众，该书也迅速成为世界范围内的畅销书。

过去，人们往往认为智商比情商更重要，从而忽视了对情商的开发和培养。但现实告诉我们，情商比智商更重要。与人打交道会遇到不同性格、不同文化、不同背景的人，情商高的人，往往在工作和生活中能够如鱼得水、游刃有余。

超市等着结账的队伍排得越来越长。玛格丽特大概排在队伍的第10位，因此没有清楚前面发生了什么事，只听到有人叫来主管，要打开收款机检查，看来还得等很长时间了。

玛格丽特等得有些不耐烦了，但是理智告诉她不能发火，因为她认为出现故障也不是收银员的错。时间过去了10分钟，收款机还是没有修好，这时队伍远处传出喊叫声。队伍前面有个男子在骂收银员和主管："你们是什么专业素质啊！这么大的超市怎么会犯这种低级的错误呢？你们不会修好收款机啊？没看见队伍有多长吗？我还有事，太可恶了。"

收银员和主管只好道歉，说他们已经在尽力修了，建议男子换个收款台。"为什么要我换啊？是你们的错，又不是我的错，浪费我的时间，我要给你们领导写信。"男子丢下满是物品的购物车，气愤地离开了超市。

男子离开后一两分钟，又发生了三件事。为了不耽误这支队伍的顾客交款，超市在旁边又专门开了一个收款台；刚才坏了的收款机也修好了；为了表示道歉，主管给玛格丽特及这个队伍中的其他顾客每人5英镑的优惠券。

玛格丽特挺高兴的，买东西还得到了优惠。但是，那个愤怒的男子却既没有买到自己想要的东西，又没得到优惠券，还跟人生气发了火。

在这个故事中，谁运用了情商？显然是玛格丽特，她虽然也有些生气，但她没有发火，只是耐心地等待，她站在别人的角度分析了情况，而她前面那个愤怒的男子完全没有控制自己的情绪，情商从某种程度上来说有些不足。

情商不是天生注定的，它由下列5种可以学习的能力组成：

**1. 了解自己情绪的能力**

这种能力包括能立刻察觉自己的感觉、情绪、情感、动机、性格、欲望，以及基本的价值取向等，行动上以此为依据。能够了解情绪产生的原因，能够适时地认识到自己的负面情绪。了解自己的真实感受的人才不至于沦为感觉的奴隶；掌握自己的感觉，个人才能成为生活的主宰，对人生大事做出妥善的选择。

**2. 控制自己情绪的能力**

这种能力是能够认识和协调自己的快乐、愤怒、恐惧、爱、惊讶、厌恶、悲伤、焦虑等情感。能够安抚自己，摆脱强烈的焦虑、忧郁以及能够控制产生刺激情绪的根源。懂得进行自我调节，把负面情绪抛到九霄云外。这方面能力较匮乏的人往往会陷入低落的情绪之中。

**3. 激励自己的能力**

这种能力是能够整顿情绪，让自己朝着一定的目标努力，增强注意力与创造力。自我激励能够使人走出生命中的低潮，重新出发。人生难免会碰到一些挫折和困难，面对这种情况，积极的人往往会自我激励，迎难而上，从失败中吸取经验，提高自己；而消极的人，常常会往坏处想，越想越坏、越做越糟。

**4. 了解别人情绪的能力**

这种能力体现在能够理解别人的感觉，察觉别人的真正需要，具有同理心，即能善于感觉别人的感受。认知他人的情绪是与他人正常交往，实现顺利沟通的基础。一般，有同理心的人能从微小的信息上感觉他人的需求，了解他人的情绪、性情、动机和欲望等，并做出适度的反应。要学会察言观色，善于从对方的语言、语调、语气、表情、手势和姿势等来判断他人真实的情绪和情感。善于识别他人的情绪，想人之所想，急人之所急。

**5. 维系融洽人际关系的能力**

人际关系属于一门管理他人情绪的艺术，一个人的人际和谐程度、领导能力通常与这个人能否细微地关注、恰当地对待他人的情绪有关。要能够理解并容忍别人的情绪。人际交往能力是情商的核心部分，高情商的人都是人际交往能力强的人，而沟通和交往的要点是善解人意。

以上几种能力中，情绪控制、自我激励是中心问题，它们和其他几种能力相互补充、相互贯通、相互制约。

# 情绪是一个警示信号

情绪有好有坏，坏的情绪很明显，好的情绪却往往容易被人忽略。然而，无论情绪是好是坏，我们都应该认识到，虽然情绪作为一种本能的反应，但是我们都应当意识到情绪对自身的警醒作用和管理情绪的重要性。

### 1. 情绪提醒我们自身观念的问题

人和人之间情绪的不同，主要源于彼此观念的不同。如果我们的观念出现了问题，那么情绪也会随之出现问题。例如有些人存在浓重的个人私利观念，一旦别人侵犯到他们的利益，他们就会立刻产生愤怒情绪；还有一些人对自我认识不足，他们容易产生自满情绪或自卑情绪。

所以想要拥有良好而且适度的情绪，我们必须调整自己的观念，使它达到一个正常的标准。

### 2. 情绪提醒我们心理的问题

一些不良情绪向我们反映了自身心理可能出现了偏差，甚至出现了心理问题。例如郁闷情绪就容易和抑郁挂上钩，如果只是短时间的郁闷，那只是一个正常的情绪反应；但如果一个人长期处于郁闷情绪中难以自拔，或许就是抑郁心理在作祟了。

我们需要区分哪些情绪是短暂的、符合正常值的，哪些情绪是长期的、超出正常值的。这样我们才能及早排除自己心理存在的问题，让情绪及早回归理性。

### 3. 情绪提醒我们行为习惯的问题

情绪作为一种反应，还向我们昭示了一些自身行为习惯的问题。

当你饿的时候，摆在你面前的是满桌的美味佳肴，在饥饿感的驱使下很多人会迫不及待地想动筷子，这是饥饿情绪的本能反应。然而，肚子饿只是一个讯号，你应当在动筷子之前，考虑一下是否需要等待别人来了之后一起就餐，否则很不礼貌。这就是所说的情绪警示，它使人在处事时三思而后行，有助于个人在为人处世中得以方圆。

倘若吃饭的时候一味地从自己的本能情绪出发，自己的情绪虽然受到了照顾，却容易引起其他人的反感。任由情绪的发展，不是一件好事。我们需要将情绪自然反应出来，但也不能忽视情绪产生的不良后果，应当具体问题具体分析，通过对情绪生成的解析来具体行事。这正如过马路的黄灯区，行人都会停下来考虑自己下一步该干什么，情绪的表现也需要一个思考的过程，不能任由情绪自由发展。现在很多人没有将情绪作为警示灯来认真分析对待，喜怒哀乐直接显示在脸上，这样不利于与人相处。

**4. 情绪提醒我们身体的问题**

我们都知道，身患疾病的人在情绪方面表现很强烈，他们经常情绪不稳定，起伏性大，易烦躁激动，爱发脾气。情绪激动时，表现出极大的焦躁不安，有时难以控制自己。对外界因素反应更加敏感，对身体的细微变化和各种刺激往往表现出过度的情绪反应。一点微小的事情，也会成为引起强烈情绪产生的导火索。别人的一句不合意的话，也会使其感到受了极大的委屈。甚至别人说话声音太大或者收音机音量太响，也会令其烦恼。

从这一点就可以看出，某些情绪的集中爆发可能就是我们身体出现问题的警讯，不能不加以重视。找不到情绪源的负面情绪可能就是由身体疾病引发的，例如莫名其妙地烦躁不安、毫无理由地生气和低落消沉的情绪可能都是某种疾病潜伏在你身体里的征兆，我们要多加注意。

当代社会高速发展，人们的压力也越来越大，对情绪的管理便显得非常重要。在稳定的情绪下，一切都很容易顺利展开，但情绪不好的时候，行事则十分困难。因此，我们要管理好自己的情绪，适当地调整自己的情绪，然后才能一心一意去做事，所做的事情才能更见成效。

## 情绪的“蝴蝶效应”

气象学中有一种“蝴蝶效应”的说法：如果身处南美洲亚马孙河流域热带雨林中的一只蝴蝶偶尔扇动几下翅膀，两个星期之后，美国的得克萨斯州可能会发生一场龙卷风。一只小小的蝴蝶扇动翅膀引起一场大的龙卷风，这听起来有些不可思议，但事实确实如此。因为蝴蝶扇动翅膀的过程中，可以引起微弱气流的产生，由此导致旁边的空气和其他系统发生变化，从而引起连锁反应，最终导致其他系统的极大变化。

同样，在生活中也存在“蝴蝶效应”，其中最明显的一种表现是情绪。情绪的起因往往就是一句话、一个无意动作的影响，或许说话人自己都没有注意，但为日后事情的发生埋下了伏笔。如果我们不注意处理微小的不良情绪，就有可能由于情绪的积累酿成大祸。

生活中的小事情往往是情绪产生的最根本原因，小事情可以置人于死地，也可以挽救生命，关键就看这小事情所引起的情绪是正面的还是负面的，而我们又是否能够妥善地处理好产生的情绪。

很多朋友都不明白东子是怎样把临街那家水果店开得如此红火，以前在那个位置开店的总是不超过一个月就关门了，而东子的店自从开张以来生意就没有断过，而且还越来越好。一次朋友们去参观东子的店才明白这其中的奥妙：有大爷大妈来店里买东西的时候，东子总是亲切地叫出王大妈或李大爷，从没有叫错过，而且还会关心地问一句身体状况，遇到年轻人还会和他们聊聊天。在朋友眼里，所有客人都成了东子的朋友。

在东子的水果店里，人们得到的都是一些轻松愉悦的心情和积极正面的情绪。即使客人在进店之前还有些许负面情绪，但是在东子那里也能得到发泄和沟通。有时候一句关怀的话、一个善意的行动也能温暖人心，可以产生促进好的情绪的“蝴蝶效应”。

我们需要关注情绪最初产生的细微原因，并对此保持高度的“敏感性”，尤其要注意情绪的变化，通过及时调整心态来保持自身良好的情绪状态。只有从最初的根源对情绪及时把握好，才能避免负面情绪的积累，才能促进积极情绪的有效形成。

# 第二章 是什么在影响你的情绪

## 性格对情绪的影响

不同的外界刺激会使不同的个体产生不同的情绪。由于情绪是个体和外界刺激共同作用的结果，因此，个体心理特征对情绪的产生具有重大的影响。所谓个体心理特征就是我们常说的性格。

性格是情绪的宏观表现，情绪是性格的微观组成，性格与情绪之间有着千丝万缕的联系，如果要认识并有效管理自己的情绪，就必须首先了解并熟悉自己的性格。

性格主要表现在对自己、对他人、对事物的态度所采取的言行上，是个体独特的、一贯的行为心理倾向。如，大多数人都具有趋利避害的倾向，总是愿意去接近那些能给自己带来快乐的事物，同时回避那些可能会给自己带来痛苦的事物。人类的性格在很多方面具有共性，这些共性甚至被提炼成不同的品质一代代地继承和发扬。举例来说，从人们对社会、对集体、对自己的态度中所展现出的诸如公正和徇私、热情和冷漠、慷慨和吝啬、勇敢和懦弱等，都属于性格特征。由于性格特征种类繁多且彼此并不相同，这使每个人身上都表现出自己独特的风格和个性差异。以下介绍两种典型的性格：

安静型的性格，又称内向型性格。这种性格的人心理敏感，感情细腻丰富，善于分析，但易得出消极的结论，所以看待事物较为悲观。安静型性格的人在情绪发生变化的时候，通常有两种反应：一是在情绪中挣扎，时而战胜情绪，时而被情绪所战胜，乐观和悲观交替，直至有新的刺激介入并打断这种混乱状况；二是沉溺在情绪中，任由情绪掌控自己登上兴奋的顶点或是落至沮丧的低谷，不加以任何控制。

冲动型的性格，又称外向型性格。这种性格的人比较乐观，而且热情，总是精力充沛，可以同一时间做好几件事，而且热衷于此，享受忙碌的感觉。性格冲动的人善于取悦他人，也容易获得他人的好感，融入新的氛围。但通常组织能力较差，耐受性不高。冲动型性格的人自始至终对社交活动保持高度的热情，适合有弹性的工作，特别是交际类型的工作。但是，对于必须遵守预设好的时间行程，或有时间限制的事情，他们很容易感觉沮丧。因此，这种性格的人不太适合稳定、枯燥的工作。

性格的形成是一个很复杂的过程，是内外因共同作用的结果，既有先天因素，也有后天因素。先天因素主要是基因方面，后天因素则主要是自身长期受外界环境影响而积累的情绪体验。如人的成长过程中或多或少会受到他人的影响，有直接的言传身教，也有间接的学习、模仿，或是通过书籍、电视、网络等媒介认识和观察到其他人对事物的态度和行为方式，然后自己会对这些事物产生相关的情绪反应，并由情绪引导做出行动，情绪加行动的组合就成为了我们后天的性格。

人与人的性格千差万别，有的人偏激刚烈，有的人中庸温和。刚烈可以说是天生的性格，严格地说，这不能算是缺点，但刚烈的性格不容易控制自身的情绪，会给生活带来麻烦。可以通过后天的努力，有意地使自己的性格朝着有利于控制自身情绪的方向发展。

## 我们为何会产生忧虑

忧虑是一种很复杂的情绪，是痛苦、愤怒、焦虑、悲哀、羞愧、冷漠等情绪复合的结果。它是一种广泛的负面情绪，又是一种特殊的正常情绪；忧虑超过了正常界限就会变为抑郁症，成为病态心理。由于每个人的心理素质不同，因此，忧虑有时间长短、程度强弱之分。

忧虑的核心表现就是郁郁寡欢，这样的人常常会莫名其妙地焦虑不安、苦闷伤感。如果再遇上环境刺激，就犹如“火上浇油”，进一步激发并加重忧愁和烦恼。大家所熟悉的《红楼梦》中的林黛玉，就属于这类带有忧虑情绪的人。林黛玉有着能让“落花满地鸟惊飞”的美貌，比传统美女的沉鱼落雁更富有情韵。而这样一个融古往今来之秀美，集仙界凡间之灵慧的标致人物，最后却因郁郁寡欢败给薛宝钗，丢了自己的大好姻缘，含恨魂归离恨天。一般来讲，性格内向、心胸狭窄、任性固执、多愁善感、孤僻离群的人多带有忧虑倾向。

除此之外，忧虑的表现还可以是这样：有的人总觉得“生不逢时”，有一种“怀才不遇”的感觉，于是抱怨生活对自己不公平，觉得一切都不顺心、不满意；有的人将个人的利害关系、荣辱得失看得太重，为了一些微不足道的事整日患得患失、忧心忡忡，以致造成心理疲劳，影响正常的工作、学习和生活；有的人甚至“庸人自扰”，整日忐忑不安，自寻烦恼。

有一位经营服装批发的商人，由于经营不慎，赔了几笔生意，为此他整天心情郁闷，每天晚上都睡不好觉。妻子见他愁眉不展的样子十分担心，就建议他去找心理医生看看，于是他前往医院去看心理医生。医生见他双眼布满血丝，便问他：“怎么了，是不是受失眠所困扰？”商人说：“可不是嘛！”心理医生开导他说：“这没有什么大不了的，你回去后如果睡不着就数数绵羊吧！”商人道谢后离去了。

过了一个星期，他又来找心理医生。他双眼又红又肿，精神更加不好了，心理医生非常吃惊地说：“你是照我的话去做的吗？”商人委屈地回答说：“当然是呀！还数到三万多头呢！”

心理医生又问：“数了这么多，难道还没有一点睡意？”商人答：“本来是困极了，但一想到三万多头绵羊有多少毛呀，不剪岂不可惜？”心理医生于是说：“那剪完不就可以睡了？”商人叹了口气说：“但头疼的问题来了，这三万头羊毛所制成的毛衣，现在要去哪儿找买主呀？一想到这儿，我更睡不着了！”

无论做人还是做事，我们都要想得长远一些。但有些事想得太远，就会造成太多的压力，烦恼也会随之而来，就像案例中的失眠忧虑的那个人一样。因此，我们要学会静心，不牵挂那些不该牵挂的事情，这样才能保持轻松快乐的心情。

科学家对人的忧虑进行了科学的量化、统计、分析，结果证明忧虑是毫无必要的。统计发现，40% 的忧虑是关于未来的事情，30% 的忧虑是关于过去的事情，22% 的忧虑来自微不足道的事，4% 的忧虑来自我们改变不了的事实，剩下 4% 的忧虑来自那些我们正在做着的事情。

忧虑通常会使人心神不宁，进而精神失控。忧虑会使一个人老得更快，不仅会摧毁他的容貌，甚至会对其健康产生严重威胁。过度忧虑不可取。凡事退一步想，不要耿耿于怀。

当你忧心忡忡的时候，当你唉声叹气的时候，不妨把你的忧虑写下来，然后在科学家的分析中为自己的忧虑归类：它是属于40%的未来，30%的过去，22%的小事情，4%的无法改变的事实，还是剩下的那一个4%？

想要摆脱忧虑情绪，就要适时地安慰和劝导自己。无论是逃避问题还是对问题过分执着，实际上只可能有两种情况。一种是问题并不像我们所想的那么糟，没有到无可挽回的地步。只要采取积极正确的态度，问题就会得到解决。这样，我们也就没有什么可忧虑的了。另一种情况是问题的确超出了我们的能力所能解决的范围，这时我们就需要乐观一些，学会承受无可避免的事实，尽可能地让自己的情绪不致于失控。

## 是什么原因造成了悲观情绪

一个人为什么会有悲观的情绪？其产生原因是多方面的，但主要是来自自我。正如英国作家萨克雷所说："生活就是一面镜子，你笑，它也笑；你哭，它也哭。"有悲观情绪的人总喜欢想到事情最坏的一面，仿佛天马上就要塌下来了一样。这种人看不到美丽的云彩，只会一味地担心天是否要下雨；看不到拳击手被击倒后爬起来的顽强，而只为他的伤痕累累而心悸。对于悲观者而言，一个很小的打击也足以使他绝望，令他一败涂地。

玲玲是一个年轻的女孩，但她并不像同龄人那样开朗，悲观情绪总是萦绕着她。她时常觉得生活没有目标，最近这种情绪越来越强烈，好像做什么都没心情，很孤独，周围的环境又让她觉得很无趣。她也想改变，但又觉得自己能力不够，越来越自卑，不爱说话，于是也就显得有些孤僻。她也是个爱思考的人，曾用很长一段时间来思考活着的意义，但她发现自己找不到答案，她觉得很迷惘，眼看就要大学毕业了，她不知道以后的路该怎么走。

在心理咨询室里，她对心理医生说："我很不幸，可以说是在同学和邻居的指指点点下长大的。我从小心里就充满了自卑，很封闭、很悲观，导致了我从来交不到朋友，别人看我外表冷漠也不敢和我交流。现在长大了，外表使我有不少追求者，也不那么自卑了，我也爱上了一个男孩，现在是我的男朋友，可是我总是很悲观，认为我们早晚会分开。他开始还能忍受，可现在经常因为这个和我吵架，我也知道自己不对，可就是不能改变。”

玲玲的烦恼正是一种常见的心理障碍——悲观。悲观是一种有害的心理状态，是瘟疫，是一种毁灭。人类的一切疾病都有医治的可能，但倘若一个人的内心不再有任何希望，充满着抑郁的影子，那么再高明的医生也回天乏术。

美国著名心理学家赛利格曼认为，悲观的人对失败的看法与乐观的人有所不同，悲观者在看待失败上有 3 个特点：

第一，从时间长度上，悲观的人把失败解释成永久性的；而乐观的人则认为一次失败是暂时的，下次就会好了。

第二，从空间维度上，悲观的人把失败解释成普遍的，如果某个阶段目标失败了，就会认为自己会在所有目标中都失败；而乐观的人则不会将失败普遍化，认为某个目标没实现只是说明自己在这个方面需要进一步努力，下次就会成功。

第三，从失败原因上，悲观的人倾向于将失败解释为个人原因，认为自己要对失败完全负责；而乐观的人则认为失败虽然有个人原因，但也不完全是，有时一些无法抗拒的力量和机遇也影响着成败。

赛利格曼的理论向我们提示，只要改变对失败的看法，就会使悲观者有信心去重新面对现实，树立学习、生活的目标。

悲观是一种严重的负面情绪，对人身心的危害极大。要摆脱悲观情绪，需要个人积极地进行心理调适，具体有以下几种方法：

### 1. 别盯住消极面

你可能对别人的“抢白”和不公正的待遇牢记于心，或你总是对自己说：“我真倒霉，总被人家误会、欺负。”那么，你当然没有一刻的轻松愉快。

如果你把注意力盯在与别人友善和好的事物上，并常常告诉自己，误解、敌视毕竟是次要的，并把愉快、向上的事串联起来，由一件想到另一件，你就可以逐步排遣自怨自艾或怨天尤人的情绪。

### 2. 寻找积极因素

即使处境危险，也要寻找积极因素，这样，你就不会放弃取得微小胜利的努力。你越乐观，克服困难的勇气就越大。

#### 3. 做自己的“造命人”

偶有不如意时，切勿对自己说：“我时时都是倒霉的。”而对自己说：“似乎很多时候我做事都不大如意，到底原因何在？”当你立志改变灰色的人生观，树立光明的人生观时，你便不会再由“命运”操纵了，因为你自己已成了一个“造命人”。

#### 4. 要有幽默感

以幽默的态度来接受现实中的失败。有幽默感的人，才能排除随之而来的倒霉念头轻松地克服厄运。

不论因何事产生的悲观情绪都能通过上述方法渐渐消除，只要我们对自己抱有坚定自信的信念。有的时候，打倒我们的不是苛刻的外部环境，而是我们的内心，当内心充满阳光时，悲观情绪就不会来打扰我们。

## 焦虑随时随处可以产生

在如今这个快节奏的社会里，升学就业、职位升降、事业发展、恋爱婚姻、名誉地位，种种事情使人们承受着巨大的心理压力，由此产生焦虑情绪，心神不宁，焦躁不安，严重影响人们的工作和生活。发生焦虑的原因有时候匪夷所思、出人意料。

#### 1. 守规焦虑

遵纪守法、照章办事，理所当然，又有什么好焦虑的呢？但是在某些“老实人吃亏”的场合，守规焦虑就在所难免。

我们不妨先看两个例子：一是“人行道焦虑”——过马路走人行道，应该是无忧无虑的吧？但当很多人都不走人行道，一窝蜂跨栏杆而过时，你甘心多绕些路去走人行道吗？当奔驰的车辆对人行道上的行人并不礼让，朝你直冲过来时，你敢走人行道吗？二是“排队焦虑”——当你老老实实地排着长队，等着购物、购票、分房子、评职称时，有人却在前面夹塞、在后门另排小队，也许你等上大半天甚至大半辈子都在候补之列，等轮到你的时候什么都没有了，你心里面紧张不紧张？

#### 2. 付账焦虑

当几个熟人一起坐车、聚餐时，大家抢着购票、付账是司空见惯的事。

但是，这种争先恐后只是表面现象而已，有些场合是出于真情实意，心甘情愿地要为他人付账；有些场合则多少有点虚情假意，只是不得不做做样子。虽说AA制现在在青年中已流行开来，但一般人还是不习惯这种“分得太清”的方式。觉得既然是“熟人”，就不能太“生分”，为了表示热情主动、不分彼此，就该抢先付账，否则显得不够交情，甚至有爱占别人便宜之嫌。但如果“抢付”成功，内心又不免有点担忧：这份人情，别人会及时还吗？因此，抢付时不免“进亦忧，退亦忧”，心里面紧张一番。

### 3. 催账焦虑

如果请你想象一下催账人、讨债人的形象，在你的脑海中绝不会浮现出一个和蔼可亲的面目，而极有可能联想到《白毛女》一类的电影中地主逼租的镜头。其实，向人讨账并非“黄世仁”“南霸天”的专利，你自己在日常生活中恐怕也难免遇到需要向人催账的情况，但是“催账焦虑”也许最终使你没能开口。

### 4. 点钱焦虑

有些人一碰到钱，就显得马虎大意，从别人手中接钱时(如领工资、取买东西找回的余款)，尤其是从熟人、好友手中接钱时往往看都不看，一把塞在口袋里。待回家查点对不上数，便只好自认倒霉或者闹出不小的矛盾。其实,在这种“马虎”的背后,有一种“点钱焦虑”在作怪:不点心里不放心，点又显得太多心。当面一五一十地核点，似乎太不信任对方，两人都不免有点难堪，朋友之间说不定还会因此影响交情；不当面点清，一旦有差错，事后再查就说不清、道不明了。点和不点都不好，自然免不了一番焦虑。

### 5. 诚信焦虑

中国民间流传的告诫人们如何为人处世的人生格言非常多，但其中又有不少相互矛盾的说法。例如，一方面提倡“以诚待人”“以心换心”，另一方面又鼓吹“防人之心不可无”“逢人只说三分话，未可全抛一片心”。如果人们同时接受了这两种截然相反的格言，在实际生活中就难免产生“诚信焦虑”——不信任别人，不以诚相待，就会感到一种道德压力。反之，又担心被人利用。

形形色色的焦虑充斥人们的生活，不胜枚举。它们像病菌一样侵蚀人们的灵魂和肌体，妨碍人们的正常生活，影响人们的身心健康。所以，走向美好的生活，应该从拒绝焦虑的情绪开始。

# 自卑情绪生成的因素

自卑，顾名思义，就是自己瞧不起自己，它是一种消极的情绪。自卑属于性格的一种缺陷，表现为对自己的能力和品质评价过低。自卑的原因包罗万象，比如家庭出身、社会地位、财富、名誉、相貌等。

自卑是一种可怕的消极情绪。其实，自卑心理人人都有，只是程度不同罢了。经常遭受失败和挫折，是产生自卑心理的根本原因。一个人经常遭到失败和挫折，其自信心就会日益减弱，自卑感就会日益严重。自卑的产生会抹杀掉一个人的自信心，本来有足够的能力去完成学业或工作任务，却因怀疑自己而失败。由于自卑的情绪影响到了生活和工作，给人的心理、生活带来的很大的不良影响。

十几年前，他从一个北方小城考进了北京的大学。上学的第一天，与他邻桌的女同学第一句话就问他："你从哪里来？"而这个问题正是他最忌讳的，因为在他的逻辑里，出生于小城，就意味着小家子气，没见过世面，肯定被那些来自大城市的同学瞧不起。就因为这个女同学的问话，使他一个学期都不敢和同班的女同学说话，以致一个学期结束的时候，很多同班的女同学都不认识他！

很长一段时间，自卑的阴影都占据着他的心灵。最明显的体现就是每次照相，他都要戴上一个大墨镜，以掩饰自己的内心。

20年前，她也在北京的一所大学里上学。大部分日子，她也都在疑心、自卑中度过。她疑心同学们会在暗地里嘲笑她，嫌她肥胖的样子太难看。她不敢穿裙子，不敢上体育课。大学时期结束的时候，她差点儿毕不了业，不是因为功课太差，而是因为她不敢参加体育长跑测试！老师说：只要你跑了，不管多慢，都算你及格。可她就是不跑。她想跟老师解释，她不是在抗拒，而是因为恐慌，恐惧自己肥胖的身体跑起步来一定非常的愚笨，一定会遭到同学们的嘲笑。可是，她连向老师解释的勇气也没有，茫然不知所措，只能傻乎乎地跟着老师走。老师回家做饭去了，她也跟着。最后老师烦了，勉强算她及格。

在最近播出的一个电视晚会上，她对他说："要是那时候我们是同学，可能是永远不会说话的两个人。你会认为，人家是北京城里的姑娘，怎么会瞧得起我呢？而我则会想，人家长得那么帅，怎么会瞧得上我呢？"他，现在是中央电视台著名节目主持人，经常对着全国几亿电视观众侃侃而谈，他主持节目给人印象最深的特点就是从容自信。他的名字叫白岩松。她，现在也是中央电视台著名节目主持人，而且是第一个完全依靠才气而走上中央电视台主持人岗位的。她的名字叫张越。

自卑的情绪谁都会有，并不可怕，可怕的是被自卑所操纵，迷失了自我。一个人如果太看重别人的评价，因为自己的一点缺陷就自卑，势必会影响他的正常生活。严重自卑的人，并不一定是其本身具有某些缺陷或短处，而是不能接纳自己，自惭形秽，妄自菲薄，常把自己放在一个低人一等，别人看不起自己的位置上，并由此陷入不能自拔的痛苦境地，心灵笼罩着永不消散的愁云。其实，每个人身上都有闪光点，不管这个闪光点是多么微不足道，但它毕竟是个优点，是别人没有的优点。

有一次，一名士兵奉命将一封信送往自己景仰的统帅——拿破仑的手中，由于过于兴奋，拼命地策马前行，胯下的坐骑一到目的地就累死了。拿破仑读了信后，立即复信，命人牵过自己的战马，吩咐那名士兵骑马回营。“不，尊敬的将军，”那名士兵看到统帅那匹心爱的骏马，恳切地说，“我只是一个普通的士兵，没有资格骑这匹高贵的马。”拿破仑不假思索地答道：“世上没有一样东西是法兰西战士不配享有的！”士兵一下子想明白了，立即上马，绝尘而去。

正如那个士兵一样，很多人都把自己想得太卑微，这使得他们往往无法实现自己的目标。在优秀人士身上，我们看不到自卑的影子。每个人都有自己独特的价值，有什么理由自卑呢？

那么怎么样才是自卑呢？自卑主要表现在 3 个方面：

**1. 胆怯封闭**

一些人由于深感自己不如别人，在与人交往或者从事某项事业中必败无疑，于是把自己封闭起来。但是他们越是封闭自己，越是对自己没有自信，从而造成不良循环。

**2. 自尊过强**

即人们常说的过分的自卑以过分的自尊表现出来，尤其当屈从的方式不能减轻其自卑之苦时，就采用好斗的方式。有自卑感的人，他们比任何人更在意被别人发现其内心的真实想法，因此当他认为别人可能会发现时，便采用这种好斗的方式阻止别人的了解。

### 3. 跟随大溜

丧失信心之人，常对自己的决定缺乏自信，便随大溜以求与他人保持一致。自卑者在做某件事之前就想：别人是不是有这样的看法？我这样做会让人笑话吗？会不会被认为是出风头？在做了事之后，又想：不知会不会得罪人？如果刚才不那样做就会更好，等等。

总之，自卑情绪能给人们带来精神上的折磨，一个自卑感非常强烈的人，他的生活也会非常痛苦。想要走出自卑，就要树立自信，这样我们才会得到真正的快乐，那么是选择自卑的痛苦，还是生活的快乐，结果不言而喻。

## 为何负罪感久久不能散去

负罪感的产生主要是源于自我的严格要求，对自己创造的全部价值进行否定，并由此产生强烈的愧疚感。具有负罪感的人通常这样评价自己：“我当时绝对不应该那样做，现在这样全都怪我。”或者“我当初绝对应该那样做，但我却没有那样做，我应该承担所有责任，我应该被处罚。”

小刚和丽丽是一对恋人，他们大学毕业后在一个城市工作，准备第二年结婚。有一天小刚因为工作上与领导发生摩擦，心里很不舒服，于是在酒吧喝得酩酊大醉，温柔的丽丽送他回宿舍后又上街去买醒酒药，结果被一辆飞驰而过的汽车撞倒，23岁的女孩就此香消玉殒。

小刚在医院号啕大哭，泪流满面，最后不得不接受了这个残酷的现实——他的未婚妻真的已经不在了。

在所有人都认为这场悲剧的阴影已经在慢慢消散的时候，小刚的不良情绪却渐渐严重起来，他食欲不振、严重失眠、浑身乏力、不愿和别人来往，整天沉默寡言，对曾经非常喜爱的篮球也失去了兴趣。每当看到他和丽丽曾经合影的照片，路过曾经经常约会的地方或是听到丽丽喜欢的歌曲时，他都会感到强烈的悲哀和痛苦。小刚失去恋人的痛苦已经发展成情绪过度低落和精神失常。

在朋友的劝说下，小刚咨询了心理专家，原来他一直生活在悔恨中无法自拔。那天本来俩人约好去选婚戒的，谁知下午开会时因为跟领导意见不合发生了小摩擦，所以把买婚戒的事给忘了，然后就去了酒吧，待他酒醒之后，悲剧已经发生。他很爱自己的未婚妻，因此无比自责，“如果我不去酒吧，我不喝醉，她就不会为我买药，也就不会发生车祸了。”

小刚如此伤心难过，沉浸在深深的自责中不能自拔。他无法摆脱对未婚妻死亡的负罪感。过分自我谴责的人，习惯把一切过错归于自己，即使一点小事，也是反复检讨，更不要说造成严重后果的事件，例子中的小刚就是这样，他不仅认定自己做过错事和犯过错误，而且也认定自己是个有罪的人。那些错误很可能已经抹杀了他个人的优秀品质，于是他一直懊悔不已。

这种因愧疚而自我怨恨的情绪，一般会产生两种情况：因愧疚产生痛苦，故而逃避；或是因自责获得了他人的谅解和同情，于是自责成为自己犯错的救世法宝。这两种情况下，当事人自身的愧疚和自我怨恨其实收到了相反的效果。如果一个人认定错误应该被“谴责”，那么他不仅会这样要求自己，更重要的是他也会这样要求别人，并会因其他人做了错事而对其耿耿于怀。当自己犯了错，他会认定不只是犯错那么简单，这会成为他道德上的污点，认为这绝对不能被允许。一旦产生这种心理，他会找各种理由为自己开脱，拒绝承认错误，或是从一开始就否认自己做过错事。结果，他连认错和改正的机会都全部抛弃。

这样的自责和罪恶感，非但不会消除错误行为造成的后果，而且可能会带来更多的错误虚伪和逃避个人责任的行为。

不仅如此，当一个人将全部的注意力都用来谴责和惩罚自己的时候，恰恰将最重要的一点遗忘了，那就是及时补救、总结经验、吸取教训。错误唯一能带给人们的正面意义就是从中总结的经验。为做错事而沮丧和悲伤的时候，不如从失败和过错中找出经验和教训，挽回损失，防微杜渐。

罪恶感会彻底摧毁我们，容易引发诸如焦虑、沮丧、自卑和愤怒等多种情绪，当这些情绪一并向我们袭来时，人一般都难以承受，不仅如此，罪恶感还可能促使人们消极地逃避现实和推卸责任。所以，有些罪恶感应该及时抛开，让我们勇敢地面对生活、面对未来。

## 我们因什么而困惑

每个人都渴望成功，渴望实现自我价值，但这条路并不是一帆风顺的，即使目标清晰明确，迷茫也会经常造访，此时就如同处在茫茫迷雾中，周围的一切事物，可能都会引起情绪上的波动。如果是正面积极的刺激，可能会对我们的成功有所帮助，但是由于太渴望成功，一点点挫折与打击都会被我们放大，甚至周围人一句略带怀疑的话，都会让我们困惑而沮丧，情绪低迷导致行动停滞。

面对这种情况，我们应该如何应对？心理学家针对性地提出了以下几个问题帮助迷茫的人们寻找到方向。

首先，试着问自己究竟是谁。这是一个深刻的哲学问题，看似简单，实则蕴涵着深厚的含义。“人啊，认识你自己”，这句话出现在希腊著名神庙门柱上，绝不是偶然，因为能够认识自己的人实在太少。

认识自己，深刻地剖析自己的内心，是一个极其痛苦的过程。每个人都不完美，都有各种各样的缺陷。有的为人所知，但是有的甚至连自己都不知道。很多人并不了解认识自己的重要性，但却隐隐觉得，很多时候言行举止皆身不由己，是被一种无形的力量推动着生活、工作，每天忙忙碌碌，东奔西走，并无暇内省。但是，一旦遭遇价值观的冲突，情绪很容易就达到一个高点，甚至会冲过我们能承受的警戒线以上。在没有任何逃避或缓冲的赤裸裸的狭路相逢时，人们就不得不面对自己的真相，这是一种相当被动的局面，如果我们没有足够的抵抗力，非常容易走上情绪极端。但是，如果我们在各种问题到来之前，就对自己有一个清醒的认识，并对自己的情绪有一个全面的定位，那也就相当于提高了自己的警戒线，也就不存在任何危险情况了。

其次，问问自己在哪里。这个问题是对自己的空间定位，既有生存空间的坐标，也包括生命空间的坐标。生存空间的坐标很简单，即人们所处的空间位置，可以用一连串复杂的地理名称来表示，如某大洲某国家某省某市某门牌号，也可以用经度和纬度来做一个精确的注解。

生命空间是由心理活动构成的，其坐标的范围远远超出生存空间，是一个由人的思维建立起来的无限延展的广阔世界。比如，虽然有的人身处狭小的角落，但思想却飞跃五洲大洋。他们通过书籍、电视、网络认识外面的世界，拓展了思维的广度；他们通过回忆过去和畅想未来，增加了思维的深度。

对人而言，生命空间远比生存空间重要，生命空间是人们给自己的定位，认清自己当下处于何种地位，这至关重要。如果找不到自己的定位，或者根本否定了自己的定位，那么，困惑和迷茫的情绪必然会迎上心头。

再次，询问自己将要去哪里。自己要去哪里，这实际上就是人们的目标，这个问题在心理学上又叫“自我实现”。“自我实现”的标准很复杂，从没有两个人的目标是相同的。这里说的“自我实现”是指每个人在内心给自己设定的，并不一定与外界的荣誉、奖项挂钩。耀眼的荣誉和他人的艳羡不能给情绪营造一种稳定状态，并可能还会扰乱原本的秩序。这或许能解释，为什么有的人在获得世人眼中的“成功”后却会情绪崩溃，甚至选择极端的自杀方式结束生命，也许是因为他们原本的稳定的情绪状态被破坏了，再也找不到曾经清晰而又明确的目标，或者可能他们从来没有给自己设定过真正适合自己的目标。

迷茫的时候，不妨问问自己是谁，在哪里，将要去哪里，弄清楚这三个问题后，身边的很多事就不会再让我们的情绪泛起波澜，因为自己本身就是一潭又深又广的湖水，散发着沉静的魅力，迷茫自不会登门造访。

## 为什么内心无法宁静

很多时候，我们的内心都为外物所遮蔽、掩饰，浮躁的情绪占领了我们的整颗心，因此在人生中留下许多遗憾：在学业上，由于我们还不会倾听内心的声音，所以盲目地选择了他人为我们选定的、他们认为最有潜力和前景的专业；在事业上，我们不去倾听内心的声音，在一哄而起的热潮中，我们去选择那些最为众人看好的热门职业；在爱情上，我们常因外界的影响扭曲了内心的声音，因经济、地位等非爱情因素而错误地选择了爱情对象……我们的情绪过多地接受了外界环境的影响，但是，我们唯一忽视的，便是去听一听自己内心的声音。

快节奏的生活、工作的压力容易使人心态失衡，如果患得患失，不能以平和的心态去面对无穷无尽的诱惑，就会感到心力交瘁或迷惘躁动，产生许多负面的情绪。

一位老师问他的学生：“你心目中的美好人生是什么？”学生列出“清单”一张：健康、才能、美丽、爱情、名誉、财富……谁料老师不以为然地说：

“你忽略了最重要的一项——心灵的宁静，没有它，上述种种都会给你带来极大的痛苦！”

宁静的心灵即是情绪不易受外界影响，拥有一颗宁静心灵的人不追逐权势显赫，不奢望金银成堆，不祈求声名鹊起，不羡慕美宅华第。因为所有的追逐、奢望、祈求和羡慕，都是一相情愿，只能加重生命的负担，加速心灵的浮躁，而与豁达康乐无缘。

老街上有一位老铁匠。由于早已没人需要打制铁器，现在他改卖铁锅、斧头和拴小狗的链子。

他的经营方式非常古老和传统。人坐在门内，货物摆在门外，不吆喝，不还价，晚上也不收摊。你无论什么时候从这儿经过，都会看到他在竹椅上躺着，手里是一个半导体，身旁是一把紫砂壶。

他的生意也没有不好不坏。每天的收入正好够他喝茶和吃饭。他老了，已不再需要多余的东西，因此他非常满足。

一天，一个文物商从老街经过，偶然看到老铁匠身旁的那把紫砂壶。因为那把壶古朴雅致，紫黑如墨，有清代制壶名家戴振公的风格，他走过去，顺手端起那把壶。

壶嘴内有一记印章，果然是戴振公的。商人惊喜不已。因为戴振公在世界上有捏泥成金的美名，据说他的作品现在仅存3件，一件在美国纽约州立博物馆；一件在中国台湾“故宫博物院”；还有一件在国外某位华侨手里，是1993年在伦敦拍卖市场上以16万美元的高价买下的。

商人端着那把壶，想以10万元的价格买下它。当他说出这个数字时，老铁匠先是一惊，后又拒绝了，因为这把壶是他爷爷留下的，他们祖孙三代打铁时都喝这把壶里的水，他们的汗也都来自这把壶。

壶虽没卖，但商人走后，老铁匠有生以来第一次失眠了。这把壶他用了近60年，并且一直以为是把普普通通的壶，现在竟有人要以10万元的价格买下它，他想不明白。

过去，他躺在椅子上喝水，都是闭着眼睛把壶放在小桌上，现在他常常坐起来看那把水壶，这让他非常不舒服。特别让他不能容忍的是，当人们知道他有一把价值连城的茶壶后，蜂拥而至，有的问还有没有其他的宝贝，有的开始向他借钱，更有甚者，晚上敲他的门。他的生活被彻底打乱了，他不知该怎样处置这把壶。

当那位商人带着20万元现金，第二次登门的时候，老铁匠再也坐不住了。他招来左右店铺的人和前后邻居，拿起一把斧头，当众把那把紫砂壶砸了个粉碎。

现在，老铁匠还在卖铁锅、斧头和拴小狗的链子，据说他已经102岁了。

宁静可以沉淀出生活中许多纷杂的浮躁，过滤出浅薄粗俗等人性中的杂质，可以避免许多鲁莽、无聊、荒谬的事情发生。宁静是一种气质、一种修养、一种境界、一种有内涵的悠远。安之若素、沉默从容，往往比气急败坏、声嘶力竭更显涵养和理智。

快节奏的生活，无节制的环境污染和破坏等，都让人难以平静。环境的搅拌机随时都可能把人们心中的平静搅个粉碎，让人遭受浮躁、烦恼之苦。然而，生命的本身是宁静的，只要内心不为外物所惑，不为负面情绪所扰，就能做到像陶渊明那样身在闹市而无车马之喧，正所谓“心远地自偏”。

不受负面情绪困扰，拥有一颗平静之心，追求平静者便能心胸开阔，不被外物诱惑，坦荡自然。

## 抑郁对情绪的影响

抑郁是比忧虑更深一层次的情绪状态，被人们称为“心灵流感”。作为现代社会的一种普遍情绪，抑郁并没有引起人们足够的重视，然而较长时间的抑郁会让人悲观失望、心智丧失、精力衰竭、行动缓慢。

对于抑郁的人，所有的怜悯都不能穿透他把自己和世人隔开的那面墙壁。在这封闭的墙内，不仅拒绝别人哪怕是极微小的帮助，而且还用各种方式来惩罚自己。在抑郁这座牢狱里，其中的人同时扮演了双重角色：受难的囚犯和残酷的罪人。正是这种特殊的心理屏障——“隔离”，把抑郁感和通常的不愉快感区别开来。

心境低落是抑郁情绪的主要表现。抑郁情绪属于心理学的范畴，却不单纯表现为心理问题，还可能诱发一些躯体上的相关症状，比如口干、便秘、恶心、憋气、出汗、性欲减退等，女性患者可能会出现闭经等症状。

抑郁情绪症的具体症状有以下表现：

（1）常常不由自主地感到空虚，为一些小事感到苦闷、愁眉不展；

（2）觉得生活没有价值和意义，对周围的一切都失去兴趣，整天无精打采；

（3）非常懒散，不修边幅，随遇而安，不思进取；

（4）长时间的失眠，尤其以早醒为特征，醒后难以再次入睡；

（5）经常惴惴不安，莫名其妙地感到心慌；

（6）思维反应变得迟钝，遇事难以决断，行动也变得迟缓；

（7）敏感而多疑，总是怀疑自己有大病，虽然不断进行各种检查，但仍难消除其疑虑；

（8）经常感到头痛，记忆力下降，总是感觉自己什么也记不住，脾气古怪，常常因为他人一句不经意的话而生气，感觉周围的人都在和他作对；

（9）总是感到自卑，对自己所做的错事耿耿于怀，经常内疚自责，对未来没有自信；

（10）食欲不振，或者暴饮暴食，经常出现恶心、腹胀、腹泻或胃痛等状况，但是检查时又没有明显的症状；

（11）经常感到疲劳，精力不足，做事力不从心；

（12）变得冷酷无情，不愿意和他人交往，酷爱生活在一个人的空间，甚至自己的父母都难以与其进行交流，害怕他人会伤害自己；

（13）对性生活失去兴趣，甚至会厌恶，觉得很恶心；

（14）常常有自杀的念头，认为自杀是一种解脱。

抑郁者的人生态度通常很消极。正由于抑郁使人丧失了自尊与自信，总是自我责备、自我贬低，无论是环境还是自我，都不能积极对待；对环境压力总是被动地接受而不能积极地控制，更谈不上改造；对自我也总感到难以主宰而随波逐流。于是在人生征程上没有理想与期待，只有失望与沮丧。总感到茫然无助，陷入深重的失落感而难以自拔，对一切都难以适应，只能退缩回避。

作为美国第十六任总统，林肯也经历过抑郁情绪的困扰："现在我成了世上最可怜的人。如果我个人的感受能平均分配到世界上每个家庭中，那么，这个世上将不再会有一张笑脸。我不知道自己能否好起来，我现在这样真是很无奈。对我来说，或者死去，或者好起来，别无他路。"

我们周围常常有这类人，当生活环境发生重大变化而呈现出巨大反差时，当人生之旅中出现一些变故、遇到一些挫折时，或者仅仅由于环境不如意，便精神不振、心神不定，百无聊赖而焦躁不安，不思茶饭更无心工作，甚至对生活失去信心，整个人跌入消极颓丧中。抑郁是禁锢人心灵的枷锁，困扰着人们，使人不能在现实的世界中调整自我，只能渐渐退缩到自我的小天地里。

为了使我们的生活永远充满阳光，为了使我们有一个健康向上的心理，人们曾费尽心思地寻找克服抑郁的药方。通过研究，克服抑郁的有效办法有：从事可振奋情绪的活动，观看让人振奋的运动比赛，看喜剧电影，阅读让人精神振奋的书。不过值得注意的是：有些活动本身就会让人沮丧，比如，研究发现，长时间看电视通常会使人陷入心情低潮状态。

科学家发现，有氧舞蹈是摆脱轻微抑郁或其他负面情绪的最佳方式之一。不过这也要看对象，效果最好的是平常不太运动的人。至于每天运动的人，效果最好的时期大概是他们刚开始养成运动习惯的时期。

善待自己或享受生活也是常见的抗抑郁药方，具体的方法包括泡热水澡、吃美食、听音乐等。送礼物给自己是女性常用的方式，大量采购或只是逛逛街也是一种抗抑郁的方式。经研究发现，女性利用吃东西治疗悲伤的比率是男性的 3 倍，男性诉诸酒精的比率则是女性的 5 倍。

另一个提升心情的良方是助人。抑郁的人萎靡不振的主要原因是不断想到自己某些不愉快的事，设身处地同情别人的痛苦自可达到转移注意力的目的。经研究发现，担任义工是很好的方法。然而，这也是最少被采用的方法。

抑郁就好像透过一张网看外面的世界，无论是考虑你自己，还是考虑世界或未来，任何事物看来都处于被网线牵绊的状态。我们要摆脱抑郁情绪的困扰，让健康的心态永远伴随着我们，才能不受心灵流感的侵袭。

# 第三章 情绪的惊人力量

## 情绪决定生活质量

情绪是人类天性的重要组成部分，没有情绪，我们都会成为植物人。然而，情绪却是人类历史上最容易被忽视、研究最少的题目之一。在20世纪90年代以前，你几乎无法在书店里找到一本关于情绪的书。此后，科学家才开始对这个题目感兴趣。1995年，随着美国人丹尼尔·格尔曼《情感智商》一书的出版，人们开始广泛关注情绪。情绪之所以重要，在于它能够决定我们的生活质量，这一点可以从以下几个方面得到印证。

**1. 情绪影响你的幸福感**

幸福的感觉通常是受情绪影响的，这是因为人的一切行为的改变都必须从自己的感受开始改变。请看：

外界刺激→想法→感觉（情绪）→行为→结果（幸福或不幸）

上面这个推论是什么意思呢？让我们举例说明一下，假设一个人失恋（外界刺激）后，他认为这是不好的事情，他觉得自己被抛弃了，从此将生活在黑暗之中，再也没有希望了（想法）。他感觉到沮丧（情绪），他把自己关在房间里，趴在床上哭，不和任何人讲话（行为）。久而久之，他变得内向、孤僻，不敢和异性接触（不幸）。不同的情绪状态会产生不同的行为，你自信时的行为会与自卑时的行为不同，在心情平静时的行为会和冲动时的行为不同，在沮丧时的行为会和兴奋时的行为不同，在大多数情况下，不同的行为会导致不同的结果。

我们都曾有过万事如意的时光，有时清晨起来就觉得神清气爽、精神饱满，对一切都充满热情，平日里棘手的工作也觉得得心应手，你微笑地面对周围的人，热情地投入生活，总之，你觉得一切都是那么美好。但是我们也有过完全相反的经历，有时会莫名其妙地感到情绪低落，被巨大的忧虑所包围，你无精打采，面对一大堆待办的事，却怎么也提不起精神，什么也不想做。平时做起来易如反掌的事，此时却感到举步维艰，有时竟然会突然叫不出一位熟悉的朋友的名字，或者突然忘了一个字怎么写，觉得整个生活都是灰色的。有时，自己自信、坚强、果断、快乐、兴奋、有激情；有时，自己却忧虑、沮丧、恐惧、悲伤。

之所以会出现这些差别，原因就在于我们处于不同的情绪状态。所有生活幸福的人，并不是因为他们比较幸运，而是由于他们都能够很好地控制自己的情绪，使情绪时常处于最佳状态。因此，从现在起，你要了解这两种情绪，并学会调整它们。

**2. 积极情绪有利于你的健康**

现代科学研究证明：情绪可以通过大脑而影响心理活动和全身的生理活动，从而影响我们的健康。积极的情绪能提高大脑皮层的张力，通过神经生理机制，保持人体内外环境的平衡与协调，消极情绪则严重干扰心理活动的稳定，致使我们的体液分泌紊乱，免疫功能也随之下降。

积极情绪是身心活动和谐的象征，是心理健康的重要标志。一项心理学研究发现，对自我前途和未来持冷淡态度是身体健康不良的预兆。有一位外国流行病学专家断言，长期持有这种绝望意识的人，其死亡率高于心脏病、癌症和其他病因造成的平均死亡率。这说明，乐观态度对于健康大有裨益。

积极情绪能使人的大脑处于最佳活动状态，能充分发挥有机体的潜能，提高活动效率，使人精力充沛，食欲旺盛，睡眠安稳，充满生机与活力，从而增强对疾病的抵抗能力。英国著名科学家法拉第，年轻时由于工作紧张，造成神经失调，身体虚弱。后来他不得不去看医生，而医生却没开药，只说了一句话：“一个小丑进城，胜过一打医生。”法拉第仔细琢磨，悟出真谛。从此他经常抽空去看戏剧、马戏和滑稽戏，不久健康状况大有好转。

因此，要想保证身体健康，我们必须要学会控制不良情绪。

**3. 负面情绪容易导致疾病的发生**

负面情绪是引起身心疾病的重要原因。它一旦产生，一方面会引起整个心理活动失去平衡；另一方面则导致生理方面的一系列变化，如脸色苍白、心跳加速等。早在两千多年前，我国古人就有“怒伤肝”“思伤脾”“忧伤肺”“恐伤肾”等说法。古往今来，因情绪过激而致死的故事也不少，英国著名生理学家亨特，天生脾气急躁，他生前常说：“我的命迟早要葬送在一个惹我真正动怒的坏蛋手上。”结果，在一次会议上，“坏蛋”出现了，他盛怒之下，心脏病猝发，当场身亡。

人在负面情绪的笼罩下，意识会变得狭窄，判断力、理解力会降低，甚至会失去理智和自制力，造成正常行为瓦解，人际关系失调，目标混乱，免疫力下降，从而导致疾病的发生。

美国的自我管理专家杰克迪希·帕瑞克总结出了一些负面情绪可能引发的疾病，请看下表：

| 负面情绪 | 可能引发的疾病 |
| --- | --- |
| 愤怒、怨恨 | 皮疹、脓肿、过敏、心脏病、关节炎 |
| 困惑、沮丧、气恼 | 感冒、肺炎、呼吸道不畅、眼鼻喉不适、哮喘 |
| 焦虑、烦躁 | 高血压、偏头痛、溃疡、听力障碍、近视、心脏病 |
| 愤世嫉俗、悲观、厌恶、恐惧、愧疚 | 低血压、贫血、肾病、癌症 |

情绪影响着一个人的幸福感，也影响着一个人的健康。遇到不顺心的事，可以用积极的情绪自救，积极乐观地看待事情。一个会控制自己情绪的人即使面对困境，也依然会获得幸福，摆脱各种疾病的困扰，从而保证身心健康。

## 情绪对认知和行为的影响

人们经常爱拿这样一个实验展现情绪的力量：水平差不多的两班同学在即将参加一个大型竞赛时，老师对其中一个班的同学大加赞赏，认为其一定能在竞赛中取得好成绩，这个班的同学在得到鼓励和认可之后就非常高兴；而老师则对另一班的同学表现出比较担忧的样子，老师的否定让班里的同学垂头丧气。最后的竞赛结果也可想而知：得到鼓励和赞赏的班级取得了非常好的成绩，而被否定的班级成绩则是一塌糊涂。

情绪具有一种神奇的力量，这种力量可以影响甚至左右一个人的认知行为。比如在你情绪好、心情愉快的时候，你的办事效率就会高，做事情就比较顺利；但是在你情绪低沉、心情抑郁的时候，你会觉得思路阻塞，任何事情都开展迟缓。

情绪就像是我们精神的感知棒，它时时影响甚至左右人的认知行为。我们每做一件事、每说一句话，都受到一定的心理状态和心理活动的影响和制约，尽管有时候我们觉察不到。具体来说，情绪在以下 3 个方面影响并左右着人的认知行为：

**1. 心理动机方面**

情绪与心理动机存在各种联系。有研究表明，良好的情绪能增强人的心理动机，因为此时的个人，不仅行为效率提高，而且相信自己可以把事情圆满完成，这种状态能激励人的行为。反之，情绪受到压抑，行为效率受到阻碍，心理动机也因此减弱。因而，为了促进良好心理动机的实现，保持较佳的情绪也显得非常重要。

**2. 智力活动方面**

情绪直接影响着个人的记忆和思维活动。心理学家丹尼尔·戈尔曼指出，情绪影响智力水平和思维活动的发挥,这是每个老师都知道的。学生在焦虑、愤怒、沮丧的情况下，根本无法学习。事实上，任何人在这种情况下都难以有效地从事正常的工作和学习。

**3. 人际交流方面**

情绪是人际交流的重要手段。人们通过自己的面部表情、身体动作以及语言声调等表达自己的看法或者观点，如高兴时笑，痛苦时哭，发怒时横眉立目、握紧拳头等等。在所有情绪表达中，微笑是最有利于人际交流的一种情绪表达，它能拉近沟通者之间的距离，增加亲和力，促进沟通的顺利开展。

情绪对人们的心理动机、智力活动以及人际交流产生这么重要的影响，那么面对情绪变化，我们应该培养自我的心理调节能力，这种心理调节能力是一种理性的自我完善，在实际行为上主要体现为强烈的意志力和忍耐力。它使人以平和的心态来面对人生的起起落落，保持与他人交往时的淡定从容，也能促使自己的身心配合默契，做什么事情都得心应手。

当然，在生活中的每个人都具有不同的能力，或富有自信、勇气、冷静、理性，或富有决心、创造力、幽默感等，实际上，这些能力都是个人内心的一种感觉。当人们没有这些良好感觉的时候，即使具备知识、技能等资源，也不能很好地运用它们，或者根本不去运用它们。

因此，在面对情绪影响甚至左右个人认知行为时，学会控制和左右自己的情绪是个人成功的要诀。那些情绪健康的人，往往神采飞扬、激情澎湃，他们肯冒险、爱创新，善于把握生命中出现的每个机遇，从而让人生处于一种最佳的竞技状态。反之，情绪低迷的人，竞技状态比较差，也更容易遭到失败。

世上有许多事情的确是难以预料的，情绪的波动在所难免。但是，不管我们面对怎样的境遇，都要调节好自己的情绪，既不要自暴自弃，也不可盛气凌人，以宽容豁达之心来面对这个世界，不要让情绪成为成功路上的绊脚石。

## 好心情对健康的积极效用

让自己保持愉快的心情是保持人体内分泌平衡的最佳方法。健康的情绪，比如平和镇定、乐天知命、勇敢坚定以及愉悦，都会刺激脑下垂体分泌激素以达到最佳激素平衡。这种平衡所产生的效力可能比世界上的任何药物都更加理想。

在 1934 年抗菌剂发明以前，曾经有位男人出现了肾脏感染。当时这还是一种很严重的病症。他脾气暴躁,时常有不满情绪。他的病情越来越严重，而那些不良情绪刺激了他体内肾上腺皮质激素的分泌。

不久，这位患者遇到了一位巫医。这位巫医让他的情绪变得愉悦起来，让他对生活充满了热情、希望和信心。后来，内分泌平衡在这个男人体内形成了最佳保护，体内的自我免疫系统是那个时代唯一的治疗手段。于是，他逐渐痊愈了。

其实，身体本身就能够治疗疾病。保持正面的情绪，给身体以正面的刺激，可有益于健康。

不论通过何种形式，只要情绪得以改善，就会有同样良好的效果，比如，进行一次浪漫的恋爱。

有一个身患绝症的人，死神已经向他招手了，他几乎可以听见黄泉路上的潺潺流水声了。但他不想死，真的不想死。

忽然，有一天，他在医院门口看见了讣告。过去，他从未留意过医院门口的讣告。而这一次，讣告磁石般地将他吸引了。于是，他每天都到医院门口看讣告，看谁又被贴出来了。一个又一个名字。有些是他很熟悉的：熟悉他们的音容笑貌，熟悉他们的家庭子女。于是，他开始一笔一画地抄写讣告。日积月累，他抄写了厚厚的一个本子。有这么多人，在前面走了，自己对死亡，还有什么可惧怕的呢！讣告上那些沉痛的词语感染着他，燃烧着他。燃烧过后，他的内心反倒平静下来了。如果有一天，自己的名字真的被加上了黑框，真的被写到讣告上了，应该是一件很平常的事情。

闲下来的时候，他开始整理那些讣告。他将每一条讣告整理成文辞精美的散文。他歌颂死者，超度死亡，心里没有一丝倦怠和杂念。

他有一个朴实的想法，写够九十九个人，然后就停笔，将第一百个位置留给自己。虽然，他不知道，有谁会把他当作第一百个逝者来写。他的心情很好，因为有九十九个人在另一个世界等着自己，还有什么可留恋的呢？

第一百个死亡的人，他希望是自己。

可是，上帝一直没有露面。

后来，有一天，他打算给自己写的那些文章编号，排查一下自己的写作数量。让他吃惊的是，他写的文章，已经超过一百篇了。也就是说，他已经与死亡擦肩而过！

第一百个逝者，不是自己！

他喜出望外，泪流满面！

医生不相信这个奇迹。医生说：如果真是这样的话，我直接给每个绝症患者开具《死亡通知书》好了，让患者与死神零距离接触！

后来，他依然心情很好，每天跑到医院门口，抄写讣告，然后，回家整理成文章。

用正面情绪赶走了死亡，让自己健康地活着，可见保持良好的情绪对我们的身心健康异常重要。生活中，我们难免会遇到困难或险境，从而产生烦恼、痛苦、忧伤、愤怒等各种各样的消极情绪。我们要采取适当的方法宣泄不良情绪，重拾一份平和、快乐的心情，保持健康的活力。

有这样一个笑话，说人生有四大悲：久旱逢甘霖，一滴；他乡遇故知，债主；洞房花烛夜，情敌；金榜题名时，重名。本来是四件让人生大喜的事情瞬间变成大悲的事情，仅仅就是因为多加了两个字，其实也是因为最根本的两个字发挥了作用——心情。心情好了，看到任何事物都感到愉快，心情不好，即使是快乐的事情，他也能品出悲苦的味道来。所以，在我们本就很忙碌的生活中，不妨开心一下，保持轻松愉快的好心情，才能开心健康地活着。

## 心情的颜色影响世界的颜色

生活的现实对于我们每个人来说都是一样的。但一经个人“心态”的反射以后，情绪就会折射出不同的色彩。正如太阳本一色，但是却由频率不同的七种颜色组成，当你的心态是红色，反射出的情绪就是红色；当你的心态是蓝色,反射出的情绪也就是蓝色。我们的心里承载着不同颜色的事实、环境和世界。心态改变，情绪也会随之改变，从而使得情绪的不同反应产生不同心理表现。心里装着哀愁，情绪就会低迷，眼里看到的就全是黑暗，只有抛弃已经发生的令人不痛快的事情或经历，才会迎来好心情。

有一天，詹姆斯忘记关上餐厅的后门，结果导致早上3个武装歹徒闯入室内抢劫，他们要挟詹姆斯打开保险箱。由于过度紧张，詹姆斯弄错了一个号码，造成抢匪的惊慌，开枪射击詹姆斯。幸运的是，詹姆斯很快被邻居发现了，送到医院紧急抢救，经过18个小时的外科手术以及长时间的悉心照顾，詹姆斯终于出院了，但还有块子弹碎片留在他身上……

事件发生6个月之后，詹姆斯的朋友问起抢匪闯入时他的心路历程。詹姆斯答道：“当他们击中我之后，我躺在地板上，还记得我有两个选择：生或者死。我选择活下去。”

“你不害怕吗？”朋友问。詹姆斯继续说：“医护人员真了不起，他们一直告诉我没事，要我放心。但是在他们将我推入紧急手术间的路上，我看到医生和护士脸上忧虑的神情，我真的被吓到了，他们的脸上好像写着：

他已经是个死人了！我知道我需要采取行动。”

“当时你做了什么？”

詹姆斯说：“当时有个护士用吼叫的音量问我一个问题，她问我是否会对什么东西过敏。我回答：‘有。’

“这时，医生跟护士都停下来等待我的回答。我深深地吸了一口气喊道：‘子弹！’等他们笑完之后，我告诉他们：‘我现在选择活下去，请把我当作一个活生生的人来开刀，而不是一个活死人。’”

詹姆斯能活下来当然要归功于医生的精湛医术，但同时也归功于他令人惊异的情绪状态。我们从他身上学到，每天你都能选择享受你的生命，或是憎恨它。这是唯一一项真正属于你的权利。没有人能够控制或夺去的东西，就是你的态度。如果你能时时保持好的心情，你强大的情绪力量会让很多困难的事情变得容易许多。

心情的颜色会影响我们看世界的颜色，也就是影响外界刺激下的情绪。如果一个人，对生活抱一种达观的态度，就不会因不如意的事情，激发负面情绪。大部分终日苦恼的人，实际上并不是遭受了多大的不幸，而是自己的情绪调控存在着某种缺陷，对生活的认识存在偏差。事实上，生活中有很多坚强的人，即使遭受不幸，也快乐依旧。充满着欢乐与战斗精神的人们，永远带着欢乐生活，无论生活是雷霆还是阳光。

## 1% 的坏心情导致 100% 的失败

生活中，我们经常见到有人因情绪失控而乱发脾气，也经常看到有人因为发了脾气而把事情搞得一团糟，其中的原因不是这个人的工作能力不高，更不是这个人缺乏与人沟通的能力，而是因为这个人 1% 的坏心情，导致了最后 100% 的失败。

或许你不信这个结论，也或许你认为这么说有点夸张。其实不然，一个人的心情和一个人手头所做的事情有着很紧密的联系，心情好，手头的事情也相对完成得好，或许说是完成的质量较高，相反，心绪不稳，总是左顾右盼，胡思乱想，根本就不把心思放在工作上，这样的心态又怎么能把事情做好呢？

美国石油大王洛克菲勒就是一个能正确对待自己坏心情的阳光人士，而他的对手恰恰是因为不能控制这1%的坏心情，导致了最后的失败。

在法庭询问上，对手律师的态度明显怀有恶意，甚至有羞辱之意，可以想象，当时洛克菲勒的心情有多么糟糕，如果这个时候他也发怒，必将掉入对方设计的陷阱之中，不过洛克菲勒很聪明，他明白这个时候控制自己的情绪有多么重要，自己一定不能和对方的律师一样鲁莽，更不能让自己这种气愤的心情有所流露。

"洛克菲勒先生，我要你把某日我写给你的那封信拿出来。"对方律师很粗暴地对他说。洛克菲勒知道，这封信里面有很多关于美孚石油公司的内幕，而这个律师根本就没有资格来问这件事情，不过洛克菲勒先生并没有进行任何的反驳，只是静静地坐在自己的座位上，没有任何表示。

"洛克菲勒先生，这封信是你接收的吗？"法官开始发问。

"我想是的，法官先生。"

"那么你对那封信回复了吗？"

"我想没有。"

这时法官又拿出许多其他的信件来，当场宣读：

"洛克菲勒先生，你能确定这些信都是你接收的吗？"

"我想是的，法官。"

"那你说你有没有回复那些信件呢？"

"我想我没有，法官。"

"你为何不回复那些信，你认识我，不是吗？"对方律师开始插嘴。

"是的，当然，我想我从前是认识你的。"

至此，看到洛克菲勒丝毫不动怒，像什么事都没发生过一样。对方律师心情已经坏到极点，甚至有点开始暴跳如雷了，而洛克菲勒还是坐在那里丝毫不动，似乎眼前的事情根本就没有发生过，全庭寂静无声，除了对方律师的咆哮声。

最后对方律师因为情绪失控，在法庭上把真相说漏了嘴，最终结果可想而知，洛克菲勒不仅赢得了官司，还在美国人眼中留下了一个很优雅的形象。

这位律师因为自己的暴怒情绪，而将自己弄得方寸大乱，很多言行都被情绪控制，而不是头脑控制，这时的他就像一个掉线木偶，情绪受对手也就是洛克菲勒影响着，坏心情一点点扩大，最后输了这场官司。

生活中有太多这样的例子，由于自己不懂得控制坏情绪，最后酿成难以挽回的错误。情绪的力量可见一斑。

当然一个人也不能像一根木头一样，没有情绪，没有思想，不可能永远都不发怒，不可能永远都能心情很好地走进每天的生活。可是当你真正发怒的时候，你试想这样会发生什么样的后果？这样到底会不会损害你的利益，会不会动摇你在别人心目中的地位？如果你能真正意识到这一点，真正明白发怒只能把事情搞砸，而绝对不能把事情完美解决的话，你肯定就会好好地约束自己的情感，好好地控制自己的情绪，这样也就能和石油大王洛克菲勒一样，轻而易举地打败对方。

# 第四章　提升自我认识，摆脱情绪负债

## 情绪债务从童年开始产生

现代社会对情绪发泄的限制，使人们从小被迫背上情绪的债务。尤其是童年时候的情绪负债，它可能是人类潜意识中最长久的阴影，会持续影响一个人的一生。

虽然刚出生的小孩不会说话，无法表达情绪，哭和笑的情绪是最自然不过的，大家也对小孩抱有最大的宽容之心，不会因为他淘气而去打骂他，但等到孩子可以听懂大人说话时，家长便会以不许哭之类的话吓唬孩子，在这个时候，孩子就已经背负着情绪债务了。

他们根据大人的表达意识到自己的哭闹是不对的，是很丢脸或被认为是有目的的。等到再大一些之后，孩子便会意识到大人对自己情绪的教育，开始知道自己需要隐藏起部分情绪。如，一个小孩摔倒了，即使很疼，但如果只有他自己在场，便不会哭。他已经知道哭是要哭给别人看的，没有人看就没必要哭。等到大人看到之后询问时，他才会哇哇大哭。假如一直没有人看，他会一直压抑着自己的情绪，在小小的行为过程中便学会扭曲自己的感受，情绪负债由此开始累加。

从小时候家长对孩子哭闹的教育，到长大后学校里老师对孩子的教育，以及家长的监管,一个孩子在“教育过程”中的情绪负债呈现逐渐上涨趋势。例如，一个孩子考试后回家，妈妈会问他考了多少分，假如没有考到满分，家长就会责怪他不好好学习，从而他便会认为在应试教育的过程中只有考了满分才对，但由于自己会出现各种失误，情绪会变得越来越紧张，以致于每次考试都害怕，压力过大就会形成“考前综合症”，甚至还会想到作弊。如果在教育过程中家长不是这么重视考试的结果，他恐怕不会想到用作弊去赢得高分。

其实，应付考试只是情绪负债导致的后果中最直接的一个。如果在教育中父母、师长、领导仍然一味刻意地追求好结果而忽视人性的本来弱点，就会导致孩子为了逃避责罚，慢慢学会撒谎和伪装自己。长大之后为了面子，更会不择手段，这才最可怕。这样的情绪负债会严重地扭曲一个人的人格。好的老师、好的家长应当让孩子的情绪得到正常渠道的发泄，要在言行之间教会孩子去真诚处事。

另外，在教育过程中，情绪的负债容易导致我们的思维被严重禁锢。如果家长给孩子的教育标准是正确的，那么孩子的情绪在正确标准的范围内可以自由自在地发展自我。但是，倘若这个标准本身就有问题，违背人类发展的自然天性，甚至扭曲人性，则会导致被教育者的情绪负债。

现代教育中提倡素质教育，提倡新课改，其实，这都是在扭转以往教育导致的情绪负债问题。以前的教育一味进行满堂灌，吃大锅饭，其实每个孩子都是独一无二的个体，但老师却用整齐划一的方式去进行填鸭式的教学，扼杀孩子的创造性思维，这一类不符合孩子天性的教学方式就禁锢了他们的思维。在长期的伪装和压抑下，孩子从小就失去了充分表达自己的能力和权利，这对个人身心来说是一种情绪压力。我们都知道把所有的话都讲出来会很痛快，但都害怕直接说出来会造成局势的紧张，影响到周围的人、事、物与自己的关系，于是，不得不伪装自己。其实，这正是造成情绪负债的根源所在。

## 情绪负债多半由自己造成

对于人的来源一说，中西方各有说辞。在西方，人们认为世界上有上帝，人类是上帝的孩子；在中国，人们认为人类是女娲创造出的孩子；达尔文从科学的角度解释道：人类是动物进化而来的。尽管对于人类的起源有各种各样的说法，但今天的我们，其实是先天影响和后天作用共同形成的社会中的人。其中，后天的影响是人们情绪产生、表达的重要因素。

人的心理结构大致都是相同的，都有喜怒哀乐的情绪。但是人生经历的不同，导致每个人心理形成因素不同。这就是为什么有人说“相由心生”，人们在儿童时期都没有多大差异，除了先天的相貌之外，作为孩童都爱玩、自由自在、无拘无束，不过，随着年龄的增长，人们之间的差异开始逐渐显现。

当一个人情绪压力过大的时候，内心就会疲惫，外在相貌就比较憔悴，显得未老先衰；当一个人生活稳定，情绪平和的时候，他就会表现得非常乐观，做起事来就会有条不紊、沉着冷静。

20 岁的年轻人永远装不出 60 岁老人的儒雅和智慧，60 岁的老人也不会有 20 岁的年轻人的活力和激情，这是必然的。然而，林肯总统评价一个人的时候说，一个人 30 岁之后就应该对自己的相貌负责。这其实是对个人修养提出的要求，尽管先天外在条件无法改变，但我们可以通过对后天素质的培养来展现自己的个人魅力。这就要求我们对个人情绪加以主观调控，而不能随意地发泄。

情绪是自然本能的感情反应，应当自由自在地去表达，想哭就哭，想笑就笑。只是，人生于社会、长于社会，发泄情绪的前提是要考虑到自己情绪发泄的时候别人的感受，恰当地去表达。

现实中的人要受到社会的种种限制，无法做到真正的无拘无束。孔子所说的“不逾矩”，就是指一个人在行为处事中不能违反规矩。为什么人比其他动物高明，却要在现实中如此羁绊自己的情绪呢？为什么需要上学、受教育、压抑自己的情绪呢？

仔细分析一下，完全的自由实质上是不存在的，有限度的自由是对自由的最大保证。教育中的条条框框可以避免情绪的发泄失控，没有这种限制反而让人体会不到自由的美好。当在情绪的生成和表达过程中人们逐渐解除这些限制时，情绪负债就会慢慢解脱，这其实是一个螺旋式上升的发展过程。人们在情绪的负债过程中，一方面逐渐受到压抑和限制，这可以防止情绪的不合理发泄，另一方面，在逐渐摆脱这种压抑和限制的过程中可以使情绪获得更大的发泄空间。这正是人们走向自由的痛苦却又必需的过程。

在生活中，每个人都需要担负起自己的责任，履行属于自己的义务。对于情绪的负债亦是如此，我们必须对自己的情绪负债负责，而不能去逃避情绪或是随意发泄情绪。这是生活在社会中的人应有的底线。

## 三种因素造成情绪负债

人们从小就背负着很多情绪上的债务，童年时期父母的影响，青年时期老师同学的影响，这些都有可能成为人们的情绪来源。生活是喜怒哀乐的总和，只有找到了负面情绪的来源，才能及时将其摆脱，塑造适合个人发展的正面情绪。由此，本节将从性格方面来分析情绪负债的来源。

情绪负债的产生主要源于人的三种性格：一是依赖型性格，二是矛盾型性格，三是竞争型性格。

首先来谈谈依赖型性格。依赖型性格主要是指缺乏独立性，喜欢顺从别人的意志，没有主见的一种表现。这种性格的产生，往往是由于小时候父母对孩子的过分宠爱，凡事代劳造成的。家长对孩子的爱护、保护过分严重，以致孩子享受着种种依赖的感觉，而独立能力没有发展起来，自己和生活没有广泛地进行接触接轨，生活空间狭窄，兴趣单调，意兴懒散。他们总是等待，不会自己安排生活。有这种性格特点的人心目中总有个权威，有个家长，等待他们安排一切，因为从小就是这样。

有个高中生，他的爸爸是个军人，家庭教育也比较严格。从小到大，无论他做得多好，多么优秀，他爸爸从来不当面表扬他，只是说让他不要太骄傲自大。但在外人面前，谈起自己的儿子时爸爸却很高兴。记得有一次，儿子又考了全校第一，当他高高兴兴地回家把这个好消息告诉爸爸时，却没想到爸爸眼睛一瞪，说："看你，取得一点成绩就高兴成那样。"当时，他只觉得很委屈，跑到一边偷偷哭了很久，甚至还有些恨他爸爸。再长大一些，他已经知道爸爸的用意，只是他的性格已经养成。他已经形成了一种对爸爸的依赖，大事面前总是不果断，总想着会有两全其美的办法，认为这样可以少挨点骂。关于别人对自己的看法，他也特别在意。

从以上这个例子可以看出，孩子如果从小受到很严格的家庭教育，那么，他会一贯保持严谨、谦虚、谨慎的态度，为了保持判断事物的正确性，他就必须要反复考量，所以很容易产生情绪上的问题。一旦不这么做，自己就生怕会受到责备。长大以后，做事情可能就会为了得到两全其美的效果而优柔寡断，犹豫不决，严重一点甚至会产生焦虑情绪。

其次，是关于矛盾型性格。人本身是矛盾的，这句话没有错，但是如果人时时刻刻都处于一种显而易见的矛盾中，那么很容易背上情绪负债。

矛盾型性格的根源常常在于自我，他们总是以一种怀疑的态度看待周围的一切，总是在对与错、好与坏之间徘徊不定，情绪也随之不稳定地起伏。他们有的时候也明白事情的缘由到底如何，但却总是怀疑自己的判断，害怕做出错误的抉择，常常犹豫不定。这同样是一种性格缺陷，使他们不得不背上情绪负债。

这种矛盾型性格同样是源于小时候大人管教上出现偏差，不愿意肯定自己的孩子，而是以批评和怀疑的态度对待孩子，在这种成长环境下长大的小孩，会对自己缺乏信心，对自己的判断缺乏自信，产生许多负面的情绪。但是，矛盾型性格也是能逐步改善的。

最后，是关于竞争型性格。现在是一个竞争的社会，提倡要有竞争意识，竞争本身并不是什么坏事。但竞争也会给我们的情绪带来很多负面的影响，譬如，某些竞争，特别是互相攀比，其实本身是毫无意义的，但是却会让我们产生情绪负债。一旦看到比我们能力强的人，心里就立刻不平衡了。还有些人更为严重，互相攀比票子、车子、房子，甚至攀比父母的工作，似乎没有这些东西，或者在这些方面比不过别人，自己就会低人一等，比不上别人会产生自卑情绪或嫉妒情绪，超过别人又会产生自满情绪或盲目情绪。为了这些没有任何意义的攀比，许多人的情绪已经极度扭曲，负债已经非常严重。有很多人甚至从小就开始在家庭和财富上与人攀比。这种竞争不再是良性竞争，如果这种情绪负债从小就养成，实在是危害巨大。

不管是依赖型性格，还是矛盾型性格，抑或是竞争型性格，三者都有各自的优点和不足。要及时了解和熟悉自己属于哪种类型，是什么性格。而后，及时发扬自己的优点，改正自己的缺点，有针对性地摆脱掉情绪负债，才能获得情绪自由。

## 我们如何摆脱情绪负债

人们从小背负的许多情绪债务可能会影响他们的一生，情绪债务就像一把枷锁，无时无刻不在遏制我们的情绪。我们必须要学会摆脱情绪负债。情绪是个人的情感要素，需要依靠自己来摆脱情绪负债。自身需要做以下几个方面的改变：

第一，适当地控制自己的情绪。

适当，即既不能过分抑制自己的情绪，又不能让自己的情绪任意释放。一方面，过分抑制自己的情绪而不释放，会造成情绪严重积压，到一定程度就会不可阻止地爆发出来。不爆发则已，一爆发就会完全失去控制，不可收拾。另一方面，也不能随意由着自己的情绪，任其自由释放。从来不顾别人的感受，任由自己情绪释放的人到哪儿都将不受欢迎。这样容易导致交际障碍，从而产生很大的精神压力，甚至可能使人产生自闭症。因而，恰如其分地控制自己的情绪，既不要过分抑制，也不要任其释放，这样才能不会有过多的心理负担，情绪才能有所缓解。

第二，学会改变自己的想法。

其实，有时情绪低落只是因为受某种想法的影响。学会从相反的角度看问题，改变自己的想法，那么，情绪或许会由消极变为积极。例如，许多人去市场购物，基本上都是先问遍价格，再选择性价比较高的商家。当发现一个商家的同种商品比之前买的性价比高出很多，自己又会情不自禁地买下来。然后再好奇地问其他商家所卖的同种商品的价格，也许会发现还有性价比更高的商家。这时，你的心情也许会立刻变得非常懊恼，后悔自己急于购买。假如从另一角度来思考，也许自己所买的商品差价并不是很大，抑或质量要比价格便宜的同种商品好很多，并且早点买还可以节省很多时间。这样想想，或许自己的情绪就会好起来。想法改变，心情或许就能变好，情绪也会得到改观。

第三，遇到情绪问题多与人沟通。

很多人在背负情绪负债后，不愿意与他人沟通，其实和自己的朋友多聊一聊关于情绪的话题，有助于我们加深对情绪的理解，也有助于排解不良情绪。

例如很多人都有工作压力大，容易发脾气的情况，不如就约上三两个好友，把自己的压力和情绪大大方方地讲出来，你会发现，讲完之后感觉轻松多了，而且朋友们之间还能分享很多关于缓解压力的方法，遇到下一次相同的事情时，压力很快没有了，情绪也就不会积累了。

相反，那些不懂得与人沟通情绪问题的人，他们会越活越累，直到情绪负债把他们压得喘不过气来，其实，有情绪问题是正常的，没有人会嘲笑你。

想彻底摆脱情绪负债，就要学会做好以上三点。适当控制自己的情绪，避免在人际交往过程中出现很大的情绪波动，甚至形成心理性疾病。学会改变自己的想法，让自己在看问题、处理事情的时候产生积极的情绪，不钻牛角尖，不进入情绪低落的死胡同。经常与他人沟通自己的情绪问题。

# 第五章　提升认知更能拥有好情绪

## 理清负面情绪的罪魁祸首

正所谓一千个人心中有一千个哈姆雷特，每个人在面对不同的事物时，就会产生不同的情绪和处理方式，这除了与每个人的学识、经历、习惯不同以外，还与每个人的信念有着密切的联系。一些不合理的信念容易使人产生情绪困扰。一旦这些不合理的信念持续时间过长，就容易引发情绪障碍。

小张是李局长的下属，有一次在街上闲逛时与李局长擦肩而过，李局长只是从他身边走了过去，并没有和他打招呼。于是小张诚惶诚恐，他想是不是李局长因为上次开会时的不同意见而怀恨在心，以后会不会故意跟他作对让他难堪。于是小张陷入焦虑的情绪中不能自拔。

同样的事情隔天又发生在了小王的身上，小王也是李局长的下属，与李局长在街上偶遇，李局长也是没有和他打招呼，小王想李局长估计是在思考其他的事情没有看到自己，或者是虽然看到了自己但有其他的原因才没有打招呼。小王的心情没有因为这件事受到任何影响，依旧开心地去做自己的事情。

上述案例中的事情颇为常见，对此，心理学上有这样一种解释：人们对事物的看法很多情况下与人的情绪及行为反应有着极为密切的关系，也就是说，一个人情绪的产生主要是由他的信念主导的。

在这一基础上，美国心理学家艾里斯提出的“情绪 ABC 理论”将这一作用联系作了进一步的阐述：人们处理问题的方式与情绪应对方式由其持有的信念所决定。

| 标准＼信念 | 合理信念 | 不合理信念 |
| --- | --- | --- |
| 产生基础 | 客观事实 | 臆测成分 |
| 对自身影响 | 使自己愉快生活 | 使自己产生情绪困扰 |
| 关于实现目标 | 更快实现目标 | 难以达到目标并因此苦恼 |
| 面对他人麻烦 | 不介入他人麻烦 | 介入他人麻烦 |
| 面对情绪冲突 | 阻止或很快消除 | 受情绪困扰时间较长 |

人们的信念各不相同，根据信念对人们行为的影响，可以分为合理的信念和不合理的信念。合理的信念能够引起人们对事物适当、适度的情绪和行为反应；不合理的信念则会导致不适当的情绪和行为反应。当人们坚持某些不合理的信念，长期处于不良的情绪状态之中时，最终将导致情绪障碍的产生。那么，如何区分信念合理不合理呢？心理学家提出以上 5 条标准来区分这两者。

根据这些标准，心理学家又归纳了以下十种常见的易导致各种负面情绪的不合理信念，以下列出来供参考：

第一种称为绝对化信念，表现为总是以自己为中心对事物发生或不发生怀有确定的信念。

第二种称为灾难化信念，表现为主观认为某件不好的事情会发生，并带来一系列糟糕甚至悲惨的后果，从而担心、恐惧、羞愧、自责。

第三种叫归己化，主要表现为把外界许多消极事件的原因归结为自己，而实际上跟自己并没有直接必然的联系。

第四种叫先知错误，表现为总是担心不好的事情要发生，然后把这种担心当作事实，扰乱自己的情绪。

第五种叫情绪推理，表现为“情绪决定一切”，总是把主观情绪当作自己判断事物的证据。

第六种称为消极推测，即前边提到的案例中小张的心理，总是主观臆想他人的心理，得出消极的结论，并对此深信不疑。

第七种称为贬低性信念，即习惯于对自己、他人或某个复杂的整体事物给予简单、负面的评价。

第八种是夸大与缩小，表现为对事物的判断总是不合时宜地夸大或缩小。

第九种称为过分概括化信息，即著名的白纸黑点理论，对于白纸上的黑点，总是只看到黑点，并且因此否定整张白纸，对自己对他人都如此。

第十种是极端化理念，以绝对的是非对错来看待一件事，没有中间地带，又叫完美主义，用全有全无的方式思考问题。

前面已经提到不良情绪产生的根源在于不合理的信念，针对以上的各种不合理信念，艾里斯提出了“合理情绪疗法”，通过发现并改变不合理信念来帮助人们远离不良情绪。

首先，检视自己的行为，找出使自己陷入异常情绪的诱发事件。比如人际关系紧张、陷入经济困难，等等。

其次，回忆自己对该事件所持的观点，告诉自己正是由于这些不合理的信念才产生了不良情绪，要消除不良情绪，必须改变不合理的信念。

再次，寻找不合理信念对应的合理信念。然后两者对比，找到自身信念的不合理之处，用合理信念代替不合理信念。

最后，不断用行为方式强化合理信念。行为方式会促进合理信念的建立，并最终帮助自身树立起合理的思维方式，从根本上远离不良情绪。

认识到自身的不合理信念是实施上述四步过程中的关键一步。认识之后还要准确地理解它们。平常可以把上述十种不合理信念与自身情况结合起来，以便达到更好的治疗效果。

## 不断强化你的健康信念

每个人都曾有过矛盾的时候，左右权衡，思前想后，反复对比仍然犹豫不决。其实，这种时候是我们心里不同的信念在斗争。面对同一个问题，通常会有完全不同的信念产生。它们有时力量悬殊便会迅速结束战斗，有时却势均力敌，彼此互不相让，耗费了人们大量的精力。针对这种情况有没有什么好办法呢？这就涉及“健康信念”的概念，下面，让我们系统地认识健康信念。

通常来说，健康信念有三个特点，即与现实相符、合乎道理逻辑、可以产生正面积极的情绪和结果。相对应的，不健康信念的特点就是与现实不符、不合道理逻辑，而且通常导致负面、消极的情绪和结果。

有这样一则故事：

阿楠快要和自己的未婚夫蒋然结婚了，但是她却感觉不到快乐，有很多次蒋然想要了解阿楠为什么总是闷闷不乐，都被阿楠拒在自己的心门之外。

原来阿楠曾经结过一次婚，但是那次婚姻带给阿楠的都是一些非常痛苦的回忆。自己的前夫酗酒，有的时候还借着酒力打骂阿楠，酒醒后又什么都不承认，阿楠十分痛苦，每天都活在恐惧之中。后来，前夫背着阿楠和另外一个女人秘密来往，竟然瞒了阿楠有半年之久，当阿楠知道真相的那一刻，心都碎了。她本想通过自己的努力来唤醒沉迷酒瘾的丈夫，不想丈夫却有了外遇。后来两个人离了婚，阿楠却久久不能从悲观情绪中走出，直到现在的未婚夫蒋然的出现，阿楠才获得生活中的一点阳光。

可是现在的她惧怕再次走入婚姻，虽然她确信自己很爱蒋然，但是过去的记忆对她来说是个阴影。

后来阿楠找到了一名心理医生，心理医生告诉她无论怎样逃避和拒绝，终究不能改变已经发生的事实。

阿楠心里清楚，自己应当从心底接受过去发生的事情。她也知道未婚夫是怎样的人，不能将他和前夫相提并论。最后，心理医生帮助阿楠从以前那种不健康的信念中走了出来。

阿楠的经历告诉我们，拥有健康信念并不困难，但当健康信念的力量弱小时，人们通常很难感知到它。

当不健康信念强大而对应的健康信念弱小时，即使它们同时被认可，不健康信念也很容易在博弈中瞬时取胜。为了强化健康信念，有时需要有意识地辨析与总结健康的与不健康的信念。有意识地将健康信念与不健康信念进行对比，这样就会发现健康信念闪烁的智慧和人性之光。

国外心理学家研究发现，通常情况下，人们很难改变自己的不健康信念，虽然他们承认这些信念有害且并不合理，健康的信念才真实而有益。造成这一问题的关键在于，缺乏行之有效的方法使人们放弃不健康信念。

那么，如何让自己的健康信念足够强大。

举例来说，如果 A 同学总是会在考试到来的时候感到过度紧张与焦虑，这时就需要分析 A 同学对考试这一事件所持的信念。紧张与焦虑的产生多半是因为存在不健康的信念，诸如“每当考试来临，我总是觉得自己没有准备好，我会得一个很差的成绩，大家会耻笑我”，而这往往就是负面情绪产生的根源。针对不健康的信念，A同学可以在复习的时候不断告诉自己：“考试是检验学习成果的最佳机会，紧张是不可避免的，适度的紧张还可以帮助我超常发挥。而且即使考试失败了也没有关系，一次考试说明不了什么。我会再接再厉。”将这些话写下来，找时间大声地读出来，然后把它们贴在能够经常看到的地方。考试前慢慢回想一遍，可以有效缓解紧张和焦虑的情绪，这一过程需要不断反复、巩固，才能完全拥有健康的信念。

在此，再介绍几个行之有效的办法来不断加强健康信念：

### 1. 理性情绪想象

顾名思义，这一点需要想象来完成。通过理性情绪想象，对自己的行动进行彩排，方法如下：

第一步，想象将要面对的情境，最好形成一个清晰而生动的画面，并把可能会引起你难堪或困扰的情景进行特写放大。例如，考试前的焦虑紧张，你在演讲时的语无伦次，等等。一边想象一边回顾对应的健康信念，并用健康信念取代不健康信念，直到之前焦虑紧张的情绪消除。

第二步，至少保持以上具体的健康信念5分钟，同时在这个过程中，开始想象正面情境。如果回到了不健康信念，就再重复第一步。必须强有力地重复这一健康信念直到发生情绪上的改变。

第三步，再保持这种信念5分钟，想象自己形成一种与健康信念相匹配的行为。例如，从容自信地走进考场，顺利地答卷；落落大方地走上演讲台，面带微笑，声音洪亮。在整个过程中不仅收获了健康信念，也收获了健康信念带来的自信与骄傲。

### 2. 为他人传授健康信念

大家都有这样的经验，在安慰别人的同时，自己的心胸也变得开阔，情绪也变得积极。向他人传授健康信念的同时也能够强化自身的健康信念。传授者需要将自己的健康信念进行整理，同时准备充分的证据，还需要将健康信念和不健康信念进行对比，在这一过程中，传授者便会在关注、讲述以及与他人辩论的过程中，不知不觉地强化自身的健康信念。

### 3. 理性资料法

理性资料法是通过理性分析，让健康信念在与不健康信念进行辩论过程中强化。步骤如下：

首先，选择自身不健康信念及相应的健康信念。

其次，收集对这一不健康信念持反对意见的观点，并记录下来。

再次，收集对这一健康信念持支持意见的观点，也记录下来。

最后，对比两个观点清单，进行分析比较，最终在心底真正接纳认同健康信念。

拥有健康信念的人，他会有正确的情绪反馈，然后通过自己的行动，在信念力量的支持下，用行动验证成功。他会抓紧生命里的每一分钟，踏踏实实地将想法付诸行动，最后摘下成功的甜美果实。只有梦想与信念是不够的，还要拥有掌控情绪的能力，然后以情绪力量带动行动，早一刻行动，才可能早一刻成功。

## 从“森田疗法”中学会接受一切

接纳性信念是日本心理学家森田正马提出的一种心理疗法，又叫“森田疗法”，在20世纪后期的日本国内及北美非常流行。它强调，只有在真正完全地肯定并接受现实的基础上，人们才有可能对自身及周围的环境进行客观评估，并正确地回应现实。

森田正马对精神病患者进行了大量的研究，其中有一位患者由于总是沉溺于自己设想的失败后的状态之中，所以心理极为消极，同时自我评价很低，自卑感强烈。正是这个事例的发现，森田正马提出了“唯事实为真实”的心理疗法。

森田疗法的关键在于放弃虚幻想象的影响，只把事实作为思维判断与行动的依据。举例来说，一名运动员得了铜牌，虽然也是巨大的成功，但他很可能会懊恼，因为金牌才象征着胜利。在这名运动员看来，他的脑海中所想的并不是这枚已经到手的铜牌，而是那枚没有得到的金牌。这就产生了问题，因为如果只想着自己没有得到的东西，怀着“如果下次还是只得铜牌怎么办”的心态去训练和比赛，那么即使下次得到了银牌，他仍然会沉浸在“为什么没有得金牌”的沮丧中，继而产生这种想法：“看来我不是这块料，再怎么努力也不会成功。”这些由自我否定、不愿接受现实引起的虚像会加剧他的怯懦与自卑情绪。

反过来看这个问题，如果这位运动员能换一种思路，不是否定铜牌，而是接受它、肯定它、欣赏它，告诉自己“这次是第三，下次就是第二，再下次就是第一”。如果能这样看待问题，就是一种健康、积极的心态，它可以导致人们产生继续努力下去的积极行为。

铜牌获得者的目标必然都是金牌。“我只为金牌而战”与“我得到了铜牌，距离金牌又进了一步”，虽然只是一种思维方式上的不同，但表现出两种截然不同的信念——排斥性信念与接纳性信念。

排斥性信念是指试图改变现实或拒绝接受现实，将自己的意志强加于现实之中，坚持去追求自我欲望的满足。例如，一位小女孩想要一个新款的芭比娃娃，但父母却因其他原因给她买了另外一款，小女孩因此愤怒。为了威胁父母，她将买来的芭比娃娃扔在地上，自己坐在床边，屏住呼吸和父母生气，想要父母满足她的要求。结果，她的脸变成了紫色。不理睬父母，始终拒绝去关注那个墙角里崭新的芭比娃娃。这种信念便是排斥性信念。

相反，接纳性信念是一种积极的、灵活的认知方式。它建立在对客观事实的肯定与接受的基础上，无论人们内心意愿如何，第一步都必须承认事实，完全地接受现实。

例如，羽毛球运动员在刚开始训练的时候都是通过发球器来练习接球。机器会依照设定的速度和频率自动射出一个个羽毛球，受训者的球技和训练情绪无法影响到发球器，发球器也不会按照受训者的需求改变发球的方向和速度。这时，教练通常会让受训者站在指定位置接球，不会要求必须做到某种程度的接球动作，更不会要求自己去接到发球机的每一个球。教练如此训练的目的在于告诉受训者，唯有在学会接受并适应对方特点及面对自身状况的基础上，才有可能寻求技能的提升。

接纳性信念对每个人都有重要的现实意义。但它不是天生的，只有通过后天练习才可以获得，以下介绍几种练习的方法。

| 方法 | 具体介绍 |
|---|---|
| 放松面部半微笑 | 当人们半微笑时，面部肌肉自然处于放松状态，心情也会随之变得安详与平静。经常保持半微笑状态，有助于人们控制情绪并养成良好的接受现实的心态。<br>这种练习可以随时随地进行——可以在清晨锻炼的时候、听音乐的时候、烦躁的时候、干家务的时候、甚至躺在床上的时候进行。 |

| 方法 | 具体介绍 |
| --- | --- |
| 关注自我呼吸 | 关注自我呼吸以达到静思练习的目的，关注自我呼吸的过程有助于帮助人们平静下来，接受与容忍现实，同时也能减压放松身心。<br>呼吸练习的方式很多，包括计算呼吸次数、测量呼吸频率、深呼吸练习、听音乐节奏呼吸练习，等等。 |
| 专注练习 | 专注练习，顾名思义，强调关注自己和周围环境，静心感受其中细节和细微的变化，这一练习可以有效帮助人们接受现实，寻找突破并最终渡过难关。 |

培养接纳性信念就是鼓励人们在面临困难的时候勇敢接受现实，将负面情绪拒之门外，并且以乐观的积极情绪奋勇向前，最终通向成功。生活中，我们可以多多练习这种方法。

## 不断提高自我对挫折的认知

人生如江海行船，碰到风浪、暗礁在所难免。但是，如何在困境中调整心态，培养积极正面的情绪，最终迎难而上并取得成功呢？我们必须提高自我对挫折的认知。

当人们具备面对挫折时的承受能力时，也会在负面诱发事件面前产生诸如忧虑、悲伤等负面情绪，但这些负面情绪的强度和持续时间都是在健康的范围内。人们很快就可以调整自己的心理，冷静地看待眼下的挫折困境及目前可利用的资源，通过采取有效的行为来快速摆脱困境。这种能力心理学家称之为“逆境情商”。

逆境情商高的人通常有着较强的意志力与抗挫力，表现为手术后康复快，在单位中升职升迁的速度也较快，等等。

在遇到某些挫折时，人们只要坚持按照下面的方法说服自己，就能慢慢提高自己的逆境情商。

**1. 关于工作**

“这份工作很辛苦而且回报不高，但它锻造了我坚强的个性，这会让我受益无穷。”

“人生是由喜欢的事情和不喜欢的事情构成的，而有些事情是非做不可的，对于非做不可的事情，试着去喜欢，可能会让我们更顺利地完成它。”

2. 关于人际

“得到上级的认可固然重要，但是没有得到也没有关系，证明我还有值得改进的地方。”

“得到所有人的喜欢不仅不可能，而且即使做到了也不会是件幸运的事，那会意味着属于自己的时间很少。”

3. 关于困境

“困境是暂时的，但是困境历练出的品格却是长久的，这样看来，逆境和挫折都是人成长过程中的挑战和机遇。”

“失败是成功之母，这一次的失败很可能意味着下一次乃至再下一次的成功。”

“我很想通过考试，但人生没有事事顺心的。”

总之，提高自身逆境情商，就能极大地提高我们的情绪不受外界干扰的能力，也就是古人所说的“不以物喜，不以己悲”的境界。只有拥有这种境界的人才能秉持着自身强大的信念，获得最后的成功。

## 完美主义是一种情绪问题

在工作学习和生活中，很多人总是希望在各个方面都做到最好，这是一种追求完美的心态，它会让我们认真对待自己所做的事情，也是一种积极的状态。但是如果事事追求完美,这种心态就足以让情绪失衡,也违背了“完美”的初衷，会造成适得其反的效果。

我们的生活中不乏完美主义者，他们追求完美，已经到了不能容忍自己身上出现失败或者挫折的地步。他们对事物、对自己有着强烈的绝对化要求，这些要求僵化而武断，他们通常这样要求自己：

“我必须要通过这次考试，必须通过。”

“我一定要出人头地，一定要让别人对我另眼相看。”

“这次谈判只能成功，不能失败。”

“这是我最后的机会了，无论如何我都要达到这个目标。”

但是在这种心理的不断强化下，情绪却起了反作用，将我们带到了一条相反的路上。

先看一个著名的案例：

华伦达是20世纪美国著名的高空走钢索表演者，但死于一次重大的表演事故。他的妻子事后表示那并不是没有征兆："我知道这次一定要出事。因为那次表演有一个重要人物在场。"

原来华伦达在上场前不断告诉自己这次表演很重要，非常重要，只能成功，不能失败。大家都知道，高空走钢索是一种非常危险的项目，它要求表演者不仅要有过硬的技术，更要有过硬的心理力量作为支撑。之前华伦达表演的时候他只想着走钢索这件事本身，而最后一次这种"必须成功，绝不能失败"的心态使华伦达产生了巨大的心理压力，才导致情绪失控，在表演中失败身亡。这就是后来心理学界著名的"华伦达心态"。

"华伦达心态"就是完美主义者的极端表现，它包含了对自己的绝对化要求，这其实包含两部分内容——"部分的希望"及"要求"。例如我们前面举例的"我必须通过这次考试"其实是由部分希望的"我希望通过这次考试"(灵活的部分)和要求部分"所以我必须通过"(僵化的部分)联合构成的。

"部分希望"表达了人们的需求，人们希望得到的东西，仅此而已，从它本身并不能直接地得出"一定"或者"必须"这样的"要求"成分。绝对化要求的不合理之处就在于，它违背了基本的逻辑推理原则，总是习惯性地从灵活的"希望"的部分中推出一个僵化的"必须"的结论。

正是这种违背逻辑的推理让人们的思维变得歪曲，以至于不能正确评估事件本身及其产生的影响。一旦希望部分没有完成时，就会产生诸如嫉妒、抑郁、内疚等一系列的负面情绪，更进一步导致对事态毫无益处的行为，如逃避、报复甚至强迫作为等。

对此，我们只需要改变绝对化要求中僵化的要求部分，用"合宜的热切希望"来代替"要求"的信念。合宜的希望不同于强求，它是有弹性的，并不武断和绝对。仔细分析一下，也有两部分构成，是灵活的"部分希望"及同样灵活的"对要求的否定"成分。"部分希望"是灵活的，"对要求的否定"成分也是灵活的。

“合宜的热切希望”改变了绝对化要求中的绝对的要求部分，取而代之两个灵活的部分，是十分合理的。

举例来看，“我很希望完成这个目标，得到家人、朋友的认同，但我不是一定必须完成这个目标。”在这里，“我希望完成这个目标，但我不是一定必须完成”是由“我希望完成这个目标”（灵活的“部分希望”）和“但我不是一定必须完成”（灵活的“对要求否定”）构成的。

这里，将“绝对化的要求”替换成“合宜的热切希望”，会让自己紧绷的神经放松下来，用一种更享受的心态去做我们喜欢的事情。真正实践“合宜的热切希望”，主要的困难在于，要敢于与众不同，敢于冲破自己设定的限制与习俗的束缚。找到内心深处那些对自己、对他人设定的“一定”“必须”“应该”及“不应该”的限制，并把它们记录下来。而后参照“合宜的热切希望”的陈述方式修改，说服自己接受修改后的信念，并在脑海中不断加强。在日常生活工作中，有意识地运用这一新的信念指导自己的思想。这样，积极的信念系统与健康的生活方式便能与我们同在。

要克服完美主义，具体有以下几种方法：

**1. 正确评估自己的潜能**

既不要估得太高，更不必过于自卑。有一分热发一分光。你如果事事要求完美，这种心理本身就会成为你情绪的障碍。不要在自己的短处上去与人竞争，而是要在自己的长处上培养起自尊、自豪和工作的兴趣。

**2. 重新认识“失败”和“瑕疵”**

一次乃至多次的失败并不能说明一个人价值的大小。仔细想一下，如果从不经历失败，我们能真正认识生活的真谛吗？我们也许一无所知，沾沾自喜于愚蠢的无知中。因为成功仅仅只能坚定期望的信念，而失败的情绪体验则给了我们独一无二的宝贵经验。

人只有经受住失败的考验才能达到成功的巅峰，更不必要为了一件事未做到尽善尽美而自怨自艾。没有“瑕疵”的事物是不存在的，盲目地追求一个虚幻的境界只能是劳而无功。我们不妨问一问：“我们真的能做到尽善尽美吗？”既然不行，我们就应该尽快放弃这种想法。

**3. 为自己确定一个短期的目标**

寻找一件自己完全有能力做好的事，然后去把它做好。这样你的心情就会轻松自然，感到自己更有创造力，办事也会较有信心，工作就会更有成效。实际上，你不追求出类拔萃，而只是希望表现良好时，你会出乎意料地取得最佳的成绩。

目标切合实际的好处不仅于此，它还为你提供了一个新的起点，能使你循序渐进地摘取事业上的桂冠。每完成一个短期的目标都能让自己产生快乐的情绪，进而让自己向更高的目标前进。同时你的生活也会因此而丰富起来，变得富有色彩，充满人情味，并不像你原来所想的那样暗淡。

不论改变何种自身信念，我们最终的目的是要摆脱因过度追求完美而产生的负面情绪，因为只有正面情绪才能促进我们前进，从根本上断除不切实际的想法。

## 告别“灾难化信念”

生活并不是时时都会阳光灿烂，每个人都可能遇到阴霾，面对困境，什么样的心理状态才算健康呢?

“灾难化信念”是指一种消极的心理与世界观，其表达方式是“这件事如果发生了，将是一件非常可怕的事”。

“灾难化信念”的思维方式由以下两个部分组成：部分“灾难化”成分和完整“灾难化”成分。可以举例来分析，例如“这件事发生了是非常可怕的”这是“灾难化”信念，它其实是两句话：“这件事发生了是令人沮丧的”和“因此，它是非常可怕的”。分解之后的第一句话是部分“灾难化”成分，而第二句则是完整的“灾难化”成分。

从句子的表达中我们就可以看出“部分灾难化”并不是极端的，只是表达了一种沮丧的、糟糕的感觉，由此并不能逻辑地推导出“因此，它是非常可怕的”的结论。而这恰恰就是灾难化信念的不合理之处，它从根本上违背了逻辑原则，基于一个并不极端的前提得出一个极端的结论。

灾难化信念造成了我们思维运转的一种不正常模式，每当这种模式发生之后，我们就会难以避免地陷入各种负面情绪中，然后周而复始地遭受这些负面情绪的折磨。

卡瑞尔是一位杰出的空气调节器工程师。他取得了很多成就，也曾有过失败的教训。一次，他在工作中发生重大失误，可能给公司造成巨大的损失。

这一发现如同晴天霹雳，令卡瑞尔痛苦万分，巨大的挫败感让他彻夜难眠。

痛苦之后，卡瑞尔振作起来，他提醒自己，痛苦和后悔毫无意义，必须要有所行动。他强迫自己平静下来，最终找到排除忧虑、解决问题的方法。正是这个方法让卡瑞尔终身受益：

首先，静下心来，客观地分析整个事件，假设事件可能导致的最糟糕的结果，并找到自己所能接受的更为糟糕的结果。

其次，充分了解事件最坏的结果后，就要做好思想准备，勇敢地把它承担下来。对卡瑞尔来讲，这次失败虽然可能让自己失去这份工作。但谁没有不完美的一面呢？工作丢了也可以再找的，当卡瑞尔这样想的时候，他的心理迅速发生了变化，负担与压抑没有了，取而代之的是轻松与快乐。

最后，说服自己，平静下来，将全部的精力用到工作上，尽最大努力挽回失败。卡瑞尔不断地实验以减少可能的损失，后来公司不仅没有受到任何损失，反而因此次事件赢利 1.5 万美元。

故事中的卡瑞尔所采用的这一方法就是后来帮助了无数人的“卡瑞尔公式”。虽然卡瑞尔也曾经陷入“灾难化信念”，痛苦、忧虑、夜不能寐，但是最终他走了出来，并成功化解了这一危机。那么，对一般人而言，应该如何克服“灾难化信念”呢？

摆脱“灾难化信念”的根本方法在于建立“反灾难化信念”。与“灾难化信念”不同，“反灾难化信念”是站在客观的角度来看待事件与问题，用积极的心态面对事件产生的后果，像卡瑞尔那样冷静地分析之后，采取积极的行动，最大限度地挽回可能产生的损失，从而避免陷入消极、沮丧等负面情绪之中。

通过分析“反灾难化信念”可以看出，它同样包括两部分，“部分灾难化”成分和非极端的“对灾难化否定评价”成分。由此可以看出“反灾难化信念”构成是合理的，它所包含的非极端的对灾难化进行否定评价的部分，与“部分灾难化”成分在逻辑上是一致的。

其表达方式是这样：“发生这样的事情是糟糕的，但它不是不可接受的。”用“反灾难化信念”替代“灾难化信念”，可以帮助人们更加客观、更加冷静地面对困境，实践起来可能会遇到各种困难，以下的几种思维方法或许会有帮助：

当我们真的按照以下方法来做的时候，就会发现它的奇特功效。告别“灾难化”信念没有我们想象的那么难，只要我们开始行动，正面的情绪反应过程还是会慢慢养成的，请相信自己！

| 方法 | 举例 |
|---|---|
| 用“即使”代替“万一” | “即使这家公司不录取我，我还可以再找工作，而且很可能比这家公司更好。” |
| 把事物放在长远的时间观念当中 | “多年以后哪怕半年以后，这件事看起来就不再那么糟糕了。” |
| 好坏参半的思维方法 | “如果我真的丢了这份工作，我可以休息一段时间，然后再找一份更好的工作。” |
| 运用“卡瑞尔公式” | 第一，最坏的情况是什么。<br>第二，说服自己，做好心理准备接受结果。<br>第三，冷静下来，尽全力改善可能出现的结果。 |
| 将事物放在对比的观念当中 | “跟那些很糟糕的事情比起来，这又算什么呢？” |
| 向他人学习如何面对糟糕的事 | “他比我不幸多了，但依然乐观向上努力奋斗，我要向他学习。” |
| 活在当下 | “事情已经发生了，将会是什么结果谁也不知道，我唯一能做的就是把握好现在拥有的，尽全力改变我能改变的，接受我改变不了的。成功与失败都是人生的必修课。” |

## 解铃还须系铃人，理清情绪

人很容易受到外界因素的影响，尤其是负面情绪的影响。有的人常常因他人的错误而变得心烦意乱，无法正常工作。有的人会因为他人的悲观情绪而变得抑郁。这都是不能控制好自身情绪的表现。事实上，自己才是情绪的主人，控制好自己的情绪，才能做到不被他人的情绪感染。

梅兰是一家投资公司的出纳。业务熟练，为人谦和。最近却遇到了烦心事。因而账目做得有些疏漏，同事杨敏最近也经常找她麻烦，不是这样做得不对，就是那样妨碍她的工作。她时常冷言冷语，甚至在办公室发脾气。在这样的工作氛围中，梅兰深受其害，不仅工作做得不好，同事的关系也处理得不妥当。梅兰认为，工作上的失误已经让自己颇为烦恼，平时与自己关系不错的杨敏不但不给予安慰，反而给自己增加压力。杨敏也发现最近梅兰有点反常。自己平时也挺关心她的，她却总是愁眉苦脸地对待自己；想要跟她说点工作上的事情，她却总是打不起精神来，害得自己的工作也没法顺利进行。

或许，你也有过类似梅兰和杨敏的遭遇。人难免会犯些错误，人与人之间的摩擦也可以理解。但如果因为他人的行为而让自己的情绪受到影响，这非常不明智。人生活在社会中，总会产生许多负面情绪。但是，没有人可以主宰你的情绪和思想。所谓“解铃还须系铃人”，自己的情绪要自己控制。我们每个人都要有调节自身情绪的能力，以避免陷入不必要的情绪困扰。

培养控制自己情绪的能力不是一件简单的事情，但是，可以运用一些简单的方法，加上坚持不懈的努力，便可以消除许多负面情绪。

首先，要正确认识自己。

正确认识自己，要深刻了解自己的性格。认真地分析自己产生悲伤情绪的根源。人的情绪与性格有关。如果你是一个认真严谨的人，不妨试着在某些小事情上豁达一点。没有必要计较的事情，就不要太过于在意。如果你是一个多愁善感的人，那么，在遇到小麻烦的时候，可以先放到一边，不要反复地去想这件事情，以免受不良情绪的干扰。

其次，遇到不顺心的事情，先给自己三秒钟的冷静时间。

人在遇到不顺心的事情的时候，比较容易冲动。当受到他人的不良情绪影响时，不妨先给自己 3 秒钟的时间，深呼吸，冷静下来。花时间想想，自己为当前这件事闹情绪是否值得。恰恰是这 3 秒钟，往往可以缓和因外界影响而造成的不良情绪。

最后，运用心理暗示，给自己积极的情绪。

心理暗示非常重要，并有着良好的效果。当再次遇到情绪低落的时候，不妨给自己来点积极的心理暗示。不断为自己树立目标，有建设性的自我激励能使自己从情绪低谷中摆脱出来，让自己鼓起热情，振奋精神，树立信心。一旦察觉到自己可能会受不良情绪影响，这时就要从内心给自己克服的勇气和前进的动力。不让负面情绪影响到自己的正常生活。自己是情绪的主人，驾驭情绪才能成功。

自身的情绪障碍是自身的思维、信念所引起的，所以，自己才是自身情绪的制造者。但与此同时，自己也是自身情绪的主宰者，每个人都天生具有调节自身情绪的能力，应学会适时地发泄自身的负面情绪，不让坏情绪掌控自己。只有懂得驾驭、协调和管理自己的情绪，才能让情绪为自己服务，坏情绪也就不会成为生活中隐形的绊脚石。

## 改变情绪就可能等来机遇

紧张忙碌的生活中，我们会看到许多自己想改变又无法改变的事实，例如许多人都为早晨路上堵车而心生烦躁，然后一天都被负面情绪影响着，工作时也无法安心。像堵车这类既定事实还有很多，人们明明知道这些超出自己的能力范围，却还是忍不住让负面情绪影响自己。说到底，还是根本观念没有转变。

一名初入歌坛的歌手，他满怀信心地把自制的录音带寄给某位知名制作人。然后，他就日夜守候在电话机旁等候回音。

第一天，他因为满怀期望，所以情绪极好，逢人就大谈抱负。第十七天，他因为情况不明，所以情绪起伏，胡乱骂人。第三十七天，他因为前程未卜，所以情绪低落，闷不吭声。第五十七天，他因为期望落空，所以情绪坏透了，拿起电话就骂人。没想到电话正是那位知名制作人打来的。他为此而毁了期望，自断了前程。

年轻人渴望成功的心情没有错，但是成功不可能一蹴而就，需要机遇更需要等待，这就是一个不可改变的事实。在面对这种事实时，如果我们像那位年轻人一样不能控制好情绪，那么连机会也会被断送掉。所以，不要小看负面情绪的危害，更不要小看控制情绪的重要性。

一位很有名气的心理学教师，一天给学生上课时拿出一只十分精美的咖啡杯，当学生们正在赞美这只杯子的独特造型时，教师故意装出失手的样子，咖啡杯掉在水泥地上成了碎片，这时学生中不断发出惋惜声。教师指着咖啡杯的碎片说：“你们一定对这只杯子感到惋惜，可是这种惋惜也无法使咖啡杯再恢复原形。如果今后在你们生活中发生了无可挽回的事时，请记住这只破碎的咖啡杯。”

这是一堂很成功的素质教育课，学生们通过摔碎的咖啡杯懂得了，人在无法改变失败和不幸的厄运时，要学会接受它，适应它。

被称为世界剧坛女王的拉莎·贝纳尔，就是这位心理学教师的得意学生。

一次她在横渡大西洋途中，突遇风暴，不幸在甲板上滚落，足部受了重伤。当她被推进手术室，面临锯腿的厄运时，她突然念起自己所演过的一段台词。记者们以为她是为了缓和一下自己的紧张情绪，可她说："不是的！是为了给医生和护士们打气。你瞧，他们不是太认真的吗？"

拉莎手术成功后，她不能再演戏了，但她还能讲演。她的精彩讲演赢得了戏迷的再次拥护。

拉莎·贝纳尔在面对无法抗拒的灾难时，能跳出焦虑、悲伤的情绪圈子又跨上一个新的里程，这就是她的情绪"转换器"在起作用。

任何人遇上灾难时，情绪都会受到影响。面对无力改变的不幸，我们要学会操纵好情绪转换器，学会安慰自我，忘掉它，一切都会过去。在面对生活的沙漠时，有人会自暴自弃，任负面情绪徜徉在心间，最后被渴死，有人却会积极调整自己的情绪，坚持自己的信念，最后走出沙漠，走出困境。

情绪源于心理，它左右着人的思维与判断，进而决定人的行为，影响人的生活。

# 中篇

# 失控的内心世界

高负荷的工作，诸多烦心事无时不刻在搅扰我们的生活，因而产生的情绪也如四季般变化无常，一旦情绪发生波动，个人情绪就会表现出不同的内在感受。假如一个人负面情绪经常出现，而且持续时间较长，就会对自己产生负面影响，如影响身心健康、人际关系和日常生活等。那么，对于失控的内心世界，对于深处压力的现代人又该如何应对呢?

# 第一章　情绪爆发，人体不定时的“炸弹”

## 看清你的情绪爆发

生活中，悲伤、愤怒、恐惧这些人体不定时的“炸弹”随时有可能会爆发。脆弱是情绪爆发者当时的特点，心理防线已经崩溃，所有情绪就不在自己控制范围内了。

碰到涕泪横流或暴跳如雷，或极度焦虑而接近崩溃的人时，你当时会怎么想？是替他们担心，想帮助他们，还是对此感到恼怒，不想被牵连？当你试着让他们静下心来时就会发现，这些办法却助长了他们的情绪爆发，尽管这些办法对那些理性的人有效。这就是所谓的情绪爆发地带。

那么，究竟什么是情绪爆发？

情绪爆发有着各种各样的原因。爆发可能来自危险、恐吓、痛苦、烦恼，等等。尽管起因和结果各不相同，但它们却有如下的共性：

**1. 情绪爆发极为迅速**

情绪爆发发生得极快，以致人们很难判断事态和思考应对的方法。

速度之快往往让人认为情绪爆发是无法预知的，因为它们总是出现得非常突然。正相反，这只是一种感觉，它并不能作为评判事实的最佳标准。

先冷静一会儿，使自己对事件的觉醒能力放慢下来，这样有助于了解起因和结果之间的关联性。通常，越是自己熟悉的所见所闻，就越觉得事物运动较慢。如相比自己的母语，外语听起来总是要快一些。

**2. 情绪爆发非常复杂**

情绪爆发包含言语、思想、荷尔蒙、神经传导和电脉冲。它由诸多同时发生的事件组成，也包括你和情绪爆发者都有的一些不同水平的体验。

当遇到情绪爆发者对你说话时，你需要清楚对方当时的说话内容，思考他们说话时的想法，以及他们身体里正在产生的相关生理反应。

当婴儿的情绪爆发时，大部分人，特别是许多家长往往能处理得得心应手，但对于成年人的情绪爆发问题，他们在应对时总是要差很多。这两类人的情绪爆发极为类似，只是人们的反应和感受极为不同罢了。

与成年人接触，人们往往更注意言语，有时试图与爆发者交谈，劝慰他们，使他们能够摆脱情绪困扰。但人们不会对婴儿也采取交谈和劝慰，而是抱起他们，给他们奶瓶。成年人情绪爆发时，我们不要过于关注外在表现,而要多思考引起这种情绪爆发的内因。要像听到婴儿啼哭时所想的那样，去应对成年人的情绪爆发问题。

**3. 情绪爆发需要参与者**

情绪爆发是一种需要他人参与的社会活动，即便找个隐秘的地方爆发，在爆发者的心里也是有听众的。可以这么说，情绪爆发就像一棵倒下的大树所发出的声响。没人听到声响，谁也不知道发生了什么，倒下的大树只是扰乱了周围的空气。与此不同的是，情绪爆发者可能会持续扰乱空气，直至有人听见情绪的爆发。

一旦情绪爆发，人们就会被牵扯进去，不可能只是目睹它的爆发，不管他们自己是否愿意。而事态的发展都或多或少地取决于人们的回应方式。最佳的回应或许是什么也不要做,特别是当自己没有其他选择的时候。通常，人们对情绪爆发采取的方式是以爆发回应爆发，或是向爆发者解释不应该有那种情绪的理由。不幸的是，这样往往会使事态朝着更恶劣的方向发展。

**4. 情绪爆发是一种表达**

情绪爆发者往往想通过自己的极端行为来向外界表达自己的感情与思想。一般,他们因找不到合适的话语而用行为来引起其他人产生同样的感受。当知道自己的感受被别人理解时，他们的那种被迫性示威行为或许就不会发生。

处于爆发地带的人们可能会有种被操纵的感觉，或者说，有一种被迫做自己不愿意做的事情的感觉。这样的想法只是一种急速的判断，非常不利于他们了解和处理情绪爆发。

想有效地应对情绪爆发，就必须站在他人的角度上看问题。如果认为情绪爆发是别人企图利用自己的恶劣手段，那么这种想法是极为错误的。他们爆发时表现出来的感受，是希望有人能做些事情，使他们感觉好起来，尽管他们往往并不知道那些事情是什么，他们也不在意做事情的主体是谁。

当然，情绪爆发者并不是想故意操纵别人。他们的爆发行为并不是故意的，而是一种无意识的行为。如果想让他们对自己的这种行为负责，很可能会使他们更为恼怒。尝试着询问情绪爆发者想让别人做些什么，这是有效地处理问题的技巧。如果你已经知晓他们想要的东西，那就最好不要再继续这个问题。

**5. 情绪爆发会反复进行**

情绪爆发是系列性的事件，而不是单独一个事件。反复是大多数情绪爆发的关键要素。反复地爆发会增强和延长这一爆发事件本身。如何化解这些反复至关重要。遇到让你手足无措的情绪爆发时，可以想方设法稳定这个事件，以防它再次爆发。

解决情绪爆发最好的方法就是尽力去帮助他们，但不是对他们屈服，不是一味地满足他们的任何要求。不能做个老好人，但对他们尽量和蔼、细心、勇敢。运用一些不会使情绪爆发者受到伤害而对他们有益的方法。这些方法要打破常规，即使令人觉得不舒服的方法也可以拿来试试。

## “情绪风暴”中人心容易失控

所谓情绪风暴，就是指机体长时间地处于情绪波动不安的应激状态中。美国学者在对500名胃肠道病人的研究中发现，在这些病人当中，由于情绪问题而导致疾病的占74%。根据我国食道癌普查资料，大部分患者病前曾有明显的忧郁情绪和不良心境。我国心理学家在对高血压患者的病因分析中也发现患者病前常有焦虑、紧张等情绪。可见“情绪风暴”对人体有着巨大影响，因而备受重视。

紧张的情绪，超负荷的工作压力会让你产生难以预料的情绪风暴，带给你更多的烦恼。

35岁的黄荣新是一家贸易公司的部门主管。年纪轻轻的他能有如此出色的事业，除了才华，更多的是靠勤奋。为了这份工作，他每天工作十几个小时，出差更是家常便饭。突然有一天，一向精力充沛的他发觉越来越多的困扰向他袭来：心悸、失眠、易怒、多疑、抑郁，以前10分钟就能解决的问题，现在却要花费一个小时，他甚至对工作产生了极其厌倦的情绪，整个人也变得日渐憔悴。

实际上，在现代社会中，由工作压力带来的心理矛盾和冲突是普遍存在的。竞争的压力、工作中的挫折、生活环境的显著变化、人际关系的日趋紧张等，使人不可避免地处于紧张、焦虑、烦躁的情绪之中。

当个体的情绪处于动荡不安的"风暴"中时，大脑的活动会受影响。例如，过度焦虑会引起大脑兴奋与抑制活动的失调，这不仅会使人的认知范围狭窄、注意力下降，严重者还会罹患精神疾病。日常生活中，常见的一些神经衰弱与焦虑等不良情绪有关。此外，有研究显示，大脑活动的失调还会使自主神经系统的功能发生紊乱，长此以往将使躯体出现某些生理疾病症状。

1943年，沃尔夫医生偶然遇到了一个名叫汤姆的病人。汤姆因误食一种腐蚀性的溶液而灼伤了食道，不能再吃食物。于是外科医生在他的胃部开了一个口，以便把食物直接灌入胃中，同时，也提供了从洞口中直接观察胃黏膜活动的机会。人们意外地发现，当病人处于紧张的情绪状态中时，胃黏膜会分泌出大量的胃液，而胃液分泌过多将会导致胃溃疡。由此可见情绪对身体有直接的影响。

加拿大心理学家塞尔耶在有关"情绪风暴"对个体的身心变化影响的研究中，提出了情绪应激理论。塞尔耶认为，当人遇到紧张或危险的场面时，他会有很重的精神负担，而此时人往往又需要迅速做出重大决策来应付这种危机，机体因此会处于应激状态。在应激状态下，人脑某些神经元被激活，它释放出促使肾上腺皮质激素因子，并使血管紧张。

随着现代文明进程的加速，社会竞争日益加剧。人们的生活节奏也跟着"飞"起来，以至于现代人把一个"忙"字作为口头禅。职场白领们在四季恒温的办公区，面对一个格子间，一个显示器，一大堆文件，总有做不完的事情。由于工作紧张、人际关系淡漠等因素的影响，导致人们的身心压力越来越大。

对于轻微的压力，人们可以通过自我调节来消除，或随着时间的推移而日渐淡化。如果处理得当，还能将压力转化为人生的动力，促进个体能够奋发进取。但若是压力不能及时得以排除，长期积聚，无形的压力会影响人的身心健康，形成所谓的"亚健康"状态。

如果你已经处于"情绪风暴"中，就要尽快从中抽身，做一些对情绪平复有帮助的事情。早一点将"风暴"赶走，就早一点回归到安宁、平静、快乐的生活中。你是情绪的主人，要善于调控自己的情绪。

## 负面情绪消耗着我们的精神

当人们太在意某件事情的时候，就会变得心神不宁，此时负面情绪消耗着他们的活力和精力。他们是不可能以最佳效率将事情办好的。事实上，所有的负面情绪都与自己的软弱感和力不从心有关，因为此时的思想意识和体内的巨大力量是分离的。所以，在我们的情绪没有回归到平和之前，任何情绪的作用对于我们来说都是消耗，负面情绪越大、持续时间越长，这种消耗就越大。

王萌和李乐是一对恋人，王萌是一个文静细心的女孩子，而李乐正好相反，性格外向、开朗。两人感情一直很好。

一天，李乐到外地出差，因为旅途疲惫就直接在旅馆里休息了，没有给王萌打电话。王萌却在另一个城市苦苦等着李乐的消息，左等右等始终不见李乐的电话，她自己着急了：他现在干什么呢？跟谁在一起呢？这么晚了还不打电话是不是出什么事了呢？越想越糟，却不好意思打电话问原因。就这样，王萌在焦虑不安中度过了一夜。

这是一个在恋爱中十分普遍的现象，如果王萌打个电话问明原因就不会整夜无眠，但是她陷入了不良情绪的旋涡中不能自拔。

很多事情证明：如果人们怀着某种美好的情绪去做事时，往往会出现事半功倍的效果；相反，如果用一种消极的态度来面对事情，结果只能是事倍功半。

想想平时发生在我们周围的事情，有多少人因为情绪不好与成功失之交臂，有多少人因为负面情绪而错过了美好的恋人，有多少人因为闹情绪而毁掉了自己的美好前途？

大部分人的智商其实都相差无几，要想在激烈的竞争中脱颖而出，你的情商起到了至关重要的作用，人们已越来越重视个人情商的培养。其实，通过一段时间的培训和坚持，我们是可以有效地控制和驾驭自己的情绪的。

首先，要随时避免自己产生不良的情绪，适时转移自己情绪注意的焦点。

学会驾驭自己的情绪，一旦出现不良情绪，就要告诉自己，生气郁闷不仅要花费力气，还会伤元气。案例中的王萌就让负面情绪影响了自己，以至于浪费了时间，并把自己搞得筋疲力尽。

要学会适时地消除自己的不良情绪。气愤时做几个深呼吸，生气时数数绵羊，听听舒心的音乐，跟好友一起到KTV唱歌，等等，这些都有助于稳定自己的情绪。

其次，意念具有神奇的魔力，可以通过信念的力量来消除不良情绪的困扰。

用体力、情绪和信念三种方式来输出一个点数的能量，以体力的方式输出约10卡路里，而以信念的方式输出的能量是体力的100倍——1000卡路里。可见，信念的力量是巨大的。合理地运用信念，有助于克服不良情绪的困扰。

由真实故事改编的电影《美丽人生》的主人公纳什教授是一个患有精神分裂症的人，在他的生命长河中有三个想象中的人物一直不离不弃地伴随着他。当医生告诉他那三个人是不存在的，是他幻想出来的时候，他很受打击。但是当他确定自己的病情后拒绝服药，而是运用信念的力量杜绝自己与这三个人交流，专心于自己的研究，最终获得了诺贝尔奖。

再次，合理地转化不良情绪，变废为宝。

并非所有的不良情绪都会导致坏的结果，只要合理地运用不良情绪，转变观念,就能变废为宝。所谓“不愤不启,不悱不发”说的就是这个道理。

古往今来，有多少英雄人物成功地走出了人生的低谷，摆脱了不良情绪的困扰。宋代的苏轼留下了上千首千古绝唱，谁曾想过他官场失意，被贬数次？假如他因此郁郁寡欢，沉浸在悲伤的情绪中不能自拔，怎会有那被传颂至今的豪放词曲呢？

当我们抑郁时、痛苦时、沮丧时，要辩证地看待它们，把它们看作一次教训、一种对成功的磨炼，这样不仅帮助我们查漏补缺，而且有利于继续向美好的生活前进，何乐而不为呢？

## 负面情绪的极端爆发

一位国外著名的心理咨询师这样说道：“压力就像一根小提琴弦，没有压力，就不会产生音乐。但是如果弦绷得太紧，就会断掉。你需要将压力控制在适当的水平——使压力的程度能够与你的心智相协调。”

随着生活节奏加快、工作压力增加、人际关系日益复杂、家庭生活也充满越来越多的变数……情绪、心理疾患正日益困扰着现代人，在生活和工作的重压下，很多人常常控制不住自己的情绪，结果不仅影响自己的形象，还会给周围的人造成不好的影响。

40 岁的阿利是一位 IT 高级经理，脾气好在单位里是出了名的。但最近这两个月部门的销售形势出现了“瓶颈”，尽管辛辛苦苦每天在外面跑，可业绩榜上还是“吃白板”。一天老板关起门，“和颜悦色”地给他上起了销售培训课，即便没有一句训斥的话，可他还是觉得心里不痛快。而平时十分细心的助理丽丽却在这时把一份报告接连打错了好几个字。一股无名之火立马蹿了上来，他拍着桌子把报告扔到了丽丽头上，小姑娘眼泪滴滴答答地往下流，他还是喋喋不休。后来他冷静下来，自己也觉得情绪失控，追根寻源，还是工作压力太大惹的祸。

无处不在的压力给现代人的情绪带来了恶劣的影响，你肯定也有亲身体会：是不是莫名其妙地发脾气、烦躁，看什么都不舒服；坐公交车、地铁，看旁边两个人有说有笑你就生气；别人不小心踩了一下你的脚，你就像找到发泄的渠道一样，与其大吵一架……其实，这些负面情绪无一不是压力带给你的，当压力越来越大，你的情绪越来越差时，结果只有两个，那就是：不在压力中爆发，就在压力中灭亡。当然，这两个结果我们最好是选择前者，情绪不好，发泄出来就可以缓解了。

姜玲是一家大型公关公司的客户总监，平均每天要工作 10 个小时以上，最不能忍受的是，常常要同时应对客户、同事、上司几方面的压力。“3 个月前接一个项目，客户是一家外地民营公司，不了解这边的情况，提出很多无理的要求。这两个多月，我不断地打电话、发电子邮件，光是‘空中飞人’就飞五六次，就是为把事情沟通好。”

“实在是压力太大！”35 岁的姜玲说。

这边的事情还未处理好，同事中又有临时“掉链子”的，作为项目负责人的姜玲终于崩溃了。“那天我回到家，一个人喝了半瓶红酒，突然觉得很累，也很委屈，就趴在枕头上大哭了一场，嗓子都哭哑了，然后就睡着了。”“哭能让我的心情变好。”第二天清醒过来的姜玲意识到这一点。

在有些城市的部分白领中，有一种被称为“周末号哭族”的群体，而这种看似奇怪的方式正是他们舒缓压力的途径。

不良压力使人感到无助、灰心、失望，它还能引起身体和心理上的不良反应；良性压力能够给人以动力，使人愉快并能有效地帮助人们生活。既然无法逃避压力，就要学会正确对待压力。

及时排解不良情绪，把心中的不平、不满、不快、烦恼和愤恨及时地倾泻出去。记住，哪怕是一点小小的烦恼也不要放在心里。如果不把它发泄出来，它就会越积越多，乃至引起最后的总爆发。

## 勿让情绪左右自己

情绪如同一枚炸药，随时可能将你炸得粉身碎骨。遇到喜事喜极而泣，遇到悲伤的事情一蹶不振，人世间的悲欢离合都被人的心绪所左右。

爱、恨、希望、信心、同情、乐观、忠诚、快乐、愤怒、恐惧、悲哀、疼痛、厌恶、轻快、仇恨、贪婪、嫉妒、报复、迷信都是人的情绪。情绪可能带来伟大的成就，也可能带来惨痛的失败，人必须了解、控制自己的情绪，勿让情绪左右了自己。能否很好地控制自己的情绪，取决于一个人的气度、涵养、胸怀、毅力。气度恢弘、心胸博大的人都能做到不以物喜，不以己悲。

激怒时要疏导、平静；过喜时要收敛、抑制；忧愁时宜释放、自解；焦虑时应分散、消遣；悲伤时要转移、娱乐；恐惧时要寻支持、帮助；惊慌时要镇定、沉着……情绪修炼好，心理才健康。

空姐吴尔愉是个控制情绪的高手。她的优雅美丽来自一份健康的心态。她认为，当心里不畅快的时候，一定要与人沟通、释放不快。如果一个人习惯用自己的优点和别人的缺点相比，对什么都不满意，却对谁都不说，日积月累，不但她的心情很糟糕，而且她的皮肤也会粗糙，美貌当然会减半。所以，有不开心、不顺心的事，她一定找一个倾诉的伙伴。不但自己能一吐为快，朋友也能从旁观者的角度给她建议，让她豁然开朗。

在工作中，她更善于控制情绪，让工作成为好心情的一部分。飞机上常常遇见刁钻、挑剔的客人。吴尔愉总是能够让他们满意而归。她的秘诀就是自己要控制好情绪，不要被急躁、忧愁、紧张等消极情绪所左右，换位思考，乐于沟通。

有一位患上皮肤病的客人在飞机上十分暴躁，一些空姐都对他很生气。此时吴尔愉却亲切地为他服务，并且让空姐们想想如果自己也得了皮肤病，是否会比他还暴躁。在她的劝导下，大家都细心照顾起这位乘客来。

做自己情绪的主人，是吴尔愉生活的准则，也是她事业成功的秘诀。以她名字命名的“吴尔愉服务法”已成为中国民航首部人性化空中服务规范。能适度地表达和控制自己的情绪，才能像吴尔愉一样，成为情绪的主人。人有喜怒哀乐不同的情绪体验，不愉快的情绪必须释放，以求得心理上的平衡。但不能过分发泄，否则，既影响自己的生活，也会在人际交往中产生矛盾，于身心健康无益。

当遇到意外的沟通情境时，就要学会运用理智，控制自己的情绪，轻易发怒只会造成负面效果。

累了，去散散步。到野外郊游，到深山大川走走，散散心，极目绿野，回归自然，荡涤一下胸中的烦恼，清理一下混乱的思绪，净化一下心灵尘埃，唤回失去的理智和信心。

唱一首歌。一首优美动听的抒情歌，一曲欢快轻松的舞曲或许会唤起你对美好过去的回忆，引发你对灿烂未来的憧憬。

读一本书。在书的世界遨游，将忧愁悲伤统统抛诸脑后，让你的心胸更开阔，气量更豁达。

看一部精彩的电影，穿一件漂亮的新衣，吃一点最爱的零食……不知不觉间，你的心不再是情绪的垃圾场，你会发现，没有什么比被情绪左右更愚蠢的事了。

生活中许多事情都不能左右，但是我们可以左右我们的心情，不再做悲伤、愤怒、嫉妒、怀恨的奴隶，以一颗积极健康的心去面对生活中的每一天。

# 第二章　梦想遭遇灭顶之灾——恐惧爆发

## 时刻怀疑自己的能力

对于消极失败者来说，他们的口头禅永远是“不可能”，这使他们离梦想越来越远，恐惧情绪由此爆发。这已经成为他们的失败哲学，他们遵循着“不可能”哲学，一直与失败为友。

那些成功人士，如果当初都在一个个“不可能”面前，因恐惧失败而退却，放弃尝试的机会，则不可能获得成功的青睐。没有经过勇敢的尝试，就无从得知事物的深刻内涵，而勇敢做出决断，即使失败，也会获得宝贵的体验，从而愈发坚强，愈发聪慧，愈发接近梦想。

古代有位国王，想挑选一名官员担任一项重要的职务。

他把那些智勇双全的官员全都招集起来，想试试他们之中究竟谁能胜任。官员们被国王领到一座大门前。面对这座国内最大的、谁也没有见过的大门，国王说：“爱卿们，你们都是既聪明又有力气的人。现在，你们已经看到，这是我国最大最重的大门，可是一直没有打开过。你们中谁能打开这座大门，帮我解决这个久久没能解决的难题呢？”

不少官员远远地望了一下大门，连连摇头。有几位走近大门看了看，退了回去，没敢去试着开门。另一些官员也都纷纷表示，没有办法开门。这时，有一名官员走到大门旁，先仔细观察了一番，又用手四处探摸，用各种方法试探开门。几经试探之后，他抓起一根沉重的铁链子，没怎么用力拉，大门竟然开了！原来，这座看似非常坚牢的大门，并没有真正关上，只要拉一下看似沉重的铁链，甚至不必用多大力气推一下大门，都可以打得开。如果连摸也不摸，看也不看，自然会对这座貌似坚牢无比的庞然大物感到束手无策。

国王对打开了大门的大臣说："朝廷中重要的职务，就请你担任吧！因为你不仅限于你所见到的和听到的，在别人感到无能为力时，你也会仔细观察，并有勇气冒险试一试。"他又对众官员说，"其实，对于任何貌似难以解决的问题，都需要我们开动脑筋，仔细观察，并有胆量冒一下险，勇敢地试一试。"

那些没有勇气试一试的官员们，一个个都低下了头。

"不可能"并非真的不可能，而是被夸大的困难吓住了前进的脚步。困难就像是"虚掩的门"，只要敢于蔑视困难、把问题踩在脚下，最终你会发现：所有的"不可能"，最终都有机会变为"可能"。

"不可能"经常被人们所引用，它使人们对自己或他人失去信心，也让人们不相信奇迹的发生。"不可能"只是失败者心中的禁锢，具有积极情绪的人，从不将"不可能"放在心上，更不会因为"不可能"而恐惧。

科尔刚到报社当广告业务员时，经理对他说："你要在一个月内完成20个版面的销售。"

20个版面一个月内完成，人们认为这个任务是不可能的。因为报社内最好的业务员一个月最多才销售15个版面。

但是，科尔不相信有什么是"不可能"的。他列出一份名单，准备去拜访别人以前招揽不成功的客户。去拜访这些客户前，科尔把自己关在屋里，把名单上的客户的名字念了10遍，然后对自己说："在本月之前，你们将向我购买广告版面。"

第一个星期，他一无所获；第二个星期，他和这些"不可能的"客户中的5个达成了交易；第三个星期他又成交了10笔交易；月底，他成功地完成了20个版面的销售。在月度的业务总结会上，经理让科尔与大家分享经验。科尔只说了一句："不要因恐惧被拒绝，尤其是不要因恐惧的情绪被第一次、第十次、第一百次，甚至上千次的拒绝。只有这样，才能将不可能变成可能。"

报社同事给予他最热烈的掌声。

在生活中，我们时常碰到这样的情况：当你准备尽力做成某件看起来很困难的事情时，就会有人走过来告诉你，你不可能完成。其实，"不可能完成"只是别人下的结论，能否完成还要看你自己是否去尝试，是否去尽力。是否去尝试，需要你克服恐惧失败的情绪；是否去尽力，需要你克服一切障碍，获得力量。以“必须完成”或者“一定能做到”的心态去拼搏奋斗，你一定会做出令人羡慕的成绩。

在积极者的眼中，永远没有“不可能”，不要被别人认为“不可能”的事情吓倒，取而代之的是“不，可能”。积极者用他们的意志和行动，证明了“不，可能”。

## 输给自己的假想敌

到了一个阴森森、黑漆漆的地方，我们会感到毛骨悚然，心跳加速，好像危险的事就要发生，于是步步惊魂，随时提高警惕，严阵以待，但是到了最后,往往什么事也没发生,自始至终,都是我们自己在吓自己。所有紧张、恐惧的情绪其实全都来自于自己的想象。

小光刚到深圳打工时，在一家酒吧做服务生。

自从第一天上班，老板便特别提醒小光：“我们这一带有一个人，经常来白吃白喝，心情不好的时候，还会把人打得遍体鳞伤，因此，如果你听到别人说他来了，你什么也别想，想尽办法赶快跑就对了。因为这个人实在太蛮横了，连警察都不放在眼里，上一个酒保被他打伤，到现在还躺在医院里。”

某一天深夜，酒吧外面忽然一阵大乱，有人告诉小光说那个经常闹事的人来了。

当时，小光正在上厕所，等到他走出来时，酒吧里的客人、员工早就跑得干干净净，连个影子也见不到了。

这时，只听见“砰”的一声，前门被人踢开了，一个凶神恶煞般的男人大步走进门。他的脸上有一道刀疤，手臂上的刺青一直延伸到后背。

他二话不说，气势汹汹地在吧台前坐了下来，对小光吼道：“给我来一杯威士忌。”

小光心想，既然已经来不及逃跑了，不如就试着赔笑脸，尽量讨这个人的欢心，以保全自己吧！于是，他用颤抖的双手，战战兢兢地递给那个男人一杯威士忌。

男人看了小光一眼，一口气把整杯酒饮干，然后重重地把酒杯放下。

看到这一幕，小光的心脏简直快要跳出来了，若不是酒吧里还放着音乐，他的心跳声一定会被人听见。小光勉强鼓起勇气，小声地问道："您……您要不要再来一杯？"

"我没那时间！"男人对着他吼道，"你难道不知道那个喜欢闹事的人就要来了吗？"

不久之后，那个男人就走了，小光这才重重地舒了一口气。小光这才发现，其实那个人并不可怕，只是人们无形之中把恐惧扩大了。

很多时候，人们就像案例中的小光一样，到事情结束后才发现恐惧是自己制造的。对于我们来说，世界是一个宏大的舞台，其中就有很多镁光灯照不到的地方，而我们有的时候就被迫在这些带给我们不安的黑暗中去跳舞，想象着各种危险，有的时候甚至逃避着这一切。

其实这个社会中不仅只有你一个人面临这些焦虑和恐惧，很多人都曾在某个时刻被突如其来的未知恐惧所打垮。

与陌生人的交往就是这么一种典型状况，我们把陌生人想象成很可怕的样子，然后害怕与他们交往。

一份来自美国的研究资料称，约有 40% 的美国人在社交场合感到紧张，那些神采奕奕的政界人士和明星，也有手心出汗、词不达意的时候，还有一些人表面上侃侃而谈、镇定自若，实际上手心早已一把汗。

事实上，我们每个人都需要面对自己的焦虑、紧张情绪，如果你承认并接纳这种紧张情绪，你很快就能抛开它。而那些让紧张情绪影响工作和生活的人，则被心理专家定性为患有社交焦虑症或社交恐惧症的人，他们的糟糕表现，往往是因为不能承认自己的焦虑和紧张情绪所致。

对某些事物或情景适当的恐惧，可使人们更加小心谨慎，有意识地避开有害、有危险的事物或情景，从而更好地保护自己，避免遭受挫折、失败和意外事故。过度的恐惧则是最消极的一种情绪，并且总是和紧张、焦虑、苦恼相伴,而使人的精神经常处于高度的紧张状态。严重影响一个人的学习、工作、事业和前途。因此它必然损害健康，引起各种心理性疾病，长期的极端恐惧甚至可使人身心衰竭。

为了自己的健康和进步，有恐惧心理的人必须下定决心，鼓足勇气，努力战胜自己不健康的恐惧心理。

现在，请闭上眼睛，什么都不要想，彻底放松，除去一切的紧张，然后让憎恨、愤怒、焦虑、嫉妒、艳羡、悲痛、烦忧、失望等精神中的一切不利因素离你而去，你会感到轻松无比。

## 直面恐惧才能消除恐惧

恐惧能摧残一个人的意志和生命。它能影响人的胃、降低人的修养、削弱人的生理与精神的活力，进而破坏人的身体健康；它能打破人的希望、消退人的意志，使人的心力“衰弱”以致不能创造或从事任何事业。

恐惧有时候就像是一道门，实际上你没有必要害怕，那扇门是虚掩着的。一旦你勇于面对恐惧，就会立刻醒悟：自己拥有的能力竟然远远超过原来的想象。

约翰是一个非常平凡的上班族，却在40岁那年做出了一个另人惊讶的举动，放弃他薪水优厚的办公室工作，并把身上仅有的3美元捐给了街角的乞丐，只带了换洗的衣裤，他决定从自己的老家——阳光灿烂的加州出发，靠搭便车与陌生人的好心，到达东岸一处叫做“恐怖角”的地方。

他之所以做出这样仓促的决定，完全是因为自己的精神即将崩溃，虽然他有一份好工作、温柔美丽的妻子、善良可敬的亲友，但他发现自己这辈子从来没有下过什么赌注，平顺的人生从没有高峰或低谷。

他觉得自己的前半生在懦弱中虚度了。

他选择“恐怖角”作为最终目的，借以表明他征服生命中所有恐惧的决心。

为了检讨自己的懦弱，他很诚实地为自己的“恐惧”开出一张清单：从小时候开始算起，他就怕保姆、怕邮差、怕鸟、怕猫、怕蛇、怕蝙蝠、怕黑暗、怕大海、怕飞、怕城市、怕荒野、怕热闹又怕孤独、怕失败又怕成功、怕精神崩溃……他无所不怕，唯一“英勇”的一次是他当众向妻子表白求婚。

这个懦弱的40岁男人上路前竟还接到母亲的纸条：“你一定会在路上被人杀掉。”但他成功了，4000多里路，78顿餐，仰赖82个陌生人的好心。

身无分文的他从没接受过别人在金钱上的帮助，在暴风骤雨中睡在潮湿的睡袋里，风餐露宿只是小事，他还曾经碰到精神病患者的骚扰，遇到几个怪异诡秘的家庭，甚至还会时不时地觉得有人像杀人狂魔和银行抢劫犯。

经历这无数的“恐惧”之后，他终于来到“恐怖角”，接到妻子寄给他的提款卡（他看见那个包裹时恨不得跳上柜台拥抱邮局职员）。他不是为了证明金钱无用，只是用这种正常人会觉得“无聊”的艰辛旅程来使自己面对所有恐惧。

“恐怖角”到了，但令人意外的是，这“恐怖角”并不恐怖，原来“恐怖角”这个名称，是由一位探险家取的，本来叫“Cape Faire”，被讹写为“Cape Fear”，只是一个失误。

约翰终于明白：“这名字的不当，就像我自己的恐惧一样。我现在明白自己一直害怕做错事，我最大的耻辱不是恐惧死亡，而是恐惧生命。”

地位、声望、财富、鲜花……这些美好的东西都是给富于勇气的人准备的。一个被恐惧控制的人是无法成功的，因为他不敢尝试新事物，不敢争取自己渴望的东西，自然也就与成功无缘。胆怯、逃避是毫无用处的，只有直面恐惧，才能战胜它。

恐惧心理有很多类型：担心事情发生变化、害怕遭遇未知的难题、因放弃稳定的收入而感到不安。每个人都有自己惧怕的事情或情景，而且不少事物或情景是人们普遍惧怕的，如怕雷电、怕火灾、怕地震、怕生病、怕高考、怕失恋，等等。但是，有的人的恐惧异于正常人，如一般人不怕的事物或情景，他（她）怕；一般人稍微害怕的，他（她）特别怕。这种无缘无故的与事物或情景极不相称、极不合理的异常心理状态，就是恐惧心理。它是一种不健康的心理，严重的就是恐惧症。

恐惧心理，就像干扰电波一样，让我们的情绪一直处于不正常值，生活和工作都会因它而有损害，所以我们一定要尽快克服恐惧心理。以下是几种战胜恐惧的方法：

**1. 学习科学知识**

一位心理学家说得好：“愚昧是产生恐惧的源泉，知识是医治恐惧的良药。”的确，人们对异常现象的惧怕，大多是由于对恐惧对象缺乏了解和认识引起的。

**2. 勇于实践**

经常主动接触自己所惧怕的对象，在实践中去了解它、认识它、适应它、习惯它，就会逐渐消除对它的恐惧。例如，有的人惧怕登高、惧怕游泳、惧怕猫、惧怕毛毛虫等。害怕异性，可以勇敢地去和异性交流，只要经常多实践、多观察、多锻炼、多接触，就会增长胆识，消除不正常的恐惧感。

**3. 转移注意力**

把注意力从恐惧对象转移到其他事物上，以减轻或消除内心的恐惧。例如，要克服在众人面前讲话的恐惧心理，除了多实践多锻炼外，每次讲话时把自己的注意力从听众的目光、表情转移到讲话的内容上，再配合“怕什么！”等积极的心理作用，心情就会平静，说话就比较轻松自如了。

直面恐惧，让自己成为一个冒险家，人生便不再黑暗，敢于争取、敢于斗争的人才会给自己争取到成功境界里的一席之地，如果你无法战胜自己的恐惧心理，成功也就永远与你无缘。所以，不要害怕，去勇敢面对荆棘、坎坷，你才会活得有声有色。

## 不能正确认识已经历或未经历的事

恐惧是大脑的一种非正常状态，它是由个人经历的扭曲或受到伤害引起的。它产生的原因已经为大部分人所遗忘。因为我们不希望承认自己恐惧，这种恐惧感被我们埋在心底，犹如一个毒瘤。

有的学者说：“愚笨和不安定产生恐惧，知识和保障却拒绝恐惧。”有的学者进一步指出：“知识完全的时候，所有恐惧，将统统消失。”古罗马箴言说：“恐惧所以能统治亿万众生，只是因为人们看见大地寰宇，有无数他们不懂其原因的现象。”宋朝理学家程颢、程颐认为：“人多恐惧之心，乃是烛理不明。”显然，恐惧产生于惧怕，但惧怕的形成源于无知，源于对已经历或未经历的事的不认识。

无论作为个人还是作为社会，恐惧都是我们今天面对的最大的挑战之一。恐惧使我们无法充分地展示自我，同时又阻碍着我们爱自己和爱他人。没来由的、荒谬可笑的恐惧会把我们囚禁在无形的监牢里。随着先进的通讯技术把世界各地发生的事件送进每个家庭，我们能了解到其他地区的文明，于是，我们对不可知物的恐惧与无知的阴影就会逐渐消失。

夏天的傍晚，有个人独自坐在自家后院，与后院相毗邻的是一片宁静的森林。这人的目的，就是要在大自然的怀抱中放松身心，享受一下黄昏时分的宁静。随着天色渐渐暗下来，他注意到，树林里的风越刮越大了。于是他开始担心，这样的好天气是否还能保持下去。接着，他又听到树林深处传来一些陌生的声音。他甚至猜想，可能有吃人的动物正向他走来。

不一会儿，这个人满脑子都是这种消极的想法，结果变得越来越紧张。这个人越是让怀疑和恐惧的念头进入他的头脑，他就离享受宁静夏夜的目标越远。这个人的体验很好地验证了布赖恩·亚当斯的生活法则："恐惧是无知的影子，若抱有怀疑和恐惧的心理，势必导致失败。"

在忐忑不安的情绪支配下，焦虑会在我们的心中积聚起来，转化为恐惧和惊慌失措，情绪就是这么层层递进的。在这种情况下，我们就不能充分享受生活了。面对可能蒙受的耻辱，我们就会退缩和自暴自弃，不去做创造性的贡献。由于害怕遭到拒绝，我们就不敢去努力争取我们真心想得到的东西。由于害怕失败，我们会拒绝承担责任。由于害怕与他人不一致，我们会放弃自身的个性。因而，消除恐惧心理，是十分必要的。

我们也许听说过这句老话："你不知道的东西不会伤害你。"其实完全不是这么回事。无知并不是福气，相反，它往往会引起消极负面的情绪。

## 内心怯懦容易导致失败

有句名言说，失败的人不一定懦弱，而懦弱的人却常常失败。这是因为，懦弱的人害怕有压力的状态，因而他们害怕竞争。在对手或困难面前，他们往往不善于坚持，而选择回避或屈服。

懦弱通常是恐惧的同伴。懦弱带来恐惧，恐惧加强懦弱。它们都束缚了人的心灵和手脚。恐惧的字眼和言语，却常常将我们所恐惧的东西招到身边。

"如果你是懦夫，那你就是自己最大的敌人；如果你是勇士，那你就是自己最好的朋友。"美国最伟大的推销员弗兰克如是说。对于内心胆怯而做事又犹豫不决的人来说，一切都是不可能的，正如采珠的人如果被鲨鱼吓住，怎能得到名贵的珍珠呢？

那些总是担惊受怕的人，得不到真正自由的人生，因为他总是会被各种各样的恐惧、忧虑包围着，看不到前面的路，更看不到前方的风景。

在波士顿的一个小镇上有一个名叫杰克的青年，他一直向往着大海。一个偶然的机会，他来到了海边，那里正笼罩着浓雾，天气寒冷。他想：这就是我向往已久的大海吗？他的希望和失望落差很大，他想：我再也不喜欢海了。幸亏我没有当一名水手，如果是一名水手，那真是太危险了。

在海岸上，他遇见一个水手，他们交谈起来。

“海并不是经常这样寒冷又有浓雾的，有时，海是明亮而美丽的。但在任何时候，我都爱海。”水手说。

“当一个水手不是很危险吗？”杰克问。

“当一个人热爱他的工作时，他不会想到什么危险。我们家里的每一个人都爱海。”水手说。

“你的父亲现在何处呢？”杰克问。

“他死在海里。”

“你的祖父呢？”

“死在大西洋里。”

“你的哥哥呢？”

“当他在印度的一条河里游泳时，被一条鳄鱼吞食了。”

“既然如此，”杰克说，“如果我是你，我就永远也不到海里去。”

水手问道：“你愿意告诉我你父亲死在哪儿吗？”

“死在床上。”

“你的祖父呢？”

“也死在床上。”

“这样说来，如果我是你，”水手说，“我就永远也不到床上去。”

如果在海边你就开始惧怕海中的波浪，那么你注定无法体验到海的魅力。

学者马尔登曾说过：“人们的不安和多变的心理，是现代生活多发的现象。”他认为，恐惧是人生命情感中难解的症结之一。面对自然界和人类社会，生命的进程从来都不是一帆风顺、平安无事的，总会遭受各种各样、意想不到的挫折、失败和痛苦。当一个人预料将会有某种不良后果产生或受到威胁时，就会产生这种不愉快情绪，并为此紧张不安、忧虑、烦恼、担心、恐惧，程度从轻微的忧虑一直到惊慌失措。

恐惧，就是常常预感着某种不祥之事的来临。这种不祥的预感会笼罩着一个人的生命，像云雾笼罩着爆发之前的火山一样。

世界上没有永远的成功者，也没有永远的失败者。有人畏缩，得到的也会失去；有人勇敢，失去的也会重新得到。只要不断尝试、不断磨砺，我们就一定能战胜恐惧，获得积极正面的情绪。只要告别恐惧，勇敢地朝前走，别人能做到的我们也能做到。畏惧是人生路上一道深深的壕沟，跨过去你就拥有了出路和希望。

## 不轻易给自己下判决书

也许你遇到过这样的情况，当领导分配给你一项超出你能力的工作时，就会感到害怕，害怕不能如期完成，害怕不能达到领导的要求，害怕耽误自己的业绩。有了这些恐惧之后，你就会觉得困难重重，无论如何也不可能漂亮地完成老板分配的工作。此时,你所遇到的困难已经远远超过做事情本身，恐惧给你的工作和情绪产生了不良的影响。

这种恐惧人人都有，许多年轻人也不例外。有些人对一切都怀着恐惧之心：他们怕风，怕受寒；他们吃东西时怕中毒，经营商业时怕赔钱；他们怕人言，怕舆论；他们怕困苦时刻的到来，怕贫穷，怕失败，怕收获不佳，怕雷电，怕暴风……他们的生命中，充满了恐惧。

恐惧能摧残人的创造精神，能使人的精神机能趋于衰弱。一旦心怀恐惧的心理、不祥的预感，则做什么事都会出现困难，也不可能有效率。恐惧代表着、指示着人的无能与胆怯。这个恶魔，从古至今都是人类最可怕的敌人，是人类文明事业的破坏者。

当整个心态和思想随着恐惧的心情而起伏不定时，干任何事情都不可能收到功效。在实际生活中，真正的困难其实并没有我们想象中的那么大。如果我们能以一颗积极的心对待，那些使得我们未老先衰、愁眉苦脸的事情，那些使得我们步履沉重、面无喜色的事情，就能克服了。

恐惧是人类最大的敌人。不安、忧虑、嫉妒、愤怒、胆怯等，都是恐惧的一种表现。恐惧剥夺了人的幸福与能力，使人变为懦夫；恐惧使人失败，使人流于卑贱。因此，克服恐惧，已成为每个人都要面对的重大问题。

恐惧纯粹是一种心理想象，是一个幻想中的怪物，一旦我们认识到这一点，我们的恐惧感就会消失。如果我们的见识广博到足以明了没有任何臆想的东西能伤害到我们，那我们就不会再感到恐惧了。

勇敢的思想和坚定的信心是治疗恐惧的良药，它能够中和恐惧思想，如同化学家通过在酸溶液里加一点碱，就可以破坏酸的腐蚀性一样。当人们恐惧不安时，当忧虑正消耗着我们的活力和精力时，人们是不可能获得最佳效率的，也不可能事半功倍地将事情办好。

恐惧虽然阻碍着人们力量的发挥，给人们做事情带来一定的困难，但它并非是不可战胜的。只要人们能够积极地行动起来，在行动中有意识地纠正自己的恐惧心理，就会减少人们做事情的畏难情绪，那它就不会再成为人们的威胁了。

那么，怎样排除恐惧呢？

首先，你要进行自我激励，不断地在内心里对自己说："没什么可恐惧的，我一定可以把事情做好。"自我激励就是鼓舞自己做出抉择并且行动起来。自我激励能够提供内在动力，例如，本能、热情、情绪、习惯、态度或想法等，能够使人行动起来。

其次，行动起来，用事实克服恐惧。很多事情没有做的时候，常常会感到恐惧。恐惧给我们带来了很大的困难，但是一旦做起来，就不会恐惧了。特别是事情做成功了，就可以克服恐惧，树立起信心。

最后，把事情的最坏结果想象出来，如果最坏的结果你能够承受，那么就没有必要恐惧了。

我们要认识到自己现在对生活的恐惧是早期没有树立信心造成的，这种恐惧不克服就会使自己做事情时产生更多的畏难情绪，严重影响到今后的发展，在恐惧所控制的地方，不可能达成任何有价值的成就。所以，一个做事有"手腕"的人要想成功，就要改变自己，克服恐惧，肯定自己，将畏难情绪紧锁起来。

## 遭遇羞涩的情绪屏障

古代说女子之美，多是赞叹她"犹抱琵琶半遮面"的羞涩之态，"女人含而不露，谓之羞"即是一种美，现代人也欣赏女人未见开口先绯红满面的羞态。但是凡事都有度，如果见到任何人、遇到任何事，羞涩情绪都会随时产生，那就不好了。因此，我们一定要从此时开始，鼓起勇气与羞涩说再见。

这种情绪不定、惶恐的现象是人成长过程中正常的焦虑情绪，但如果这种焦虑持久而严重地干扰了人的正常生活，则成为一种情绪病态——社交焦虑症。

精神病学家戴维德·西汉教授把害羞的原因归结为大脑中负责负面情绪的区域对陌生情况的反应过度，他说："害羞的症结在于怕别人对自己的印象不好而招致羞辱。"不过，新的研究表明，容易害羞的人的大脑皮层，对外界刺激的反应，都比外向的人更加敏感。

在美国 40% 的成年人有羞涩情绪，在日本 60% 的人认为自己经常害羞，在我们国家则几乎所有的人都有羞涩的时候，连宋代大诗人苏轼也曾有过"归来羞涩对妻子"的尴尬场面。心理学家认为，羞涩情绪并不都是消极的，适度的羞涩情绪是维护人们自尊的重要条件。

现代社会，交际能力愈来愈重要，但相当一部分人会产生不同程度的羞涩情绪，从而给交际带来了障碍。成年人的害羞比例比未成年人要小，但这并不是说随着年龄的增长，羞涩感会自动消失，必须采取一些克服它的办法才行。

从心理学的角度看，羞涩起因于许多事情，但无论是先天的还是后天的，都可以通过一些行为技巧去克服。

（1）做一些克服羞涩的运动。例如：将两脚平稳地站立，然后轻轻地把脚跟提起，坚持几秒钟后放下，每次反复做 30 下，每天这样做两三次，可以消除情绪不定的感觉。

（2）害羞使人呼吸急促，因此，要强迫自己做数次深长而有节奏的呼吸，这可以使一个人的紧张心情得以缓解，为建立自信心打下基础。

（3）改变你的身体语言。最简单的改变方法就是 SOFTEN——柔和身体语言，它往往能收到立竿见影的效果。所谓"SOFTEN"，S 代表微笑，O 代表开放的姿势，即腿和手臂不要紧抱，F 表示身体稍向前倾，T 表示身体友好地与别人接触，如握手等，E 表示眼睛和别人正面对视，N 表示点头，显示你在倾听并理解别人所说的话。

（4）主动把你的不安告诉别人。诉说是一种释放，能让你心理上舒服一些，如果同时能获得他人的劝慰和帮助，你的信心和勇气也会随之大增。

（5）循序渐进，一步步改变。专家告诉我们，克服害羞是一项工程，也是一场我们一定能够打赢的战斗，每一个胜利都是真实可见的，只要我们去做。

（6）学会调侃。你首先得培养乐观、开朗的性格，注重语言技术训练和口头表达能力，还要去关注社会、洞察人生，做生活的有心人。“调侃”对于害羞的人而言，是一味效果很不错的药剂。服了它，你的一句话，可能就会让生活充满情趣，让你自己也充满自信。

（7）讲究谈话的技巧。在连续讲话中，你不要担忧中间会有停顿，因为停顿一会儿是谈话中的正常现象。在谈话中，当你感觉脸红时，不要试图用某种动作掩饰它，这样反而会使你的脸更红，进一步增加你的羞涩心理。羞涩并不等于失败，这只是由于精神紧张，并非是你不能应付社交活动。

（8）学会克制自己的忧虑情绪，凡事尽可能往好的方面想，多看积极的一面。

羞涩是人际交往中的一道障碍，让我们从羞涩中走出来，抛开羞涩情绪，我们将能更好地享受生活的欢娱。

羞涩是一种难以描绘的情绪屏障，是人人都能触及的精神茧壳，而人往往又在这种心理的网罗下，作茧自缚。要想破茧成蝶，就要挣脱束缚，勇敢地面对生活。

## 依赖心理过于严重

每个人对别人都有一种依赖性，在家依赖父母、依赖爱人，在外依赖朋友、依赖同事。然而，生活中最大的危险就是依赖他人来保障自己。每个人都有自己的生活，不可能成为我们一辈子的拐杖，当我们从别人身上得不到依赖时，依赖心理就会更加强烈，逐步升级为恐惧情绪。

但是，如果我们能克服自己的依赖心理，独立地完成属于自己的事情，畏难情绪也就不会来打扰我们的心灵。

有一位明智的父亲从小就注意对儿子独立性格的培养。一次，他赶着马车带儿子出去游玩，在一个拐弯处，因为马车速度很快，猛地把儿子甩了出去。当马车停住时，儿子以为父亲会下来把他扶起来，但父亲却坐在车上悠闲地掏出烟吸起来。

儿子叫道：“爸爸，快来扶我。”

“你摔疼了吗？”

“是的。”

“那也要坚持站起来，重新爬上马车。”

儿子挣扎着自己站了起来，摇摇晃晃地走近马车，艰难地爬了上去。

父亲摇动着鞭子问：“你知道为什么让你这么做吗？”

儿子摇了摇头。

父亲接着说：“人生就是这样，跌倒、爬起来、奔跑；再跌倒、再爬起来、再奔跑。在任何时候都要全靠自己，没人会去扶你的。”

诚然，比起依赖别人，少了拐杖的确累得多，但是，与其现在因依赖而产生对未来的恐惧，不如靠自己的独立奋斗点亮未来，消除恐惧。别期待着依靠拐杖，拐杖永远也只能是外力，短时间内，你可以依赖它省时省力，但从长久看来，拐杖反而是潜伏的危机。拐杖使你养成了依赖心理，培养了你的惰性，当有一天拐杖不在时，也许你已经不具备奔跑的能力了。要想奔跑，拐杖绝不是支撑你的力量。

自立自强是指只靠自己的能力行动和生活。不论碰到什么问题，要自己动脑筋思考，要用自己的力量去克服困难；自强是依靠自己的努力，立足于社会。自强自立是现代社会人所必备的素质，不能自强自立的人，必然被激烈竞争的社会所淘汰。

任何期望靠他人施舍而生活的想法都是可耻的，世上最不可靠的就是他人的施与，因为施与者可随时收回他们的财物、关爱，而自立的人生才会更亮丽。

想要摆脱畏难情绪，就要做到一点：凡是能自己做的，就不要依赖别人，把依赖别人、不思进取、不努力看作是没有出息的表现，是不光彩的行为，将通过自己的努力创造的美好生活和成功事业看作是一种莫大的荣耀。

黄昏时刻，有一个人在森林中迷了路。天色渐渐地暗了，眼看黑幕即将笼罩，黑暗的恐惧和危险一步步移近。

突然，眼前出现一个人，他不禁欢喜雀跃，上前叫住了那个陌生人，并探询出去的路途。这个陌生人很友善地答应帮助他。走呀走！他发现这位陌生人和他一样迷了路。于是他失望地离开了这位迷途的陌生伙伴，再一次回到自己的路线上来。

不久，他又碰上了第二个陌生的人，那人肯定地说他拥有走出森林精确的地图，他再次跟随这个新的向导，终于发现这是一个自欺欺人的人，他的地图并不能指引他们走出森林。

于是他陷入深沉的绝望之中，他曾经竭力问他们有关走出森林的知识，但他们的眼神后面隐藏着忧虑和不安，他知道：他们和他一样的迷茫。他漫无目的地走着，一路的惊慌和失误，使他彷徨、失落而恐惧。无意间，当他把手插入口袋时，摸到了一张正确的地图。

这时他若有所悟地笑了：原来它始终就在这里，只要往自己身上寻找就行了。从前他只是忙着询问别人，反而忽略了最重要的事——回到自己身上找。

许多人就像案例中的那个迷路的人一样，已经习惯于依赖别人，而忘记了向自己求助。实际上，最值得信赖的人除了自己还能有谁呢？父母会离我们而去，与朋友也不会有不散的筵席，对他们的依赖只能是暂时的而不能长久。学会依赖自己，才是摆脱困难的最好方法。

每个人都是可以自立的，然而真正能充分发展自己独立能力的人却很少。依赖他人，追随他人，按照他人的想法去做事，自然要比自己动脑筋轻松得多。但是若事事有人替我们想，替我们做，必定对我们事业的成功不利，更不利于我们的成长。要使我们的力量和才能获得发展，只能靠自己。一个能够抛弃凭借，放弃外援，主要依赖自己努力的人，才能得到真正的胜利。

要调适依赖心理，心理专家给出了如下几招：

**1. 有计划地纠正依赖心理**

首先必须破除依赖别人的不良习惯。具体做法是：清查一下自己的行为中哪些是习惯性地依赖别人去做的，哪些是自做决定的。你可以每天做记录，记满一个星期，然后将这些事件分为自主意识强、中等、较差三等，每周一小结。另外，对自主意识强的事件，应坚持自己做主。

**2. 丰富自己的生活内容**

当生活丰富了，我们就有更多的机会去面对问题，能够独立地拿主意、想办法，增强自己的信心。

**3. 多向他人学习**

多与独立性较强的人交往，观察他们是如何独立处理自己的一些问题的。周围良好的榜样可以激发我们的独立意识，改掉依赖这一不良习惯。

依照上述方法，就能行之有效地摆脱对未知的恐惧，放弃依赖别人的念头，决心自强自立。你将惊奇地发现，原来你在许多方面都毫不逊色于你当初崇拜的偶像们，而且你也可能实现你梦想不到的奇迹。

## 勇敢去做让你害怕的事

每个人的内心都或多或少存在着害怕或者恐惧，害怕和恐惧会阻碍个人在生活和事业上取得的成功。

害怕具有强大的破坏力，它深藏在你的潜意识当中影响你、束缚你，让你消极地去看待世界。害怕的本质其实是一种内心的恐惧，由于担心被拒绝、被伤害，你的行为就被阻止。而恐惧和自我肯定处于对立的位置，就像跷跷板一样。害怕程度越高，自我肯定程度就愈低。采取行动去提升自我肯定程度，或许就会降低让你裹足不前的恐惧。采取行动去降低你的恐惧，或许就会更加自信，从而获得成功。

要摒除害怕的情绪，就要不断鼓励自己要勇敢行动。举例来说，假如你害怕拜访陌生人，克服害怕的方式就是不断面对它直到这种害怕消失为止。这就叫做“系统化地解除敏感”，是建立信心与勇气最好、最有效的方法。就如同美国散文作家、思想家、诗人拉尔夫·瓦尔多·爱默生所说：“只要你勇敢去做让你害怕的事情，害怕终将灭亡。”

一位推销员因为经常被客户拒之门外，慢慢患上了“敲门恐惧症”。但是推销是他的工作，他不得不勇敢地去敲门，可是每次看到大门，他的手就颤抖。

迫不得已，他去请教一位推销大师，推销大师在弄清楚他恐惧的原因后，就问他：“现在假如你正想拜访某位客户，你已经来到客户家门前了，我先向你提几个问题。”

“好的。”推销员答道。

“请问你现在站在何处？”

“客户家门前。”

“那么你想做什么？”

“进入客户家里，和客户交流。”

“如果你进入客户家里了，出现的最坏情况会是什么呢？”

“被客户拒绝，然后赶出来。”

“赶出来之后呢，你又会站在哪里？”

“又站在了客户的门外。”

在一问一答中，推销员惊喜地发现，原来敲门并不是他想象的那么可怕。在那之后，每当他来到客户门口，他就不再害怕了。他告诉自己，就当作自己的尝试了，如果不成功的话，还可以累积经验。反正最坏的结果就是回到原点，也没什么损失。

最终，这位推销员战胜了“敲门恐惧症”，而且由于其突出的推销成绩，他被评为全行业的“优秀推销员”。

不仅在销售领域，在生活中的任何场合、对于任何事情，害怕的唯一原因就是像案例中的推销员最初的心理一样：担心被拒绝。由于对被拒绝的恐惧，心里就会产生很大的压力，会极不愿意去做某件事，这时别停止不前，勇敢地敲开面前的那扇门。

勇气往往能给人带来意外的机会，无论是处在逆境或者顺境，勇气都能给你带去力量和指引。在面对各种挑战时，也许失败并不是因为自己智力低下，不是因为缺乏全局观念，也不是因为思维逻辑的问题，而仅仅是因为把困难看得太清楚、分析得太透彻、考虑得太详尽，才会被困难吓倒，举步维艰，因而缺乏勇往直前的力量。

一个人缺乏勇气，就容易陷入不安、胆怯、忧虑、嫉妒、愤怒情绪的旋涡中，结果事事不顺。其实，恐惧无非是自己吓唬自己。世界上并没有什么真正让人恐惧的事情，恐惧只是人们心中的一种无形障碍罢了。摆脱害怕的心态，勇气是最好的解药。

勇气可以给人很多前进和成功的动力，也能帮助人冷静和自省。《勇气的力量》一书的作者认为，“勇气需要培植和坚守，真正的勇气是能够让心灵始终与正义通行”。也唯有如此，我们才能保持生命的力量，勇敢迈向未来。

# 第三章　无法承受的心灵伤痛——悲伤爆发

## 沉浸在失去的痛苦中不能自拔

许多人都有过丢失某种重要或心爱之物的经历，如，不小心丢失了刚发的工资，最喜爱的自行车被盗了，相处了好几年的恋人分手而去，等等。这些大多会在我们的心理上投下阴影，情绪一直处于低落中，有时甚至因此而备受折磨。究其原因，就是我们没有调整好心态面对失去，没有从情绪上承认失去，只沉湎于已不存在的过去，而没有想到去创造新的未来。人们安慰丢东西的人时常会说："旧的不去，新的不来。"其实事实正是如此，与其为失去的自行车懊悔，不如考虑怎样才能再买一辆新的；与其为恋人的离开而痛不欲生，不如振作起来，重新开始，去赢得新的爱情。

日本有个70岁的老先生，拿了一幅祖传的画到电视台上节目，要求"开运鉴定团"的专家鉴定。他说，他的父亲说这是价值数百万日元的宝物，他总是战战兢兢地保护着，由于自己不懂艺术，想请专家鉴定画的价值。

结果揭晓，专家认为它是赝品，连一万日元都不值。主持人问老先生："您一定很难过吧？"来自乡下的老先生脸上的线条却在短时间内变得无比柔软，他憨厚地微笑道："啊！这样也好，不会有人来偷，我可以安心地把它挂在客厅里了。"

老先生的自我解嘲令人感慨：失去竟然可以比拥有轻松。其实，失去并不可怕，可怕的是我们内心的希望和快乐也因此而失去。面对生活，我们完全可以剔除棱角，不要沉浸在悲伤的痛苦中。

失去的时候许多人通常会难过不已，往往越是这样越是关上了通向未来的门，打开的只是那扇能够看到过去的窗户，所以，我们看到的不是未来的美好，而是过去的伤痛。

人生在世，有得有失，有盈有亏。有人说得好，你得到了名人的声誉或高高在上的权力，同时就失去了做普通人的自由；你得到了巨额财产，同时就失去了淡泊清贫的欢愉；你得到了事业成功的满足，同时也失去了奋斗的目标。我们每个人如果认真地思考一下自己的得与失，就会发现，在得到的过程中也确实失去了某些东西。整个人生就是一个不断地得而复失的过程。在这个过程中，你会失去许多，但是，你同样也会收获很多。

有一位住在深山里的农民，一天，从外地来的商贩那里意外地获得了一粒粒不起眼的种子。据商贩讲，这不是一般的种子，而是一种叫做“苹果”的水果的种子，只要将其种在土壤里，两年以后，就能长成一棵棵苹果树，结出数不清的果实，拿到集市上，可以卖好多钱。

欣喜之余，农民急忙将苹果种子小心收好，但脑海里随即涌现出一个问题：既然苹果这么值钱、这么好，会不会被别人偷走呢？于是，他特意选择了一块荒僻的山野来种植这种颇为珍贵的果树。

经过近两年的辛苦耕作，浇水施肥，小小的种子终于长成了一棵棵茁壮的果树，并且结出了累累硕果。

这位农民看在眼里，喜在心中。嗯！因为缺乏种子的缘故，果树的数量还比较少，但结出的果实也肯定可以让自己过上好一点儿的生活。

可是，这位农民并未能如愿。那一片红灿灿的果实，竟然被山里的飞鸟和野兽们吃了个精光，只剩下满地的果核。想到这两年的辛苦劳作和热切期望，他不禁伤心欲绝，大哭起来。他的财富梦就这样破灭了。在随后的岁月里，他的生活仍然艰苦，只能苦苦支撑下去，一天一天地熬日子。

几年后，当他偶然来到那片种了果树的山野，却发现他面前出现了一大片茂盛的苹果林，树上结满了累累硕果。

原来，这一大片苹果林都是他自己种的。几年前，当那些飞鸟和野兽在吃完苹果后，就将果核吐在了旁边，经过几年的时光，果核里的种子慢慢发芽生长，终于长成了一片更加茂盛的苹果林。

农民意外失去少量苹果，几年后却换来一大片苹果林。有时候，失去是另一种获得。生活中，一扇门如果关上了，必定有另一扇窗为你打开。你失去了一种东西，必然会在其他地方收获另一种东西。关键是要有乐观的心态，正确对待你的失去。

每个人都曾失去过，有的人总是向别人反复表明他失去的东西有多么好、有多么珍贵。有些人却有不同的表现，比如，他们在失去了原有的工作之后，不是一味地伤感，而是主动寻找新的工作。他们相信，失去并不意味着失败，失去后还可以重新拥有。

在失去不可避免的时候，你需要做的不是空怀惆怅，让自己陷入悲伤的情绪中，而是多思考一下，从失去中获取所得，从悲伤、痛苦的消极情绪中走出来。

## 内心世界没有阳光

“我之所以高兴，是因为我心中的明灯没有熄灭。道路虽然艰难，但我却不停地去求索我生命中细小的快乐。如果门太矮、我会弯下腰；如果我可以挪开前进路上的绊脚石，我就会去动手挪开；如果道路太泥泞，我可以换条路走。我在每天的生活中都可以找到高兴事儿。信仰使我能够以一种快乐的心态面对事物。”歌德夫人如是说。

许多人内心世界没有阳光，以致陷入悲伤情绪，不能自拔。一样的事情，可以选择不同的态度来对待。内心充满阳光，并做出积极努力，就一定会看到前方的风景。

心中有乐者，人生字典里就没有“悲观”二字。

有两个见解不同的人在争论三个问题。

第一个问题——希望是什么？悲观者说：是地平线，就算看得到，也永远走不到。乐观者说：是启明星，能告诉我们曙光就在前边。

第二个问题——风是什么？悲观者说：是浪的帮凶，能把你埋葬在大海深处。乐观者说：是帆的伙伴，能把你送到胜利的彼岸。

第三个问题——生命是不是花？悲观者说：是又怎样，开败了也就没了！乐观者说：不，它能留下甘甜的果实。

突然，天上传来了上帝的声音，也问了三个问题：

第一个：一直向前走，会怎样？悲观者说：会碰到坑坑洼洼。乐观者说：会看到柳暗花明。

第二个：春雨好不好？悲观者说：不好！野草会因此长得更疯！乐观

者说：好，百花会因此开得更艳！

第三个：如果给你一片荒山，你会怎样？悲观者说：修一座坟茔！乐观者反驳：不！种满山绿树！

于是上帝给了他们两样礼物：给了乐观者成功，给了悲观者失败。

上述是一个两种见解的典型范例。悲观者和乐观者在面对同一个问题时，会有不同的看法。同样是人，会有截然不同的人生态度，不同的人生态度会看到截然不同的人生风景，不同的世界观会导致截然不同的人生结局。

心里装着哀愁，眼里看到的就全是黑暗。抛弃已经发生的令人不愉快的事情或经历，才会迎来新心情下的新乐趣。

在曲折的人生旅途上，如果我们需要承受所有的挫折和颠簸，就要学会化解与消释所有的困难与不幸，这样我们才能够活得更加长久，我们的人生之旅才会更加顺畅、更加开阔。

找一件自己喜欢的事情，全身心投入地去做，本身就是一种快乐的享受。这种快乐，要比花费钱财到游乐场寻找乐趣要划算得多。快乐本来不需要刻意为之，为快乐而快乐，抓住生活中的每一个小惊喜，尽情发挥，你会发现，这种“碰巧为之”的乐趣是任何娱乐形式都无法比拟的。

## 感觉挫折像暴雨一样袭来

如果一个人在46岁的时候，因意外事故被烧得不成人形，4年后又在一次坠机事故后腰部以下全部瘫痪，他会怎么办？你能想象他后来变成百万富翁、受人爱戴的公共演说家、扬扬得意的新郎及成功的企业家吗？你能想象他去泛舟、玩跳伞，在政坛角逐一席之地吗？

米契尔全做到了，甚至有过之而无不及。在经历了两次可怕的意外事故后，他的脸因植皮而变成一块“彩色板”，手指没有了，双腿细小，无法行动，只能瘫痪在轮椅上。

意外事故把他身上65%以上的皮肤都烧坏了，为此他动了16次手术。手术后，他无法拿起叉子，无法拨电话，也无法一个人上厕所，但以前曾是海军陆战队员的米契尔从不认为自己被打败了。他说："我完全可以掌握自己的人生之船，我可以选择把目前的状况看成倒退或是一个起点。"6个月之后，他又能开飞机了。

米契尔为自己在科罗拉多州买了一幢维多利亚式的房子，另外也买了一架飞机及一家酒吧。后来他和两个朋友合资开了一家公司，专门生产以木材为燃料的炉子，这家公司后来变成佛蒙特州排行第二的私人公司。坠机意外发生4年后，米契尔所开的飞机在起飞时摔回跑道，把他胸部的12块脊椎骨压得粉碎，腰部以下永远瘫痪。"我不解的是为何这些事老是发生在我身上，我到底做了什么错事？要遭到这样的报应？"

米契尔仍不屈不挠，日夜努力使自己能达到最高限度的独立，他被选为科罗拉多州孤峰顶镇的镇长。后来竞选国会议员时，他用一句"不只是另一张小白脸"的口号，将自己难看的脸转化成一项有利的资产。尽管面貌骇人、行动不便，米契尔却坠入爱河，且完成了终身大事，也拿到了公共行政硕士学位，并持续着他的飞行活动、环保运动及公共演说。

米契尔说："我瘫痪之前可以做10000件事，现在我只能做9000件，我可以把注意力放在我无法再做好的1000件事上，或是把目光放在我还能做的9000件事上。如果你不把挫折拿来当成放弃努力的借口，那么，或许你可以用一个新的角度来看待一些一直让你裹足不前的经历。你可以退一步，想开一点，然后你就有机会说：'或许那也没什么大不了的。'"

挫折是弱者的绊脚石，却是强者成功的基石。弱者因挫折产生消极悲观的情绪，强者却从中激发积极乐观的情绪。要想成功，就必须做生命的强者，做情绪的主人。

莎士比亚说："与其责难机遇，不如责难自己。"这就是人生的基本课程。我们只要仔细回顾一下生活中坏运变为好运的大量实例，就会发现挫折和厄运仅仅是强者成功的起点罢了。

我们的一生犹如处在变幻不定的大海上，前一秒可能还是风平浪静，下一刻就可能惊涛骇浪。挫折就如同惊涛骇浪，只是暂时的风景，大海最后还会归于平静。所以在这大海上航行时，尽量做到情绪稳定，只有这样你才能战胜挫折，到达成功的彼岸。

人生的光荣，不在于永不失败，而在于越战越勇。有智能的人往往能从失败的经验中获得成功，所以失败常常是人生的一种宝贵财富。

挫折让我们更能体会到成功的喜悦，没有挫折的人生是不完整的。

## 认为难以找到理解自己的人

有些人感到悲伤的原因在于，茫茫人海中找不到可以理解自己的人。一个人的过错，常常不是他一个人所造成的，如果我们试着对他人多一些谅解，将温暖传递给他，就能将他从负面情绪的泥沼中拖拽出来。

但是，有的时候我们却找不到真正理解自己的人，仿佛高山流水觅知音的故事只是一个传说。想到这些，悲伤的情绪就难以抑制地喷涌而出，无法控制。但是，我们要明白，世界上没有两个一模一样的灵魂，也就没有人能真正做到百分之百地理解我们，大可不必因此而悲伤。

有个上海女孩小王嫁给了湖南小伙子小丁，两人感情非常好，但总是因吃菜问题闹矛盾。小王做菜要放糖，因为上海人爱吃甜食；小丁做菜喜欢放辣椒，因为湖南人嗜辣如命。吵来吵去，婚姻出现裂痕，最终导致离异。

第二年，另一个白马王子被小王相中。婚后小王犯难了：这第二任丈夫小马，祖籍四川，也是个“吃辣大王”。第一次的失败婚姻记忆犹新，经过深思熟虑，小王终于想出一招妙计。婚后第一餐饭，她就抢着买菜烧菜，每样菜里都放了辣椒，四川丈夫小马吃得津津有味。可是，小马偶尔一看妻子，只见她被辣得满头大汗，惊问：“你既然不爱吃辣椒，菜里面放这么多辣椒干啥？”小王听罢，心中甜丝丝的，笑道：“因为你爱吃辣椒啊！”小马非常感动。

第二天，小马抢着买菜做菜，他在每样菜里都加了糖，小王一吃，挺对胃口的，就问丈夫：“你不爱吃甜的，为什么每样菜都放糖呢？”小马笑了：“因为你喜欢吃啊！”小王听了，泪水便止不住地流了下来。她暗想，要是当年和小丁在一起生活时也能像如今这样“换位思考”，也不至于和小丁分道扬镳！

两个人走在一起，组建成一个家庭，虽然文化和性格都可能存在一定的差异，但是只要相互间多一分理解，控制好自己的情绪，我们就会有一个幸福的家。

其实，很多时候我们找不到了解自己的人，是因为我们自己也没有试着去换位理解别人。正如感情是需要互动的，情绪也是要互动的。只要一方理解另一方是不太可能赢得尊重的。

理解，是人生路上未语先香的“瑰丽宝贝”，总是那么温馨、那么暖人。理解对方，就需要我们进行换位思考。因为不了解对方的立场、感受及想法，我们就无法正确地思考与回应，沟通便被阻断。

真正的换位思考必然是一个“移情”的过程，要从内心深处站到他人的立场上去，要像感受自己一样去感受他人的思想和情绪。但不幸的是，许多人的换位思考却缺少了“移情”这个根本要素。他们或是站在自己的位置上去“猜想”别人的想法及感受，或是站在“一般人”的立场上去想别人“应该”有什么想法和情绪，或是想当然地假设一种别人所谓的情绪。这样的换位思考，其实仍然局限于自己设定的小圈子之中，绝对无法体验他人真正的想法和情绪。当我们不肯去理解他人时，他人也不会花精力理解我们，这种彼此之间的冷漠自然会酿成悲伤的情绪。

人们常说，良好的沟通是心与心的沟通，也就是情绪与情绪的沟通。生活中那些“善解人意”的人往往受到大家的喜爱和尊敬，原因就是他们能够做到移情换位，用别人的眼光来想问题、看世界，以别人的心情来品尝生活，以别人的情绪来处理事情，这样便拉近了人与人之间的距离。我们也就不难找到理解自己的人了。

## 总为逝去的昨天流泪

曾为英国首相的劳合·乔治有一个习惯——随手关上身后的门。一天，有一个朋友来拜访他，两个人在院子里一边散步，一边交谈，他们每经过一扇门，乔治总是随手把门关上。

朋友很是纳闷，不解地问乔治：“有必要把这些门都关上吗？”乔治微笑着回答：“哦，当然有这个必要。我这一生都在关我身后的门，这是必须做的事。当你关门时，也就是把过去的一切留在了后面，不管是美好的成就，还是让人懊恼的失误，然后，你才可能重新开始。”

把过去的一切关在身后，也就是卸下情绪上的包袱，放弃曾经拥有的一切，这样才会更好地开始新的生活，然而这个问题却往往被我们所忽略。大多数人总是习惯于让过去的事情，挤占在脑海里不忍抛弃，结果情绪负载过重，浪费了精力，影响了事业的发展。所以，你应该试着学会经常把身后的门关上，把过去的一切留在身后。

关上身后的门，只是关掉过去各种情绪的门，并不是把你过去的经验和教训也关在身后，这些都是你人生的宝贵财富。你应把它们潜移默化地融化到自己的血液里，让其变成一种本能，成为一种习惯，这样更有利于你奔向成功。

每个人来到这个世界上，都希望自己将美好梦想尽可能多地变为绚丽现实。于是，在人生路上行进时，我们犹如天真的孩童，总是在瞪大好奇的眼睛期待珍宝的出现，并在行走中欣喜地将它拾起。人生经历的行囊，在不断地捡拾中变得越来越重，直到我们举步维艰。是断然放弃还是继续珍藏？这是我们每个人都不可避免遇到的难题，是每个想前行的人都要遇到的麻烦。

其实，关上这一扇门，也是一种伤感的美丽……

当情绪低落到极点，悲伤到极点，为何不去把行囊中的悲伤扔掉？也许曾经收入行囊时，它们对于我们来说是值得珍视的，给我们带来了无穷的欢快。但随着岁月的流转，随着光阴的飞逝，当它们的存在只会触痛我们的伤痕，它们的出现只能给我们留下黑夜辗转难眠时无声的泪水，为什么还要保存着它们？扔掉它们，打开尘封已久的行囊，把它们倾倒出来。也许，这会使我们痛苦，但是，扔掉之后，你会发现，心会如此灵动，情绪会如此积极。

## 忘不了苦难和不快

有人这样问：“爱情没有了，回忆起来甜蜜多一点，还是痛苦多一点？”我们常常会遇到这样的问题，很多人觉得失去当然是痛苦大于甜蜜，想起分手时的那些伤害，心中就会隐隐作痛。而有一个人却说：“分手了，我记得最多的还是甜蜜，因为我忘记了那个人和那些痛苦，留在记忆里的是有一份很美的爱情。”

的确，很多时候，我们有痛苦悲伤的情绪，主要还是因为我们无法忘记。

我们总是无法忘记那些伤痛和失意，那些记忆犹如明镜一般被我们悬挂起来，每天都在看，每时都在想，这样我们又怎能快乐呢？所以，在失意的时候，人应当学会忘记，忘记那些不快，才能够真正快乐，才能开始新的生活。

生于尘世，每个人都不可避免地要经历凄风苦雨，面对艰难困苦，乐观面对就是天堂，悲观失望就是地狱。而忘记就是一剂良药，弥合你的伤口，使你怀着新的希望上路。

人的一生，就像一趟旅行，沿途中有数不尽的坎坷泥泞，但也有看不完的春花秋月。如果我们的一颗心总是被灰暗的风尘所覆盖，干涸了心泉、暗淡了目光、失去了生机、丧失了斗志，我们的人生岂能美好？如果我们能保持一种健康向上的心态，即使我们身处逆境、四面楚歌，也一定会有“山重水复疑无路，柳暗花明又一村”的那一天。

悲观失望者的呻吟与哀叹虽然能得到短暂的同情与怜悯，但最终的结果必然是别人的鄙夷与厌烦；而乐观上进的人，经过长期的忍耐与奋斗，最终赢得的将不仅仅是鲜花与掌声，还有饱含敬意的目光。

很多人在失意的时候学会了用负面情绪武装自己，甚至陷入悲伤的深渊，难以自拔。忘不掉别人给予的伤痛，莫过于拿别人的错误来惩罚自己。就如失恋，不是因为你自己不够优秀，也不是因为你自己倒霉，而是你在错误的时间遇到了不适合的人，分开很正常，因为你需要腾出时间和位置留给那个适合的人。但是自从你沉沦悲伤的那一刻起，你的记忆里装满的都是曾经的伤痛，又怎能给新的那个人留出空间呢？所以，一个塞满了回忆的大脑，永远无法让新鲜的东西容进来。

在生活中，有很多的无奈要我们去面对，有很多的道路需要我们去选择。忘记一些原本不应该属于自己的，把握和珍惜真正属于自己的，去追寻前方更加美好的；忘记一些烦琐，为情绪减负，忘记那些怅惘，为了轻快地歌唱；忘记一段凄美，为了轻柔地梦想。忘记，是一种伤感，但更是一种美丽。

## 悲苦地面对生活

如果我们心情豁达、乐观，我们就能够看到生活中光明的一面，即使在漆黑的夜晚，我们也知道星星仍在闪烁。一个心理健康的人，思想高洁，行为正派，能自觉而坚决地摒弃病态的想法。我们既可以坚持错误、执迷不悟，也可以痛改前非，改过自新，这都取决于我们自己。这个世界是大家创造的，因此，它属于我们每个人，而真正拥有这个世界的人，是那些热爱生活、乐观向上的人。

乐观开朗的人的特点是把眼光盯在未来的希望上，把烦恼抛在脑后。培养乐观、豁达的性格，将会让你终生受益。

具有乐观、豁达性格的人，无论在什么时候，他们都感到光明、美丽和快乐的生活就在身边，他们眼睛里流露出来的光彩使整个世界都流光溢彩。在这种光彩之下，寒冷会变成温暖，痛苦会变成舒适。这种性格使智慧更加熠熠生辉，使美丽更加迷人灿烂。那种生性忧郁、悲观的人，永远看不到生活中的七彩阳光，春日的鲜花在他们的眼里也顿时失去了娇艳，黎明的鸟鸣变成了令人烦躁的噪音，无限美好的蓝天、五彩纷呈的大地都像灰色的布幔。在他们眼里，创造仅仅是令人厌倦的、没有生命和没有灵魂的苍茫空白。

乐观像一股永不枯竭的清泉，乐观像一首没有歌词的永无止境的欢歌。它使人的灵魂得以宁静，使人的精力得以恢复，使美德更加芬芳。人的精神、灵魂、美德都从这种愉悦的心情中得到滋润，尽管烦恼和不安总在时时吞噬着这种美好的心情，各种挫折和磨难会一点一滴地消耗它，但这如清泉甘露般的美丽心情永远不会枯竭。

要远离悲伤的情绪，保持乐观的心态，微笑着面对生活，还必须注意以下几条原则：

**1. 要朝好的方向想**

有时，人们变得焦躁不安是由于碰到自己所无法控制的局面。此时，你应承认现实，然后设法创造条件，使之向着有利的方向转化。此外，还可以把思路转到别的事上，诸如回忆一段令人愉快的往事。

**2. 不要过于挑剔**

大凡乐观的人往往是“憨厚”的人，而愁容满面的人，又总是心胸狭窄的人。他们看不惯社会上的一切，希望人世间的一切都符合自己的理想模式，这才感到顺心。挑剔的人常给自己戴上是非分明的桂冠，其实是在消极地干涉他人的人格。怨恨、挑剔、干涉是心理软弱、“老化”的表现。

**3. 偶尔也要屈服**

当你遇到重创时，往往变得浮躁、悲观。但是，浮躁、悲观是无济于事的。

你不如冷静地承认发生的一切，放弃生活中已成为你负担的东西，放弃不能取得的活动希望，并重新设计新的生活。大丈夫能屈能伸，只要不是原则问题，不必过分固执。

**4. 要意识到自己是幸福的**

有些悲观的人，在烦恼袭来时，总觉得自己是天底下最不幸的人，谁都比自己强。其实，事情并不完全是这样，也许你在某方面是不幸的，但在其他方面依然是很幸运的。请记住这样一句话："我在遇到没有双足的人之前，一直为自己没有鞋而感到不幸。"生活就是这样捉弄人，但又会给人以继续下去的希望，想到这些，你也许会感到轻松和愉快。

哀莫大于心死，我们在生活中一定要远离这句话。我们要时刻怀着一颗乐观、充满希望的心。无论你心态怎样，生活总是在继续，它不会仅仅因为你的伤心和难过而改变。与其悲伤不已，不如学会享受生活，乐观地笑对生活。

# 第四章　不可抑制的气愤脱缰——愤怒爆发

## 杀人不见血的“气”

世间万事，危害健康最甚者，莫过于愤怒。诸如：咆哮如雷的“怒气”、暗自忧伤的“闷气”、牢骚满腹的“怨气”、有口难辩的“冤枉气”等。“气”与人体健康关系密切。若“心不爽，气不顺”，必将破坏机体平衡，导致各部分器官功能紊乱，从而诱发各种疾病。所以《内经》就明确指出：“百病生于气矣。”

美国生理学家爱尔马为了研究情绪状态对人体健康的影响，设计了一个很简单的实验：把一支玻璃试管插在装有冰水混合物的容器里，然后收集人们在不同情绪状态下的“气水”。研究发现：当一个人心平气和时，他呼吸时水是澄清透明无杂的；悲痛时水中有白色沉淀；悔恨时有乳白色沉淀；生气时有紫色沉淀。爱尔马把人在生气时呼出的“气水”注射到大白鼠身上，12 分钟后，大白鼠竟死了。由此爱尔马分析认为：“人生气时的生理反应十分强烈，分泌物比任何情绪时都复杂，都更具有毒性。因此容易生气的人很难健康，更难长寿。”

震惊于实验结果的同时，我们更要清楚，我们每个人面对生活中的各种困惑、烦忧时，都应该学会宽容、学会理解、学会忍让、避免愤怒，牢记“气大伤身”，用宁静博爱的心态，对待世事是非，烦恼自会远离。哲人说:生气，其实就是拿别人的错来惩罚自己。

不错，何必为别人背沉重的情绪包袱？何必为别人犯下的错误承担责任？其实，人只要肯换个想法，调整一下态度，或者转移一下视角，就能让自己有一个新的心境。只要我们肯稍作改变，就能抛开坏心情，迎接新的处境。

我们不能让自己的情绪控制自己，我们必须学习“转念”“少点积怨，多点包容”“多洒香水，少吐苦水”，让愤怒情绪远离，而用乐观的思绪来迎接人生。

控制自己的愤怒的确是件非常不容易的事情，因为我们每个人的心中永远存在着理智与情感的斗争。如同所有的习惯一样，控制冲动也是一种经过训练而得到的能力。要具备这种能力，有两个基本方法：第一，你必须不断地分析你的行动可能带来的后果；第二，你必须让自己为了获得最大的利益而行动。

从前，有一名叫爱地巴的人，每次生气和人起争执的时候，就以很快的速度跑回家去，绕着自己的房子和土地跑三圈，然后坐在田地边喘气。

爱地巴工作非常勤劳努力，他的房子越来越大，土地也越来越广，但不管房地有多大多广，只要与人吵架生气，他还是会绕着房子和土地绕三圈。

爱地巴为何每次生气都绕着房子和土地绕三圈？所有认识他的人，心里都很疑惑，但是不管怎么问他，爱地巴都不愿意说明。

直到有一天，爱地巴很老了，他的房地也已经非常广大了，有一次他生气，拄着拐杖艰难地绕着土地和房子走，等他好不容易走完三圈，太阳都下山了，爱地巴独自坐在田边喘气。

他的孙子在身边恳求他：“阿公，您已经这么大年纪了，这附近地区的人也没有谁的土地比你更广大，您不能再像从前那样，一生气就绕着土地跑了！您可不可以告诉我这个秘密，为什么您一生气就要绕着土地跑三圈？”

爱地巴禁不起孙子恳求，终于说出隐藏在心中多年的秘密。

他说：“年轻时，我一旦和人吵架、争论、生气，就绕着房地跑三圈，边跑边想，我的房子这么小，土地这么小，我哪有时间，哪有资格去跟人家生气，一想到这里，气就消了，于是就把所有时间用来努力工作。”

孙子问：“阿公，你年纪老了，又变成最富有的人，为什么还要绕着房地走三圈？”

爱地巴笑着说：“我现在还是会生气，生气时绕着房地走三圈，边走边想，我的房子这么大，土地这么多，我又何必跟人计较？一想到这，气就消了。”

现实生活中，我们要像爱地巴那样进行自我心理调整，用平易温和的方式，使自己能够在此情绪中抚慰自己。在愤怒的时候，安抚自己的内心远比找其他的人发泄来得高明。不生“气”难做到，但并不意味着没有解决的办法。

在不幸面前，应保持冷静的思考和稳定的情绪，遇事冷静，客观地做出分析和判断。

要多方面培养自己的兴趣与爱好，如书法、绘画、集邮、养花、下棋、听音乐、跳舞、打太极拳等，可以修身养性、陶冶情操。

要有自知之明，遇事要尽力而为，适可而止，不要好胜逞能而去做力所不能及的事。不要过于计较个人的得失，不要常为一些鸡毛蒜皮的事发火，愤怒要克制，怨恨要消除。保持和睦的家庭生活和良好的人际关系、邻里关系，这样在遇到问题时可以得到各方面的支持。

一个拥有平和心态的人，在各方面都会顺其自然，不必在意太多，并总能找到排解愤怒的渠道。

## 及时停住你的愤怒冲动

人在紧张状况下，很难控制自己的情绪，一时心中生起千堆火，哪里还考虑事情的后果呢？这个时候的行为往往具有自伤和伤人的性质。而冲动情绪常常发生在与别人争吵或者受到批评的时候，是一瞬间爆发出来的怒气。冲动害人不浅，它给我们带来的负面影响远超过我们的想象。

王先生是国内某知名企业的一位高级主管。在决策时，由于自己一时疏忽，造成了该企业的利润直接下降了7个百分点。故障出现后，企业内部人心惶惶，唯恐老板把怒气发泄到自己的身上。王先生更是提心吊胆，做好了接受处罚的准备。

终于，秘书汇报说，老板让他过去一趟。“嗨，算了，该来的总会来，没必要紧张。”王某安慰着自己，但还是怀着忐忑的心情来到了老板的办公室。一进门，老板不但没有大发雷霆，反而让他坐下喝茶。王先生心里越发纳闷了。不知老板葫芦里卖的什么药。

“听到这个消息时，我整个人都要疯掉了。你知道你犯的错误有多严重吗！”老板开口说道。

“对不起，是我的失职。我请求惩处。”王先生立马起身赔罪。

“我本来是要重重处罚你。但是，做每件事情都要合情合理，不能冲动。

于是，我考虑了一下，你曾经为咱们企业做出了很大的贡献。”老板拿出自己的笔记本，上面写满了王某的成绩。“每当我控制不住自己的冲动情绪，想要对某人发火时，我就强迫自己坐下来，拿出纸和笔，写出某人的好处。每当我完成这个清单时，自己的怒气也就消了，就能理智地看待问题了。”

听完老板的一席话，王先生豁然开朗。有这样的老板，自己以后必须要多多学习，努力工作。

冲动的情绪容易蔓延，如果这时的情绪不能在源头得到控制，那么你就会陷入愤怒的情绪无法自拔。所以，当你发现自己的情绪将要爆发起来，就要及时采取措施，抑制冲动情绪。否则，愤怒在你的胸口不断膨胀，最终你承受不了这巨大的压力，将会做出让自己后悔的事情。上例中的老板，虽然由于员工的错误让自己的企业受到了巨大的损失，但是他没有大发雷霆，严厉地斥责那位主管，而是先冷静分析该主管的成绩，然后做出判断。因此，只要采取正确的手段，冲动的情绪是可以遏制的。

首先，当某件事情让你感到无法控制自己的愤怒时，你可以立即转移注意力。迅速离开原来的场景。这不是一种逃避的方法，而是通常所说的“眼不见，心不烦”。你可以先把这件事情放下，做其他的事情。当你的怒气消了之后，再回过头来考虑这件事情。比如，你在做一份报表，但是你的下属交给你的数据一塌糊涂。这个时候，你可以先让下属核对一下，再交给你。或者，你先看另外一份资料。不仅能够及时避免冲动，也能给员工留下成熟稳重的好印象。

其次，当你感觉快要控制不住自己的冲动时，不妨坐下来。研究表明，人坐着的时候，血液循环和新陈代谢的速度都不如站着。这样，愤怒所需要的能量就无法源源不断地供应，从而切断了冲动的根源。这样，你的生理反应就会降到最低。这就是为什么坐着比站着更容易缓解情绪的原因。

第三，在你控制不住的时候，果断闭上嘴巴。愤怒是一种软弱的表现，真正强大的人是不会轻易动怒的。保持沉默是心灵真正强大的表现。愤怒只会让你既伤身又伤心。当你冲动的情绪实在难以控制了，不妨先给自己一分钟的深呼吸时间。管住你的嘴巴，不要让它到处惹祸。动不动就发脾气的人是不会受人欢迎的。

最后，在你的周围挂上醒目的“制怒”标志。这是心里暗示法的灵活运用。在你快要控制不住自己的冲动时，只要抬起头，看看这样的标语，相信你的怒气就消了一半。再加上周围同事的提醒，你的怒火就彻底扑灭了。

所以，不妨写点座右铭或者让周围的人帮助你，改掉易怒的脾气，从根源上制止自己的冲动情绪。当然，克制住自己的冲动情绪并不是一蹴而就的，需要你时时刻刻提醒自己。同样，克制住了冲动，还要想想自己冲动的原因，争取在遇到类似的事情时，能做到控制自己的情绪。

## 总为无谓的小事抓狂

在生活中，经常动怒生气的人气量狭隘，不讨人喜欢，而“泰山崩于前而色不变”的人则备受人们喜爱。事实上，多数让我们产生急躁情绪进而发怒的事情只是一些不足挂齿的小事。

古时有一个妇人，特别喜欢为一些琐碎的小事生气。她知道这样不好，便去求一位智者帮助自己。

智者听了她的讲述，一言不发地把她领到一个房间中，落锁而去。

妇人气得跳脚大骂。骂了许久，智者也不理会。妇人又开始哀求，智者仍置若罔闻。妇人终于沉默了。智者来到门外，问她：“你还生气吗？”

妇人说：“我只为我自己生气，我怎么会到这地方来受这份罪。”

“连自己都不原谅的人怎么能心如止水？”智者拂袖而去。过了一会儿，智者又问她：“还生气吗？”

“不生气了。”妇人说。

“为什么？”

“气也没有办法呀。”

“你的气并未消逝，还压在心里，爆发后将会更加剧烈。”智者又离开了。

智者第三次来到门前，妇人告诉他：“我不生气了，因为不值得气。”

“还知道值不值得，可见心中还有衡量，还是有气根。”智者笑道。

当智者的身影迎着夕阳立在门外时，妇人问智者：“先生，什么是气？”

智者将手中的茶水倾洒于地。妇人视之良久，顿悟，叩谢而去。

何苦要气？气便是别人吐出而你却接到口里的那种东西，你吞下便会反胃，你不看它时，它便会消散。气是用别人的过错来惩罚自己的蠢行。

但生活中，人们往往容易为一点小事而使情绪失控，继而发怒，也正因为这样，往往会因小失大。

有一场举世瞩目的赛事，台球世界冠军已走到卫冕的门口。他只要把最后那个8号球打进球门，凯歌就奏响了。就在这时，不知从什么地方飞来一只苍蝇。苍蝇第一次落在握杆的手臂上。有些痒，冠军停下来。苍蝇飞走了，这回竟飞落在了冠军锁着的眉头上。冠军只好不情愿地停下来，烦躁地去打那只苍蝇。苍蝇又轻捷地脱逃了。

冠军做了一番深呼吸再次准备击球。天啊！他发现那只苍蝇又回来了，像个幽灵似的落在了8号球上。冠军怒不可遏，拿起球杆对着苍蝇击去。苍蝇受到惊吓飞走了，可球杆触动了8号球，8号球当然也没有进洞。按照比赛规则，该轮到对手击球了。对手抓住机会死里逃生，一口气把自己该打的球全打进了。

卫冕失败，冠军恨死了那只苍蝇。在观众的喧哗声中，冠军不堪重负，不久就结束了自己的生命。临终时他对那只苍蝇还耿耿于怀。

一只苍蝇和一个冠军的命运连在一起,也许是偶然的。倘若冠军能制怒，并静待那只苍蝇飞走，故事的结局或许可以重写。人们如果不能及时消除自己的愤怒情绪，必然也会被生活中的种种琐事困扰，为无谓的小事抓狂，甚至造成生命中的悲剧。

心智成熟的人必定能控制住自己的愤怒情绪与行为。当你在镜子前仔细地审思自己时，会发现自己既是你的最好朋友，也是你的最大敌人。

当你生气时，你要问自己：一年后生气的理由是否还那么重要？这会使你对许多事情得出正确的看法。

## 主动抑制愤怒情绪

也许有人会问，为什么我们现在的人常常要发怒，而古人却不像我们这样？花几分钟时间，让我们好好思考一下其中的原因。

现在，愤怒似乎成了现代人的一种通病。

现代人的生活节奏比以往任何时期都快，于是形成了一种张力，好像小提琴上的琴弦不断拉紧以致最后断裂。预期的目标未能实现——不管是生活中的琐事，学校里的成绩排名，还是工作中的种种不如意，所有这些及其他诸如此类的烦恼引起失望，一旦它得不到解脱，就会产生愤怒。

我们把日程表安排得愈来愈满，直到有一天生气之后才问自己："我怎么发这么大的脾气？"这很简单——你在短短的时间内要做的事情太多了，但你没有做好，事情出了点意外，于是你觉得懊恼，并因此而感到惭愧，因为你肯定"有修养的人"是不发怒的，而你却动怒，你就因此而讨厌自己了。

愤怒是一种不良和有害的情绪。一个人经常发火，不仅会影响与朋友或同事之间的团结，影响工作，还容易把矛盾激化，无助于问题的解决。对此，你可以试试下面的方法，在愤怒处于萌芽状态就控制住它。

**1. 容忍克制**

俗话说："壶小易热，量小易怒。"动辄发脾气、动肝火是胸襟狭窄、气量狭小的表现。有一位心理学家忠告："气量大一点吧，如果我们每件事情都要计较，就无法在这大千世界里生活下去。"要做到克制怒气，就必须有很高的修养，有修养的人才是有克制力的人。一个胸怀坦荡的人，是绝不会为一些区区小事而随意发火的。即使遇到不顺心的事或受到不公正的待遇时，也能做到心平气和地讲道理，心态和平地解决矛盾和问题。

**2. 保持沉默**

有一位智者曾经这样说过："沉默是最安全的防御战略。"当意识到自己要发火时，最好的办法是约束自己的舌头，强迫自己不要讲话，采取沉默的方式，这样会有助于冷静头脑，让沉默成为一种保持身心平衡、抑制精神亢奋的灵丹妙药，不借外力而能化解怒气。

**3. 及时回避**

面对生活中可能刺激我们生气的人物和环境时，只要条件允许，不妨采取"三十六计，走为上计"。这样，眼不见，心不烦，火气就消了一半。

**4. 自我提醒**

快要发火时，只要自己还能自我控制，就要试着用意识驾驭自己的情感，警告自己："我这时一定不能发火，否则会影响团结，把事情搞砸。"心中默念："不要发火，息怒、息怒。"这样坚持下去，就会收到一定的效果。

**5. 转移注意力**

根据一项心理学研究，在受到令人发火的刺激时，大脑会产生强烈的兴奋灶，这时如果有意识地在大脑皮质里建立另外一个兴奋灶，用它去取代、抵消或削弱引起发火的兴奋灶，就会使火气逐渐缓解和平息。例如，转移话题、找些开心快乐的事情干，听让自己愉快的音乐、戏曲，阅读引人入胜的小说、诗歌，或出去走走，等等。

其实，做到不生气并不难。心理医学研究表明，一个人心情舒畅、精神愉快，中枢神经系统就处于最佳功能状态，这时内脏及内分泌活动在中枢神经系统调节下保持平衡，从而整个机体保持协调，充满活力，身体自然健康。

总之，生活中愤怒的情绪难以完全避免，但只要理智地对待，学会掌握各种制怒的方法，愤怒伤身的事是可以减少的。

## 认为事情到了无法容忍的地步

许多人一遇到不合自己心意的事就觉得难以容忍，甚至动不动就开始发怒。但是只要你想成为一个理智的人，就必须做到控制住自己所有的情绪与行为，不能为一点小事就大发脾气。

美国研究应激反应的专家理查德·卡尔森说：“我们的恼怒有80%是自己造成的。”这位加利福尼亚人在讨论会上教人们如何不生气。卡尔森把防止激动的方法归结为这样的话：“请冷静下来！要承认生活是不公正的。任何人都不是完美的，任何事情都不会按计划进行。”也就是说，遇到不好的事情时，先冷静下来。只有内心平静了，才会发现事情没有你想象的那么糟。

从前有一个农夫，因为一件小事和邻居争吵起来，争论得面红耳赤，谁也不肯让谁。最后，那人只好气呼呼地去找牧师，因为牧师是当地最有智慧、最公道的人，他肯定能断定谁是谁非。

“牧师，您来帮我们评评理吧！我那邻居简直不可理喻！他竟然……”农夫怒气冲冲，一见到牧师就开始了他的抱怨和指责。但当他正要大肆讲述邻居的过错时，被牧师打断了。

牧师说：“对不起，正巧我现在有事，麻烦你先回去，明天再说吧。”

第二天一大早，农夫又愤愤不平地来了，不过，显然没有昨天那么生气了。

“今天您一定要帮我评个是非对错，那个人简直是……”他又开始数落起邻居的恶劣。

牧师不快不慢地说：“你的怒气还没有消退，等你心平气和后再说吧！正好我昨天的事情还没有办完。”

接下来的几天，农夫没有再来找牧师。有一天牧师在前往布道的路上遇到了他，他正在农地里忙碌着，心情显然平静了许多。

牧师问道：“现在你还需要我来评理吗？”说完，微笑地看着对方。

农夫羞愧地笑了笑，说：“我已经心平气和了！现在想来那也不是什么大事，不值得生那么大的气，只是给您添麻烦了。”

牧师仍然心平气和地说：“这就对了，我不急于和你说这件事情就是想给你思考的时间让你消消气啊！记住不要在生气时说话或行动。”

很多时候怒气会自然消退，稍稍耐心等待一下，事情就会悄悄过去。

人是感情的动物，表达情绪是无可厚非的，但是，如果不加控制地任意表达愤怒情绪，我们就变成了情绪的傀儡。

古罗马诗人奥维德说：“忍耐和坚持虽然痛苦，但却能渐渐为你带来好处。”的确，忍耐一下，三思而后行，冲动便消失得无影无踪。

学会控制愤怒情绪，是情绪掌控高手的一大秘籍。尽量做到不生气、少生气，性格开朗，心胸开阔，宽宏大量，宽厚待人，谦虚处世。这样不仅有益于身心健康，也利于提高自己的道德修养和思想水平，于人于己都有益而无害。

## 落入别人挖设的陷阱

人的情绪中有两大暴君，其中之一就是愤怒，它常常与单枪匹马的理性抗衡，然而人的激情远胜于人的理性。不去生气的人是聪明的，一个人必须学会自我调控，否则就会落入别人挖设的陷阱。

1809年1月，拿破仑从西班牙战事中抽出身来匆忙赶回巴黎。他的间谍告诉他外交大臣塔里兰密谋造反。一抵达巴黎，他就立刻召集所有大臣开会。他坐立不安，含沙射影地点明塔里兰的密谋，但塔里兰却没有丝毫反应，这时候，拿破仑无法控制自己的情绪，忽然逼近塔里兰说：“有些大臣希望我死掉！”但塔里兰依然不动声色，只是满脸疑惑地看着他，拿破仑终于忍无可忍了。

他对着塔里兰粗鲁地喊道：“我赏赐你无数的财富，给你最高的荣誉，而你竟然如此伤害我，你这个忘恩负义的东西，你什么都不是，只不过是穿着丝袜的一只狗。”说完他转身离去了。其他大臣面面相觑，他们从来没有见过拿破仑如此暴怒。

塔里兰依然一副泰然自若的样子，他慢慢地站起来，转过身对其他大臣说：“真遗憾，各位绅士，如此伟大的人物竟然这样没礼貌。”

皇帝的暴怒和塔里兰的镇静自若像瘟疫一样在人们中间传播开来，拿破仑的威望迅速降低了。

伟大的皇帝在盛怒下失去冷静，人们开始感觉到他已经走下坡路了，如同塔里兰事后预言：“这是结束的开端。”

塔里兰激起了拿破仑的怒气，让他的情绪失控，这正是他的目的。人人都知道了拿破仑是一个容易发怒的人，他已经失去了作为一个领导的权威,这种负面效果影响了人民对他的支持。面对大臣企图密谋造反这样的事，焦躁和不安只能起到相反的作用，这说明他已经失去了主宰大局的绝对权力。

其实，在这种情况下，拿破仑如果采用不同的做法，那结果便会大相径庭。他首先应该思考：他们为什么会反对自己？他也可以私下探听，从手下的士兵身上了解自己的缺陷，更可以试着争取他们回心转意支持他，或者甚至干脆杀掉他们，将他们下狱或处死，杀一儆百。所有这些策略中，最不明智的就是激烈攻击和孩子气的愤怒。

愤怒起不到威吓效果，也不会鼓励忠诚，只会引发疑虑和不安，地位也因此摇摇欲坠，暴露出自己的弱点，这种狂风暴雨式的爆发，往往是崩溃的先声。谋略和战斗力也会在愤怒的情绪中消散，所以永远保持客观与冷静的态度至关重要。

愤怒容易让人失去理智，他们把一点小事看得像天一样大，过于认真让他们夸大了自身受到的伤害。他们以为愤怒可以让自己在别人眼中更具有权力，其实不是这样的。他们不仅不会被认为拥有权力，反而会被认为缺乏理智，难成大气候。怒气会让你失去别人对你的敬意，会认为你缺乏自制力而更加轻视你。

如果愤怒的情绪已经产生，要做的不是控制和压抑，而是转变一个角度去思考，想想发怒的严重后果，这样你就能让自己冷静下来了。

## 愤怒是灵魂在折磨自身

人经常不能控制自己的怒气，为了生活中大大小小的事情勃然大怒或者愤愤不平，愤怒是由对客观现实某些方面不满而生成，比如，遭到失败、遇到不平、个人自由受限制、言论遭人反对、无端受人侮辱、隐私被人揭穿、上当受骗等多种情形下人都会产生愤怒情绪。表面看起来这是由于自己的利益受到侵害或者被人攻击和排斥而激发的自尊行为。其实，用愤怒的情绪困扰灵魂，乃是一种自我伤害。

对身体健康的伤害只是其中一个方面，愤怒对于灵魂的摧残尤为严重。由灵魂而生的愤怒情绪，又回过头来伤害灵魂本身，让灵魂变得躁动不安，失去原有的宁静和提升自己的精力和时间，这是灵魂的一种自戕。

古代的皮索恩是一个品德高尚、受人尊敬的军事领袖。一次，一个士兵侦察回来，没能说清楚跟他一起去的另一个士兵的下落。皮索恩愤怒极了，当即决定处死这个士兵。就在这个士兵被带到绞刑架前时，失踪的士兵回来了。但结果出人意料：领袖由于羞愧更加暴怒，处死了两个人。

在这位军事领袖的身上，令人遗憾和痛心地表现出了愤怒摧毁理智的现象。而理智正是灵魂的高贵所在，如果人们任由灵魂自我伤害而不进行干预，这种无动于衷该有多么的悲哀。

正如思想家蒲柏所说：“愤怒是由于别人的过错而惩罚自己。”文学家托尔斯泰也说：“愤怒对别人有害，但愤怒时受害最深者乃是本人。”

我们愤怒于别人的言行，让愤怒占据了大部分的灵魂空间，灵魂负载着重担，再无法关照自身，更不能得到任何形式的提升，反而在愤怒情绪的支配下更加容易丧失理智，让自己远离高贵，变得蒙昧和愚蠢。

结果，导致我们愤怒的人依然故我，他们继续做着错的事，享受着愉悦的心情；

结果，因为愤怒，我们无法专注于眼前的工作，没能很好地履行自己的职责；

结果，我们只顾着愤怒，而无暇体验生命中原本存在的美和善。

折磨我们的是自己的愤怒情绪，而非别人的一些令人愤怒的行为。我们完全能够做到控制自己的愤怒情绪，避免让灵魂受到伤害。

有一位智者曾在山中生活30年之久，他平静淡泊，兴趣高雅，喜爱花草树木，尤其喜爱兰花。他的家中前庭后院栽满了各种各样的兰花，这些兰花来自四面八方，全是年复一年地积聚所得。大家都说，兰花就是高人的命根子。

有一天高人有事要下山去，临行前当然忘不了嘱托弟子照看他的兰花。弟子也乐得其事，上午他一盆一盆地认认真真浇水，等到最后轮到那盆兰花中的珍品——君子兰了，弟子更加小心翼翼了，这可是师傅的最爱啊！他忙了一上午有些累了，越是小心翼翼，手就越不听使唤，水壶滑下来砸在了花盆上，连花盆架也碰倒了，整盆兰花都摔在了地上。这回可把弟子给吓坏了，愣在那里不知该怎么办才好，心想：师傅回来看到这番景象，肯定会大发雷霆！他越想越害怕。

下午师傅回来了，他知道了这件事后一点儿也没生气，而是平心静气地对弟子说了一句话："我并不是为了生气才种兰花的。"

弟子听了这句话，不仅放心了，也明白了。

不管经历任何事情，我们都要制怒，在脉搏加快跳动之前，凭借理智的力量平静自己。

想一想，如果惹你生气发怒的人犯了错误，是由于某种他们不可控的原因，我们为什么还要愤怒呢？

如果不是这样，那么他们犯错一定是由于善恶观的错误。我们看到了这一点，说明在善恶观的问题上，我们的灵魂比他们高贵，比他们更理性，更能辨明是非黑白。对于他们，我们只有怜悯，不应有一丝愤怒。

对于犯了错误的人，尽己所能平静地劝诫他们，没有必要生气，心平气和地向他们展示他们的错误，然后继续做你该做的事，完成自己的职责。

## 愤怒不能随心所欲

梁实秋说过："血气沸腾之际，理智不太清醒，言行容易逾分，于人于己都不宜。"富兰克林也曾说过："以愤怒开始，以羞愧告终。"《圣经》里也说："可以激动，但不可犯罪。可以愤怒，但不可含愤终日。"这就告诉我们要把握愤怒的度，愤怒要有底线，不可无顾忌地发怒，否则于人于己都不利。

我们都知道，愤怒往往是由于自己受到比较大的伤害，或者原本希望用理性的方式表达愿望，但在失望之后，才不得已采取了愤怒的方式。当然，社会允许你在一定范围内发泄情绪，也就是说愤怒是有底线的，因为极端的愤怒不是伤人就是伤己，有时还会造成两败俱伤的局面，它还会干扰人际关系，影响个人的思维判断，造成不可控制的后果。因而，正确理解愤怒的限度，才有可能把愤怒的苗头消灭在萌芽状态，特别是在愤怒发生时，正确地引导从而消解愤怒，解决矛盾，这才是最重要的。

伊凡四世是沙皇俄国的第一任沙皇，因为其残酷的执政手段，他被后人称为"恐怖的伊凡"，他同样也将这种恐怖的手段施之于平民。

在他用军队征服了诺夫格罗德市之后，诺夫格罗德的居民因留恋自己独立开放的文明，他们仍习惯性地与立陶宛人、瑞典人进行贸易。尤其是在城市被侵占之后，这里的居民反抗、逃亡和袭击禁卫军的事件屡屡发生。伊凡知道这个小城市的居民袭击自己的军队之后，异常愤怒。他将其视为挑衅，并不停地咒骂，而且发布讨伐的命令。

他亲率禁卫军和1500名特种常备军弓箭手，于1570年1月2日来到诺夫格罗德城下。他命令士兵们在城市周围筑起栅栏，防止有人逃跑。教堂上锁，任何人不准入内避难。

之后在伊凡所在的广场，每天，大约有1000位市民，包括贵族、商人或普通百姓，被带到伊凡面前，不听取其任何的辩护，不管这些人有罪没罪，只要是诺夫格罗德城的人他就对其用刑。鞭打、裂肢、割舌头等各种残酷的刑法他都用尽。很多居民还被扔入冰冷的水里，浮出水面的人，伊凡就命令士兵用长矛将其活活地刺死。这场恐怖的屠杀共持续了5个星期，诺夫格罗德城大概有两万多人被屠杀，这场残酷的屠杀在历史上是非常罕见的，也是令人发指和痛斥的。

伊凡的残暴不仁，是因为他手中有可怕的权力，这是一个比较极端的例子，但是也能说明不受控制，没有底线的愤怒，就像愈烧愈烈的火焰一样，直到把身边的一切都烧毁。我们手中没有至高无上的权力，所以我们的愤怒不会大面积燃烧。但是，没有底线的愤怒还是会对我们身边的人造成伤害。

在愤怒的时候，人们往往容易冲动，大脑失去了理智的控制，造成不堪想象的后果。人们也常常用极端的方式来发泄自己的愤怒，以父母批评孩子为例，因为孩子的成绩不好或者表现不佳，父母有时对孩子大打出手，结果孩子不仅身体觉得疼痛，心理上也会受到伤害，他们可能会仇视父母，而且心理上还可能会埋藏下阴影，对其未来的发展非常不利。

因而,在“愤怒”的时候,要善于将愤怒的“冲动”变成“理性”的思考。当遇到不平的事情之后，可以愤怒，但是不能表现得太过激烈。激愤的时候要懂得控制自己的情绪，避免出现丑态，更不能恶语伤人，甚至出现暴力等过激行为。由于情绪失控而做出伤害别人的事情,日后要想弥补就很困难了。

愤怒还可以用理智予以控制，对一些不开心的小事，与其憋在心里，让自己生闷气，不如把它抛在脑后，以保持心境的平静。确立了这种意识，就可以逐步实现控制愤怒情绪的目标，并且能够提高自己的忍耐力和毅力。

## 战胜冲动这个魔鬼

人们经常会因为一些事情陷入愤怒的情绪之中，愤怒其实是一种冲动。这种冲动是最无力的情绪，也是最具破坏性的情绪。许多人都会在情绪冲动时做出使自己后悔不已的事情来。培根说：“冲动就像地雷，碰到任何东西都一同毁灭。”每个人都有冲动的时候，尽管它是一种很难控制的情绪，但不管怎样，一定要努力去做。如果不注意培养自己冷静平和的性情，一旦碰到不如意的事情就暴跳如雷，情绪失控，就会让自己陷入自我戕害的囹圄之中。

南南的爸爸妈妈大吵了一架，起因是妈妈放在自己外套里的300元钱不见了，妈妈认定是爸爸拿的，但爸爸却不承认。下班后，爸爸直接去保姆家接南南，保姆一边帮南南穿衣服，一边说：“昨天我给南南洗衣服，从她口袋里找出300元钱，都被我洗湿了，晾在……”没等保姆把话说完，爸爸立刻就把南南拽了过去，狠狠打了她两个耳光，南南的嘴角立刻流血了。“你竟敢偷钱！害得我和你妈妈大吵了一架，这样坏的孩子不要算了！”他丢下南南掉头就走了。南南根本不知道发生了什么事，只觉得脸很痛就哭了起来。保姆对南南妈妈说：“你家先生也太急躁了，不等我把话说完就打孩子，这么小的孩子怎么可能偷钱啊！100元钱对她来说就是张花纸。一定是她拿着玩时顺手放到口袋里的。”南南被妈妈抱回家后，总是不停地哭闹，妈妈只好带她去医院做检查。

检查结果让夫妻俩完全惊呆了：孩子的左耳完全失去听力，右耳只有一点听力，将来得戴助听器生活。由于失去听力，孩子的平衡感会很差，同时她的语言表达能力也将受到严重影响。

南南爸爸简直痛不欲生，他一时冲动打出的两个巴掌竟然毁了女儿的一生，他永远也无法原谅自己，并将终生背负着对女儿的亏欠。

愚蠢的行为大多是在冲动之下产生的。每个父亲都是爱自己的孩子的，南南的爸爸也一定希望女儿有一个美好的未来，但愤怒的冲动却使他亲手毁了这一切。在遇到与自己的主观意向发生冲突的事情时，若能冷静地想一想，不仓促行事，也就不会有冲动和愤怒，更不会在事后懊悔了。

因交通拥堵在应聘面试时迟到；在超市付款时，一个顾客推着装得满满的购物车插队到自己的前边；为了一个至关重要的项目辛苦了几个月，懒散的同事却得到了提升，等等。遇到这样的事情会让你冲动发怒吗？在你拍案而起或爆发前，深吸一口气，然后提醒自己：冲动是魔鬼。

当冲动发生，愤怒不可避免时，这样的人有何种表现呢？人所共知，他们鼻孔鼓鼓的，脸涨得红红的，拳头握得紧紧的。但这时他们的身体里产生了什么样的变化呢？他们血液里的肾上腺素、去甲肾上腺素和葡萄糖增多，产生所谓的生物化学紧张、脉搏加快的现象。每分钟流经心脏的血液猛增，对氧气的需求也增加。经常这样，易导致高血压、动脉粥样硬化、偏头痛、多尿症……

为了排解愤怒的冲动，古罗马人手里总是拿着特别的樽（古代饮器），气愤时能随时把它打碎。日本人在事务所里放一个上司的泥塑，供下属下班后敲打发泄。如果没有多余的餐具，也没有泥塑，可以通过其他途径出气。另外，我们还可以换一种思路，果敢地告诉自己，生气是拿别人的过错惩罚自己。

当你怒火中烧的时候，一定要克制冲动的情绪。当你被愤怒控制，处于激动之中时，会做出许多傻事。遇到这种情况，就要清醒地告诉自己：冲动是魔鬼。然后配合下面这些小动作，你将能以最快的速度避免自己陷于水深火热之中。

即使是装，也要微笑，因为微笑会创造奇迹。你开口笑，脑海里会立刻浮现一些愉快的事，所有器官从准备“战斗”的状态中获得解放，血液趋于均匀，心脏跳动变得有节奏，大脑供氧得到改善。想一想，感情是很有感染力的。如果说，冲动引来愤怒，那么，微笑会回报微笑。

不会生气的人是笨蛋，不去生气的人才是聪明人。情绪是理智的大敌，一个人，特别是易怒的人，必须学会控制自己的情绪，做个不冲动、不生气的聪明人。

# 第五章　见不得别人比自己好——嫉妒爆发

## 心胸狭隘让你“情非得已”

有的人因为别人比自己的业绩突出，于是耿耿于怀，甚至设计圈套陷害别人；有的人因为别人穿的衣服比自己漂亮，就眼红心热，不惜违心去讽刺别人；还有的人甚至因为别人受到老板的一句表扬，而心生不满，在背后肆意传播这个人的谣言……这些现象在我们的生活中还是比较常见的。这些都是由于心胸狭隘而产生的嫉妒情绪，然后做出可能连自己都想不到的恶劣行径。

有一位名叫卡莱尔的书店经理，无意中发现了店员写的一封对他极尽辱骂讽刺的信，说他是个能力很差的经理，希望副经理能马上接替他的职务。卡莱尔读了这封信以后，就带着信跑到老板的办公室。他对老板说：“我虽然是一个没有才能的经理，但我居然能用到这样的一位副经理，连我雇佣的店员们都认为他胜过我了，我对此感到非常自豪。”卡莱尔一点也没有嫉妒，没有感到自己的虚荣心受到损害，只是为自己雇佣了那样能干的副经理而感到自豪。后来，他的老板不但没有撤换他，反而更重用他了。

案例中，如果书店经理对被别人认为能力胜过自己的副经理心怀嫉妒，结果，可能就大不一样了。狭隘是心灵的地狱，心灵狭隘的人总是拿别人的优点来折磨自己。在他们 40 岁的脸上就写满 50 岁的沧桑。

心灵狭隘不但会破坏友谊、损害团结，还会给他人带来各种负面情绪，既贻害自己的心灵，又殃及自己的身体健康。心胸狭隘是一种不健康的嫉妒情绪。在嫉妒情绪的影响下，人的身心健康就会受到损害，狭隘的人内心经常充满了失望、懊恼、悲愤、痛苦和抑郁，有的人甚至陷入绝望之中，难以自拔。因此，要健康，要成就事业，必须学会宽容大度。南宋长寿诗人陆游曰："长生岂有巧？要令方寸虚。""宰相肚里能撑船"，做事要有雅量，做人又何尝不是如此？保健也好，养生也好，关键就是"养气""扩量"，即修炼一种"海纳百川"之"宰相度量"。

那么，怎样才能克服气量狭隘的毛病呢？

**1. 拓宽心胸**

要想改掉自己心胸狭隘的毛病，首先要加强个人的品德修养，破私立公，遇到有关个人得失荣辱之事时，经常想到国家、集体和他人，经常想到自己的目标和事业，这样就会感到用不着计较这些闲言碎语，也没有什么想不开的事情了。

**2. 充实知识**

人的气量与人的知识修养有着密切的关系。一个人知识多了，立足点就会提高，眼界也会相应开阔一些，此时，就会对一些"身外之物"拿得起、放得下、丢得开，就会"大肚能容，容天下能容之物"。当然，满腹经纶、气量狭隘的人也很多，但这并不意味着知识有害于修养，而只能说明我们应当言行一致。培根说："读书使人明智。"经常读一些心理卫生学方面的书籍，对于开阔自己的胸怀有很大益处。

**3. 缩小"自我"**

你一定要不断提醒自己，在生活中不要期望过高，要降低你的期望。如果你不降低期望，以使期望和现实达到平衡，那么你就会产生很多抱怨，让事情变得更糟。

许多人的人生之路越走越窄，这和自己狭隘的心态具有直接的联系。狭隘，生命不能承受之重。狭隘，只会让我们步入情绪的深谷。心胸开阔，天地自然宽广。告别狭隘心理，以宽广的心量去接纳生活中的一切不如意，这样我们会看到更多亮丽的风景。

## 极度自卑导致妒火中烧

嫉妒，从某种意义上来说，是一种自卑。一个自信的人，绝不会嫉妒别人比自己优秀，相反，自卑的人往往容易产生嫉妒，因为他总在否定自己，怀疑自己不如别人。

从本质上说，嫉妒是看到与自己有相同目标和志向的人取得成就而产生一种不恰当的不适应感，是一种承认自己被别人挫败后的反应。由于羡慕较高水平的生活，想得到较高的社会地位，或者想获得较贵重的东西，自己没得到别人却得到了，因此内心觉得不平衡。

莎士比亚著名剧作《奥赛罗》中的主人公，正是由于内心有着很强的自卑情结致使其听信谗言，误杀爱妻，最后悔不当初，自寻短见。

自卑和嫉妒好比一对孪生兄弟，因为觉得比不上他人，所以产生自卑，可又不愿意承认别人比自己好，嫉妒心理由此就产生了。然而，嫉妒并不等同于自卑，它比自卑更为恐怖，它可以使一个人迷失心智。它像一条蛀虫，既蛀蚀自己，也毁坏他人，危害远远超过自卑。

当然，人们之所以嫉妒，无非是想让自己变得更好而已。既然如此，当看到自己与别人的差距时，就应该奋勇向前，而不是看着别人眼红而妒火中烧。“箭欲长而不在于折他人之箭”，要想超过强于自己的人，不能靠毁灭、扼杀他人，而应该努力提高自身的价值与素养才最重要。

嫉妒心是破坏乐观情绪的罪魁祸首，也是将自己和别人的关系带入深渊的魔鬼。因为嫉妒心重的人常自寻烦恼。嫉妒心是幸运和幸福的敌人。对于别人取得的成绩，平静地看待，真诚地祝福，这才是拥有幸福人生的秘诀。

## 虚荣心如何引发嫉妒

虚荣心是最易滋生嫉妒情绪的温床。关于虚荣心，《辞海》有云：表面上的荣耀、虚假的荣誉。心理学认为，虚荣心是自尊心的过分表现，是为了取得荣誉和引起普遍注意而表现出来的一种不正常的社会情感。人人都有自尊心，当自尊心受到损害或威胁，或过分自尊时，就可能产生虚荣心。

虚荣心会慢慢地膨胀，好像一只被吹起来的气球，越吹越大，对别人的羡慕渐渐变成了嫉妒。生命的虚荣心是无限的，俗话说做了皇帝还想成仙。满足了一个愿望，随之又产生了两三个愿望。满足了这个细小的愿望，很快又新生了那些庞大的愿望。由此可见，虚荣心具有一种强烈的渴求的力量，并且在与他人的比较中渴求越来越明显。求而得之，则满足快乐；求而不得，便寻求新的途径来排解嫉妒，例如较为极端的报复等等。

虚荣心最大的后遗症之一是促使一个人失去免于恐惧、免于生活匮乏的自由；因为害怕被羞辱，所以时时地活在恐惧中，经常没有安全感，不满足；而虚荣心强的人，与其说是为了脱颖而出，鹤立鸡群，不如说是自以为出类拔萃，所以不惜玩弄欺骗、诡诈的手段，使虚荣心得到最大的满足。

从近处看，虚荣仿佛是一种聪明；从长远看，虚荣实际是一种愚蠢。虚荣者常有小狡黠，却缺乏大智慧。虚荣的人不一定不够机敏，却一定缺乏远见。虚荣的女人是金钱的俘虏，虚荣的男人是权力的俘虏。太强的虚荣心，使男人变得虚伪，使女人变得堕落。

几十年前，林语堂先生在《吾国吾民》中认为，统治中国人的三女神是“面子、命运和恩典”。“讲面子”是中国社会普遍存在的一种民族心理，面子观念的驱动，反映了中国人尊重与自尊的情感和需要。丢面子就意味着否定自己的才能，这是万万不能接受的，于是有些人为了不丢面子，通过“打肿脸充胖子”的方式来显示自我。

那么，如何及时对自己的虚荣心进行积极的调适呢？

**1. 在生活中要掌握好攀比的尺度**

比较是人们常有的社会心理，但要掌握好攀比的方向、范围与程度。从方向上讲，要多立足于社会价值而不是个人价值的比较，如，比一比个人在学校和单位的地位、作用与贡献，而不是只看到个人工资收入、待遇的高低；从范围上讲，要立足于健康的而不是病态的比较，要比成绩、比干劲、比投入，而不是贪图虚名、嫉妒他人、表现自己。

**2. 重视榜样的力量**

从名人传记、名人名言中，从现实生活中，寻找榜样，努力完善人格，做一个“实事求是、不自以为是”的人。

**3. 做自己，不要受制于别人的评价**

只有自信和自强的人，才不会被虚荣心所驱使，才能成为一个高尚的人。不要在意别人的议论，别人说你个子矮，你没必要非要穿增高鞋掩饰自己；别人说你穿着寒酸，你也不必非要用名牌把自己包装起来。要相信自己总有优点，不必为别人的议论扰乱自己的心情，掉进虚荣的陷阱里。

爱默生告诉人们“生活不是攀比，幸福源自珍惜”这一朴素而深刻的道理。嫉妒是一种潜藏于内心的阴暗心理，是人们普遍存在着的人性弱点，有时嫉妒心理还会带来自身的毁灭。在日常工作中，虚荣心越强，嫉妒心便越重，在这种不健康的情绪状态的影响下，人的身心健康会受到损害。因此，少一分虚荣心，少一点嫉妒，生活会变得更加美好。

## 缺失正确的竞争心理

嫉妒是由于别人胜过自己而引起情绪的负性体验，是心胸狭窄的共同心理。哲学家黑格尔说过："嫉妒乃平庸的情调对于卓越才能的反感。"

如果一个人缺乏正确的竞争心理，只关心别人的成绩，同时内心产生严重的怨恨，嫉妒他人，时间一久，心中的压抑聚集，就会形成问题心理，对健康也会造成极大的伤害。

因为嫉妒，造成了很多无法挽回的惨剧。有这样一个故事：

对信阳山某高级中学三年级 1 班 409 寝室的女生而言，2003 年 1 月 21 日那个凌晨，无疑是一场噩梦。一声惨叫打破了黑夜的宁静。一名女生被人泼硫酸毁容。实际上当晚是因为同班同学马某嫉妒同学晶晶比较聪明，学习成绩又比她好，马上又有一轮考试，为了耽搁晶晶的时间，影响她的学习，于是她选择了泼硫酸的方式，但没想到却泼错了人。由于造成了受害者的严重残疾和晶晶的轻微受伤，法院判处马某死刑，剥夺政治权利终身。

可见，嫉妒心比一切毒瘤都可怕，产生的后果也不堪设想。

嫉妒不是天生的，而是后天获得的。嫉妒有三个心理活动阶段：嫉羡——嫉优——嫉恨。这三个阶段都有嫉妒的成分，而且是从少到多。嫉羡中羡慕为主，嫉妒为辅；嫉优中嫉妒的成分增多，已经到了怕别人会威胁自己利益的地步了；嫉恨则把嫉妒之火熊熊燃烧到了难以扑灭的地步。这把嫉恨之火，没有燃向别人，而是炙烤着自己的心，使自己没有片刻宁静，于是便想方设法诋毁别人，这就使他形神两亏了。嫉妒实质上是用别人的成绩进行自我折磨，别人并不因此有何逊色，自己却因此痛苦不堪。

当我们还是孩子时，就会对父母表现出的对其他兄弟姐妹的偏心而心生不快，我们会因他们比自己多吃了一口蛋糕或新穿了一件衣服而生气甚至哭闹。我们和兄弟姐妹就是一种最初级的竞争关系，当我们处于劣势时，嫉妒情绪也就产生了。虽然嫉妒是人普遍存在的，也可以说是天生的缺点，但我们绝不可因此而忽视它的危害性，特别是当嫉妒已经发展到严重的地步时，内心产生的怨恨越积越多，时间久了会形成心理问题。

一些人之所以嫉妒别人，并不是因为受到不公平的待遇，而是自己不求上进，又怕别人超过自己，似乎别人成功了就意味着自己失败了，最好大家都变成矮子才能显出自己的高大。于是，“事修而谤兴，德高而毁来”“怠者不能修，而忌者畏人修”“我不学好，你也别学好，我当穷光蛋，你也得喝凉水”。这是一种十分有害的腐蚀剂，这些人的骨子里充满了“怠”与“忌”，无论对己、对社会、对国家的发展都是十分有害的。正如荀子所说：“士有妒友，则贤交不亲；君有妒臣，则贤人不至。”一个被嫉妒心支配的人，一定是胸无大志、目光短浅、不求上进的人；一个嫉妒成风的单位，一定是正气不旺、邪气盛行、人心涣散的单位。

我们必须学会自我调适，把嫉妒变成竞争的动力，其中重要的一点是把注意力调节到自身的优势和对方的劣势上。当你嫉妒别人时，总是因为他在某些方面的优势深深地刺激了你，而你自己在这方面又恰恰处于劣势。这一差异正是嫉妒的刺激源。与此同时，你却忽略了自己在其他方面的优势。如果你能有意识地调节自己的注意中心，便会使原先失衡的心理获得一种新的平衡，这种平衡无疑会稳定你的情绪和情感。所谓魔道由心而生，天堂和地狱只在一念之间，定期梳理和反省自己的心灵，才能确保不被心魔所控制，而避免无穷的祸害，不至于害人害己。

## 在攀比中迷失自己

俗话说，“人比人，气死人”。在盲目地攀比中，人往往容易产生嫉妒情绪。想要阻止嫉妒产生，杜绝攀比必不可少。

嫉妒是攀比带来的恶果。两个有差距的人在一起，不服输的一方总喜欢在暗地里较劲儿，总喜欢从自己身上找些超过对方的地方安慰自己，偏偏找不到，所以就产生了嫉妒。

《左邻右舍》中提到这样一个故事：

男主人公的老婆看到邻居小马家卖了旧房子在闹市区买了新房，他的老婆就眼红了，也非要在闹市选房子，并且偏偏要和小马住同一栋楼，而且一定要选比小马家房子大的那套。当邻居问起的时候，她会很自豪地说："不大，一百多平方米，只比304室小马家大那么一点！"气得小马老婆灰头土脸的。过了几天，小马的老婆开始逼小马和她一起减肥，说是人瘦了，房子大了笑讽笑传，男主人公又开始担心自己的老婆知道后会不会也要减肥！

这个故事看起来虽然很好笑，但是却时常发生在我们的生活中。人将自己的生活沉浸在了一个不断与人比较的困境中，情绪被自己生活之外的东西所左右，岂不是很可悲？

如今，攀比的确充斥着我们的生活，生活中常常会听到这样的话语："快点看书去，你看人家小明成绩多好，而你整天就知道玩。""单位小李又升职了，这么多年，你还那样儿，没指望。""唉！住豪宅，开名车的人越来越多，可我们还蹬着自行车，住出租房，这日子可怎么过。"千万别小看这些随口说出的话，它们正是嫉妒情绪的最好体现，若是把握不当，任其发展，情绪危机迟早会爆发。

2005年5月22日，美国佛罗里达州发生了一件令人震惊的惨剧：一名7岁的小男孩出于嫉妒，为独占父母的爱，趁父母外出时，将自己只有7个月大的妹妹打死。

青少年中也存在这样的攀比，同桌得了高分自己心里酸溜溜的；朋友的女朋友漂亮；邻居中奖自己心里偷偷诅咒，这些无疑是暗地里攀比才导致的嫉妒。攀比会助长人的嫉妒，我们应该学会通过适当的比较来鼓励自己，而不能让攀比纵容嫉妒之心愈演愈烈，自毁前程。

## 看不到自身独一无二的优点

生活中，人往往容易看到别人的长处而忽视自己的优点。实际上，我们每个人都有自己的闪光点，只要我们勇于正视自己，善于欣赏自己，都能够找到自己的优点，从而消除嫉妒情绪。

李扬是中国著名的配音演员，被戏称为"天生爱叫的唐老鸭"。

李扬在初中毕业后参了军，在部队当了一名工程兵。他的工作内容是挖土、扫坑道、运灰浆、建房屋。可是李扬明白，自己身上潜在的宝藏还没有开发出来：那就是自己一直钟爱的影视艺术和文学艺术。

在一般人看来，这两种工作简直是风马牛不相及。但李扬却坚信自己在这方面有潜力，应该努力把它们发掘出来。于是他抓紧时间学习，认真读书看报，博览众多的名著剧本，并且尝试着自己搞些创作。

退伍后李扬成了一名普通工人，但是他仍然坚持不懈地追求自己的目标，没有多久，大学恢复招生考试，李扬考上了北京工业大学机械系，成为了一名大学生。从此，他用来发掘自己身上宝藏的机会和工具一下子多了起来。

经几个朋友的介绍，李扬在短短的五年中参加了数部外国影片的译制录音工作，这个业余爱好者凭借着生动的、富有想象力的声音风格，参加了《西游记》中的美猴王的配音工作。1986年初，他迎来了自己事业中的辉煌时刻，风靡世界的动画片《米老鼠和唐老鸭》招聘汉语配音演员，风格独特的李扬一下子被相中，为可爱滑稽的唐老鸭配音，从此一举成名。

如果说成名前的李扬是一只平凡的丑小鸭，那么这只丑小鸭正是在自己的努力之下变成了漂亮的白天鹅。假如李扬被嫉妒情绪迷昏了心智，蒙蔽了双眼，看不到自己身上的优点，就不会有今天的成功，他会一直被自己的负面情绪所支配，只能看到别人身上的优点，而看不到自己的优点，也就不会将自己的优点发扬光大。

我们在生活中，很容易只向外看，不向里看，这种观察角度的偏差就会将我们送到嫉妒情绪的边缘，再加上我们对自己缺乏自信，自然会心生嫉妒。

产生嫉妒情绪，一个主要的内在原因就是对自我过于苛刻。人们总感到自己这也不好，那也不如意，却又没有比别人更好的办法来改进。如果放下对自己严苛的审视目光，改为通过各种途径来充实自己，做一个从“没什么”到“有什么”的转变，你会从自己身上发现更多值得称道的东西，也就不会总在别人身上纠结。生活中，每个人都需要别人真诚的赞美，期待别人来发现并欣赏他的闪光之处。但我们更需要经常自己赞扬自己一下，从中受到启发，发现自己的与众不同。

## 化解嫉妒心理

嫉妒别人是缺乏自信的表现。嫉妒会导致情绪上的低落，约翰·德赖登称之为“灵魂的黄疸”。真正自信自爱的人，并不会嫉妒，更不会允许嫉妒让自己心烦意乱。

嫉妒产生于一种畸形的竞争心态。一旦认为他人在某方面比自己强，便会心烦意乱，甚至时刻想着如何打击、诋毁他人。

伏尔泰说：“凡缺乏才能和意志的人，最易产生嫉妒。”因为自己技不如人，就只能用嫉妒的心理去排解心中的不平。一旦任由嫉妒心理自由发展，就会疏远那些各方面比自己强的人，结果不仅孤立了自己，而且也会阻碍自己前进。

每个人都难免产生嫉妒，但是杰出的人往往能用理性去克制嫉妒，并以此来刺激自己奋发努力，而不是阻挠对方；但那些任嫉妒之火燃烧而迷乱理智的人，往往会被内心这种疯狂的激情消耗精力，使他人和自己两败俱伤。

有两家邻居表面上相处得很好，其中一家男主人表面上对另一家新购置的房产欢欣鼓舞，对其儿子考上大学击掌庆贺。但是，一回到自己家里，就变得恶狠狠起来：凭什么他这么有钱，凭什么他的儿子就能上大学，而我什么都没有呢？他在心里诅咒，每天都盼望他的邻居倒霉，或盼望邻居家着火；或盼望邻居得什么不治之症；或盼望下雨天雷能窜进邻居家，劈死一两个人；或盼望邻居的儿子出意外……

然而每当他看到邻居时，邻居总是活得好好的，并且微笑着和他打招呼。这时他的心里就更加不痛快，恨不得往邻居的院里扔包炸药。就这样，他每天折磨自己，身体日渐消瘦，胸中就像堵了一块石头，吃不下也睡不着。

终于有一天他决定给他的邻居制造点晦气，这天晚上他在花圈店里买了一个花圈，偷偷地给邻居家送去。当他走到邻居家门口时，听到里面有人在哭，此时邻居正好从屋里走出来，看到他送来一个花圈，忙说：“这么快就过来了，谢谢！谢谢！”原来邻居的父亲刚刚去世。这人顿觉无趣，“嗯”了两声，便走了出来。

这让这个男人觉得很生气，不但没有达到目的，反而误打误撞，让别人捞了“好处”。

终于，他又等来了一个机会。上帝说：现在我可以满足你任何一个愿望，但前提就是你的邻居会得到双份的报酬。那个人高兴不已。但他转念一想：如果我得到一份田产，邻居就会得到两份田产了；如果我要一箱金子，那邻居就会得到两箱金子了；更不能忍受的就是如果我要一个绝色美女，那么我的邻居就同时会得到两个绝色美女……他想来想去总不知道提出什么要求才好，他实在不甘心让邻居白占便宜。最后，他一咬牙："哎，你挖我一只眼珠吧。"

故事中的人因为嫉妒而变得丧心病狂，最终在残害别人的同时也把自己伤害了。当然这只是一个故事，但生活中类似害人害己的事却在时时上演，嫉妒就像心灵的毒火一样，无可救药地、疯狂地毁灭这原本健康快乐的人生。

化解嫉妒心理，我们需要从以下几点入手：

**1. 客观评价自己和他人**

要正确地认识自我，评价他人。"金无足赤，人无完人"，一个人限于主客观条件，不可能万事皆通，处处比别人优秀，时时走在别人前面。要接纳自己，认识自己的优点与长处，也要正确地评价、理解和欣赏别人的优点。当嫉妒心理给自己的精神带来一些烦恼与不安时，不妨冷静地分析一下嫉妒的不良作用，同时正确地评价一下自己，从而找出一定的差距，做到"自知之明"。只有正确地认识自己，才能正确地认识别人，嫉妒的锋芒就会在正确的认识中逐渐被钝化。

**2. 学会正确的比较方法**

一般说来，嫉妒心理较多地产生于原来水平大致相同、彼此又有许多联系的人之间。特别是看到那些自认为原先不如自己的人都取得了成就，于是嫉妒心油然而生。因此，要想消除嫉妒心理，就必须学会运用正确的比较方法，辩证地看待自己和别人。要善于发现和学习对方的长处，纠正和克服自己的短处，这样，嫉妒心也就不那么强烈了。

**3. 充实自己的生活，寻找新的自我价值，使原先不能满足的欲望得到补偿**

当别人超过自己而处于优越地位时，你应当扬长避短，寻找和开拓有利于充分发挥自身潜能的新领域，以便"失之东隅，收之桑榆"。这会在一定程度上补偿先前没满足的欲望，缩小与被嫉妒对象的差距，从而达到减弱甚至消除嫉妒心理的目的。例如，某人虽无真才实学，却善于钻营，官运亨通，成为你的上司。对此，你大可不必猝发妒情，而应发挥自己的专长，在业务上刻苦钻研，精益求精，同样可以令别人刮目相看。

**4. 升华嫉妒，化嫉妒为动力**

不管是在学校，还是在工作单位，每个人都要在充满竞争的环境中客观地对待自己。不要嫉妒比自己优秀的同学或同事，而要以他们为榜样，成为自己前进的动力。学会赞美别人，把别人的成就看作是对社会的贡献，而不是对自己权利的剥夺或地位的威胁，将别人的成功当成一道美丽的风景来欣赏，这样，你在各方面将会达到一个更高的境界。

总之，如同钢铁被铁锈腐蚀一样，人很容易被嫉妒折磨得遍体鳞伤，我们要时刻提防它对我们心灵的腐蚀，远离嫉妒情绪，从而让自己获得内心的自由与超脱。

# 第六章　希望屡屡被现实击破——绝望爆发

## 不要被别人偷走自己的梦想

每当我们谈论起自己的梦想时，总会有人迎面给我们泼一盆冷水。在他们看来，我们是不安分的，不知道天高地厚，不了解外面的世界有多么复杂。

面对这些外来压力，有一些人就以为自己的梦想是对生活不切实际的美丽幻想，于是产生绝望情绪，进而放弃了自己的梦想。但是，有一些人却不会因为别人的冷嘲热讽而放弃自己的追求。

梦想决定着你努力和判断的方向。没有方向，就不会有美好的现实。

梦想在人生中的重要性超乎你的想象。很难想象一个没有梦想的人该如何把握自己的人生航向。生活就如在大海里航行，如果连自己想去哪里都不知道，那么你只能随风漂泊。

我们要坚定自己的梦想，不要让别人偷走我们的梦想。

美国的圣伊德罗牧马场上，一大群孩子正在做游戏，牧马场的主人希尔·卡洛斯来到他们中间，给他们讲述了一段故事。

“有一个男孩，因他的父亲是一位巡回驯马师，以致他的中学生活不断被打乱。当他读到高中，老师要他写一篇作文，说说长大后想当一个什么样的人，做什么样的事。那天晚上，他写了一篇长达 7 页的作文，描绘了他的目标：他希望有一天能拥有自己的牧场，并在文中极尽详细地描述了自己的梦想。

“可是，几天后，老师用红笔在他的作文上批了一个大大的‘F’（最低分），并附了一句评语：‘放学后留下来。’

“放学后男孩去问老师为什么他只得了‘F’？老师说，那是一个不切合实际的梦想，男孩没有什么经济来源，没有办法做到那梦想中的一切。最后她对男孩说，如果他把作文重写一遍，将目标定得更现实一些，就会考虑重新给他评分。

“苦苦思考一周之后，男孩将那篇作文原封不动地交了上去，并向老师宣告：‘你可以保留那个F，而我将继续追求我的梦想。’从此以后，男孩开始努力，他奋斗了很多年。”

原来，那个男孩正是卡洛斯本人，如今，他的梦想已经完全实现。那篇学生时代的作文他也一直保存着。两年前的夏天，那个老师带着30个孩子来到他的牧场进行露营活动。她离开时说：“卡洛斯，现在我可以对你讲了，当我还是你的老师的时候，我差不多可以说是一个偷梦的人！那些年里，我偷了许许多多孩子的梦想。幸福的是，你有足够的勇气和进取心，不肯放弃，从而让你的梦想得以实现。”

生活中，你也会遇到各种各样的“偷梦人”，他们会在你沉浸于美妙的梦想中的时候，给你最沉重的一击：你想要有一份好工作，会有人质疑你的能力；你想要创业，会有人质疑你的人生阅历……在承受了过多的阻力之后，你渐渐不敢发出自己的声音了，甚至产生了消极负面的情绪，将自己的梦想掩藏了起来。

如果你的心中已经勾画出了美丽的梦想，就不要让任何人偷走它，以坚强的意志去拼搏，你一定能实现它。

## 怀着正面信念生活

罗曼·罗兰曾说过：“人生最可怕的敌人就是没有坚强的信念。”信念是生命的维系，这个世界上，只要你始终存有一份坚定的信念，那么就没有人能够使你倒下。每个人都可以拥有信念，引领自己创造奇迹。

信念是一个人的精神支柱，是正向情绪的来源。在你疲倦时，抚慰你的心灵。俄国的列宾曾经说过：“没有原则的人是无用的人，没有信念的人是空虚的废物。”一个人不怕能力不够，就怕失去了前进的信念。拥有信念的人，从某种意义上来说，就是不可战胜的人。

一队人马在渺无人烟的沙漠中跋涉，他们已经在沙漠中走了很久。

太阳热辣辣的，随身带的水已经不多了，他们随时都会有生命危险。最后，大家都走不动了。

这时候，领队的老者从背上解下一只水桶，对大家说："现在只剩这一桶水了，我们要等到最后一刻再喝，不然大家都会没命的。"

他们继续着艰难的行程，那桶水成了他们唯一的希望，看着沉甸甸的水桶，每个人心中都有了一种对生命的渴望。但天气太炎热了，有的人实在支撑不住了。"老伯，让我喝口水吧。"一个小伙子乞求着。"不行，这水要等到最艰难的时候才能喝,你现在还可以坚持一下。"老者生气地说。就这样，他坚决地回绝了每一个想喝水的人。

一个黄昏，大家发现老者不见了，只有那只水桶孤零零地立在前面的沙漠里，沙地上写着一行字："我不行了，你们带上这桶水走吧，要记住，在走出沙漠之前，谁也不能喝这桶水，这是我最后的命令。"

大家抑制着内心的巨大悲痛，继续出发了，那只沉甸甸的水桶在每个人手里依次传递着，但谁也舍不得打开喝一口，因为他们明白这是老者用自己的生命换来的。

终于，大家顽强地穿越了茫茫沙漠。他们喜极而泣，这时想到了老者留下的那桶水，打开桶盖，里面流出的却是沙子。

很多时候，打败自己的不是外部环境，而是自己。只要一息尚存，就要追求，就要奋斗。无论你的处境是多么绝望，都要在心底保留一份信念。因为信念能使人释放出神奇的力量。只要信念还在，希望就会永存，命运终将让步。

信念是一种指导原则和信仰，让我们明了人生的意义和方向。信念是人人可以支取，且取之不尽的；信念像一张早已安置好的滤网，过滤我们所看到的世界；信念也像大脑的指挥中枢，指挥我们的行为。

斯图尔特·米尔说："一个有信念的人，所焕发出来的力量，不低于99位仅心存兴趣的人。"这也就是信念能开启卓越之门的缘故。

15世纪中叶的一个夏天，航海家哥伦布从海地岛海域向西班牙胜利返航。

船队离开海地岛不久，天气骤然变得十分恶劣。天空布满乌云，远方电闪雷鸣，巨大的风暴从远方的海上向船队扑来。这是哥伦布在航海中遭遇的最大的一次风暴，有几艘船已经被海浪打翻了。船长沉重地告诉哥伦布说："我们将永远不能踏上陆地了。"

哥伦布知道，或许就要船毁人亡了，他对船长说："我们可以消失，但资料一定要留给人类。"哥伦布钻进疯狂颠簸的船舱里，迅速地把最为珍贵的资料缩写在几页纸上，卷好塞进一个玻璃瓶里并加以密封后，将玻璃瓶抛进了波涛汹涌的茫茫大海。

"有一天，这些资料一定会漂到西班牙的海滩上！"哥伦布自信而肯定地说。"绝不可能，"船长说，"它可能会葬身鱼腹，也可能被海浪击碎，或许会深埋海底。"

哥伦布自信地说："或许一年两年，也许几个世纪，但它一定会漂到西班牙去，这是我的信念。上帝绝不会辜负生命坚持的信念。"

幸运的是，哥伦布和他的大部分船只在这次空前的海上风暴中死里逃生。回到西班牙后，哥伦布和船长不停地派人寻找那个漂流瓶，但直到哥伦布离开这个世界时，漂流瓶也没有找到。

直到 1856 年，大海终于把那个漂流瓶冲到了西班牙的比斯开湾，而此时，距哥伦布遭遇的那场海上风暴，已经过去了 3 个多世纪。

由此可见，正面的信念是人生奇迹的萌发点，有了它，一切都有可能。正面信念，是所有成功人士心中屹立不倒的旗帜，有了它，一切奇迹都会出现。正面信念在人的精神世界里是挑大梁的支柱，没有它，一个人的精神大厦就极有可能会坍塌。正面信念是力量的源泉，是胜利的基石。

人生到底是以喜剧收场还是以悲剧落幕，是丰富多彩还是单调乏味，全在于这个人持有什么样的信念。信念就像指南针和地图，指出我们要去的方向。没有正面信念的人，就像少了马达、缺了舵的汽艇，不能前行一步。所以，在人生中，必须有正面信念的引导，它会帮助你看到目标，鼓舞你去追求并创造你想要的人生。

人生的信念，如同航船的舵手，航船没有舵手，就会在大海中迷失方向；人生的信念，如同飞鸟的羽翼，飞鸟没有羽翼，就不能展翅高飞；人生如歌，信念如调，没有调的歌永远不能成为真正的歌，没有信念的人生永远是没有意义的人生；信念，又如同梦想的翅膀，有了信念，才可以使你拨开云雾，见到光明；有了信念，才可以使你乘风破浪，驶向理想的彼岸。

信念是一缕永不黯淡的阳光，它所蕴涵的能量巨大无比，有了它，人们便可以穿越阴霾，驱散迷惘，挣脱命运的桎梏，勇敢飞翔。

## 学会苦中求乐

快乐是什么？快乐是血、泪、汗浸泡的人生土壤里怒放的生命之花，正如惠特曼所说：“只有受过寒冻的人才感觉得到阳光的温暖，也唯有在人生战场上受过挫败、痛苦的人才知道生命的珍贵，才可以感受到生活之中的真正快乐。”

托尔斯泰在他的散文名篇《我的忏悔》中讲了这样一个故事：

一个男人被一只老虎追赶而掉下悬崖，庆幸的是在跌落过程中他抓住了一棵生长在悬崖边的小灌木，此时，他发现头顶上那只老虎正虎视眈眈，低头一看，悬崖底下还有一只老虎，更糟的是，两只老鼠正忙着啃咬悬着他生命的小灌木的根须。绝望中，他突然发现附近生长着一簇野草莓，伸手可及。于是，这人摘下草莓，塞进嘴里，自语道：“多甜啊！”

生命进程中，当痛苦、绝望、不幸和危难向你逼近的时候，你是否还能顾及享受一下野草莓的滋味？困境的存在与否，不是我们能左右的，然而，对困境的回应方式与态度却完全掌控在我们自己手中。

绝望情绪容易使人极度消沉，与其一直活在绝望的阴影里，不如保持一种快乐的心态。

有个女人叫玛赛尔，曾陪同从军的丈夫一起来到拉美的一片沙漠之中。当丈夫外出训练时，她常常孤零零地独自住在被沙漠包围着的铁皮房子里，很长时间也收不到丈夫的一封来信。她深感寂寞，虽然当地有印地安人和墨西哥人，但他们不懂英语，无法陪她说话，她于是深感痛苦。恰在此时，远方父母的一封来信给了她极大的鼓舞。信极短，却充满了哲理：“两个人从牢房的铁窗望出去，一个看到了坟墓，一个看到了星星。”她于是恍然大悟，决定在茫茫沙漠里寻找瑰丽的星星。她开始努力：努力学习当地的语言，努力与当地人交朋友，努力收集各类土产，努力研究当地的一切，包括土拨鼠和仙人掌。于是，几天之后她深深感到，她的生活已经变得充实无比。第二年，她还将她的收获一一整理成文，出版了一本叫做《快乐的城堡》的书。她兴奋无比，她果然在茫无边际的寂寞中找到了“星星”，她再也不必长吁短叹了！

玛赛尔经过一番痛苦绝望情绪的挣扎后，最终做出了自己的改变，这也是一个从负面情绪向正面情绪转变的过程。学会发现快乐，快乐不只是在让我们感觉愉悦的事情上，更是在让我们觉得绝望的事情上。这样即使有一丝绝望的情绪在我们脸上显现，我们也能迅速地挖掘出其中快乐的闪光点。

## 每天给自己一个希望

我们每个人都有自己的梦想，都有自己希望达到的目标。然而，我们很多人在追求目标的过程中，起初都是热情高涨，之后会因为种种挫折或逆境，感到目标渺茫，因绝望而中途放弃。很少有人能够每天都给自己一个希望。

面对逆境和挫折时，我们不要退缩，更不要埋怨挫折对你无休止的磨难，要学会用心灵打磨挫折，用希望去迎接挫折，用坚韧不拔的意志去战胜挫折。

钱锺书先生曾说：“天下只有两种人。比如一串葡萄到手，一种人挑好的吃，另一种人把最好的留到最后吃。照例第一种人应该乐观，因为他每吃一颗都是吃剩的葡萄里最好的；第二种人应该悲观，因为他每吃一颗都是吃剩的葡萄里最坏的。不过事实却适得其反，缘故是第二种人还有希望，第一种人只有回忆。”你是属于哪一种呢？是怀有希望，还是时常活在回忆中？我们每个人都应该努力成为钱锺书先生所说的第二种人，心怀希望，积极投入生活。

有一个富翁，在一次大生意中亏光了所有的钱，并且欠下了债，他卖掉房子、汽车，还清了债务。

此刻，他孤独一人，无儿无女，穷困潦倒，唯有一只心爱的猎狗和一本书与他相依为命，相依相随。在一个大雪纷飞的夜晚，他来到一座荒僻的村庄，找到一个避风的茅棚。他看到里面有一盏油灯，于是用身上仅存的一根火柴点燃了油灯，拿出书来准备读。但是一阵风忽然把灯吹灭了，四周立刻漆黑一片。这位孤独的老人陷入了黑暗之中，对人生感到痛彻的绝望，他甚至想到了结束自己的生命。但是，立在身边的猎狗给了他一丝慰藉，他无奈地叹了一口气沉沉睡去。

第二天醒来，他忽然发现心爱的猎狗被人杀死在门外。抚摸着这只相依为命的猎狗，他突然决定要结束自己的生命，世间再没有什么值得留恋的了。于是，他最后扫视了一眼周围的一切。这时，他不由地发现整个村庄都沉寂在一片可怕的寂静之中。他急步向前，啊，太可怕了，尸体，到处是尸体，一片狼藉。显然，这个村庄昨夜遭到了匪徒的洗劫，连一个活口也没留下来。

看到这可怕的场面，老人不由心念急转，啊！我是这里唯一幸存的人，我一定要坚强地活下去。此时，一轮红日冉冉升起，照得四周一片光亮，老人欣慰地想，我是这个村庄唯一的幸存者，我没有理由不珍惜自己的生命。虽然我失去了心爱的猎狗，但是，我得到了生命，这才是人生最宝贵的。

老人怀着坚定的信念，迎着灿烂的太阳又出发了。

在绝望的环境中，老人能一次次找出理由给自己活下去的希望，这一定是在平时就养成了良好的情绪习惯。

希腊神话中，潘多拉打开了宙斯给她的盒子。疾病、灾难、罪恶、偷窃、贪婪等各种各样的祸害，飞速地散落到大地上；只有智慧女神雅典娜为了挽救人类命运而悄悄放在盒底的“希望”，还没来得及飞出盒子。从此，人们在遭受不幸的时候，心底依然保留着希望。

生命是上天赋予我们的最宝贵的财富，我们必须以热忱的心来呵护这份礼物。无论遇到什么事情，都不要关闭生命的希望之门。希望就是生命旅途中永远的路标。只要有生命，就有希望；只要有希望，生命就有价值。希望是生命不竭的原因所在。它是引爆生命潜能的导火索，是激发生命激情的催化剂。对生活充满希望的人，每天都将活得生机勃勃、激昂澎湃，即使他身处逆境，也会忘记叹息和悲哀，不会把生命浪费在一些无足轻重的小事上。

有一位弹奏三弦琴的盲人，特别渴望能治好自己的眼睛，于是他遍访名医，但是他们都说没有办法医治。一天，盲艺人碰见一个道士，这位道士对他说：“我给你一个保证治好眼睛的药方，不过，你得弹断一千根弦，才可以打开这张写有药方的纸单。在这之前，这个药方是不能生效的。”于是，这位琴师带着他双目失明的小徒弟游走四方，以弹唱为生。

一年又一年过去了，在他弹断了第一千根弦的时候，这位盲艺人急不可待地将那张珍藏在怀里的药方拿了出来，请明眼的人代他看看上面写着的是什么药方。明眼人接过纸单来一看，说："这是一张白纸嘛，并没有写一个字。"

琴师听了潸然泪下，他明白了道士那"一千根弦"背后的意义。就是这一个"希望"，支持他尽情地弹下去，支持他坚持了几十年。盲艺人没有把真相告诉徒儿，他将这张白纸慎重地交给了也十分渴望能够看见光明的弟子，对他说："我这里有一张能保证治好你眼睛的药方，不过，你得弹断一千根弦才能打开这张写有药方的纸。现在你可以去收徒弟了，去吧，去游走四方，尽情地弹唱，直到那一千根琴弦断了，就有了答案。"

"一千根弦"是善意的谎言，它承载了漫长的等待，也承载了道士对盲人美好的祝福与希望。希望为我们带来美好，美好的希望更是让人激动，让人无限憧憬。社会能进步几乎是希望的功劳，是它让人们为了希望中的美好不断奋斗、拼搏，让社会天天在进步。

生命是有限的，但希望是无限的，不忘每天给自己一个希望，解开套牢自己的痛苦的绳索，告诉自己一切都会过去，春天终将到来，如此便能够在生活当中得到快乐。

## 不要为无法控制的事情绝望

没有人能告诉你生活中将会发生什么，未来是喜是悲谁也无法预料。人们期望天降喜事，但有时一些意外烦恼总是不期而来，为此，有些人陷入悲观绝望的情绪中，结果让自己的生活变得更糟糕。其实，这样的做法很愚蠢。我们既然不能改变既成事实，为什么不改变对待这些事情的态度呢？

有一个美国旅行者在苏格兰北部过节。这个人问一位坐在墙边的老人："明天天气怎么样？"老人看也没看天空就回答说："是我喜欢的天气。"旅行者又问："会出太阳吗？""我不知道。"他回答道。"那么，会下雨吗？""我不知道。"这时旅行者已经完全被搞糊涂了。"好吧，"他说，"如果是你喜欢的那种天气的话，那会是什么天气呢？"老人看着美国人说："很久以前我就知道我没法控制天气了，所以不管天气怎样，我都会喜欢。"

因为无法控制明天会是什么天气，所以不管天气怎样都会喜欢，这就是豁达者的心境。也许我们此刻的生活并不是我们原本想要的样子，甚至与它是完全相反的，这时，我们就需要转换自己的思路，让它与自己目前的生活状态相适应，并从中找到出路，也许这才是化解自己的思想理念与现实矛盾的最好方式。

人生在世，总难免会遇到烦恼和不安，别为你无法控制的事情烦恼，你有能力决定自己对事情的态度。如果你不控制它们，它们就会控制你。既然事情已经发生了，就勇敢地去面对它，你对待它的态度才是重要的。

学会驾驭自己的情绪，这是让自己愉快、也给别人带来愉快的秘诀之一，这样我们便能处理好自己与自己、自己与别人的关系。我们要用积极的心态对待自己，用宽容的心态对待别人，告别庸人自扰，追求快乐人生。

我们要学会控制自己的情绪，只要保持微笑，事情就不会很糟糕，这个世界上并没有用微笑化解不了的烦恼。在笑声和快乐中，我们会真正体会到成功的滋味，享受到劳动的果实。

当自己已经尽力，但是因为个人无法控制的所谓“天命”而使事情变糟时，无论是恐慌、着急，还是不停地悔恨都无济于事。不如坦然面对——清除看似天经地义的坏心情，保持积极正面的情绪。

## 在绝望中追逐希望的光芒

希望在任何时候都是一种支撑生命的力量。如果我们不放弃心中的希望，那么苦难终会被我们克服。如果我们在任何时候都不放弃希望，在绝望之中寻找希望，我们就能等到转机来临的那一天。

战争时期，在集中营里，一个叫玛莎的女孩写过这样一首诗：

这些天我一定要节省，
我没有钱可节省，
我一定要节省健康和力量，
足够支持我很长时间。
我一定要节省，
我的神经我的思想，
我的心灵和我精神的阳光！

我一定要节省流下的泪水，
我需要它们很长很长的时间。
我一定要节省忍耐，
在这些风暴肆虐的日子。
在我的生命里，
我有那么多需要的：
阳光的温暖和一颗善良的心。
这些东西我都缺少。
这些我一定要节省。
这一切，上帝的礼物，我期待保存。
我多么悲伤，倘若我很快就失去它们。

即使在随时都可能死去的时候，玛莎仍然热爱着生命。她用稚嫩的文字给自己弱小的灵魂取暖，用坚韧的希望照亮黑暗的角落。

很多人在绝望中死去，而这个当时只有10岁的小女孩玛莎，终于等到了战争结束，看见了新生的曙光。

玛莎给自己黑暗的人生点亮希望，就在这一点温暖的光亮中，坚持了下来。所以，在最困难的情况下，我们也不要悲观，否则即使真的有阳光，也照不进我们的心田。

希望来自于一颗乐观豁达的心，有了一颗这样的心，无论面临多么恶劣的环境，我们都会坚持下去。

美国一所小学的毕业生在当地警察局的犯罪记录是最低的，后来一位研究者通过对该校毕业生的问卷调查，得到了一个奇怪的答案——因为该校的学生都知道铅笔有多少种用途。

在这所学校，新生入学后接受的第一堂课就是：一支铅笔有多少种用途。在课堂上，孩子们明白了铅笔不仅有写字这种最普通的用途，有时还能用来做尺子画线；作为礼品送人表示友爱；当作商品出售获得利润；笔芯磨成粉后可做润滑粉；演出时也可临时用于化妆；削下的木屑可以做成装饰画；一支铅笔按相等的比例锯成若干份，可以做成一副象棋，可以当作玩具车的轮子；在野外探险时，铅笔抽掉芯还能被当成吸管喝石缝中的泉水；在遇到坏人时，削尖的铅笔还能当作自卫的武器……

通过这一课，学生们懂得了：拥有眼睛、鼻子、耳朵、大脑和手脚的人更是有无数种用途，并且任何一种用途都足以使一个人生存下去。这种教育的结果是，从这所学校毕业的学生，无论他们的处境如何，都生活得非常快乐，因为他们永远对未来充满希望。

一支小小的铅笔有无数种用途，它可以用来画线、做礼品、做润滑粉，甚至还可以用来自卫。同样，我们身体的每一个部分比如眼睛和耳朵也有许多用途，任何一种用途都足以让我们生存下去。因此，无论处境如何，我们都要保持积极乐观的情绪，在绝望中追逐希望的光芒。

所以，我们千万不能让绝望情绪侵害我们的身心，要重新唤回有生命力的人生。我们必须对情绪进行调适。以下 7 种方法有助于克服绝望情绪：

（1）参加锻炼：体育锻炼能使人体产生一系列的化学变化和心理变化，很适合用来调节消极情绪。较适宜的运动项目有慢跑、户外散步、跳舞、游泳、练太极拳等。

（2）改善营养：B 族维生素有助于改善不良情绪，这样的食品有全麦面包、蔬菜、鸡蛋等。

（3）走亲访友：找知心的、明白事理的亲友，向其倾吐心里话。

（4）乐观幻想：有些人遭受了一点挫折，凡事总往坏处想。克服的方法是，宁作乐观的幻想，不作消极的猜度。

（5）奋发工作：一旦潜心事业，把精力集中到工作上，便能使人忘记忧伤和愁苦。

（6）外出旅游：心情烦闷时，看看青山绿水，看看袅袅炊烟，疲劳、苦闷之感顿消。

（7）看电影：绝望消沉时，看部电影，这对消除绝望情绪有明显效果。

多给自己一些希望，我们就能够充满朝气地面对自己的生活，而不是将时间花费在无尽的悲哀和苦闷上。生命有限但希望无限，每天给自己一个希望，我们就能够拥有一个丰富多彩的人生。

# 第七章　自己总遭遇“不公平”——抱怨爆发

## 做不到顺其自然

有的时候，抱怨情绪的产生源于我们心境不够坦然。我们在生活中，应当遵循的是自己的自然本性和自身的习惯，做到凡事顺其自然。当你顺其自然地做某件事的时候，就会有意外而又有趣的事来临，我们经常会从中获得一些有益的经验，若是拘泥于计划就永远得不到那些经验。

冯友兰先生曾说：“幸福是相对的，顺自然之性便能获得幸福。”为解释这句话，他曾说了这样一个小故事：

三伏天，智者院里的草地上一片枯黄。“快撒点草籽吧！好难看哪！”徒弟说。

“等天凉了……”智者挥挥手，“随时！”

中秋，智者买了一包草籽，叫徒弟去播种。秋风起，草籽边撒、边飘。

“不好了！好多种子都被吹跑了。”徒弟喊。

“没关系，吹走的多半是空的，撒下去也发不了芽，”智者说，“随性！”

撒完种子，跟着就飞来几只小鸟啄食。“真糟糕！种子都被鸟吃了！”徒弟急得跳脚。

“没关系！种子多，吃不完！”智者说，“随遇！”

半夜下了一阵骤雨，徒弟一早冲进智者的房间：“老师！这下真完了！好多草籽被雨水冲走了！”

“冲到哪儿，就在哪儿发芽，”智者说，“随缘！”

一个星期过去了，原本光秃秃的地面，居然长出许多青翠的草苗，一些原来没播种的角落，也泛出了绿意。徒弟高兴得直拍手。

智者点头：“随喜！”

这个富有禅意的小故事告诉我们，要一切顺其自然，做任何事情都不勉强自己。随不是随便，是顺其自然，不怨怼、不躁进、不过度、不强求；是把握机缘，不悲观、不刻板、不慌乱、不忘形。

俗话说：“强扭的瓜不甜。”如果我们在学习生活中，做事情总是勉强自己，比如：勉强自己学习优秀的同学或朋友的学习方法和生活习惯，而忽视自己的方法和养成的习惯，你会发现自己不但活得很累，而且没有取得好成绩。我们无论做任何事，都不要勉强自己，否则只会徒增抱怨，增添自身的痛苦。

风靡欧美的《简单生活》一书的作者丽莎指出：“每天都给自己一段独处的时间，好好问问自己，到底想过什么样的生活？什么是可有可无的？什么是必须去不懈追求的？这样的追问可以一直延续下去，还可以把每天的想法记录下来，这样你会看到，随着生活阅历的增加，思考的深入，你的回答也不断成熟。只要我们不再一味追求外界的认可，疲惫无奈地生活在他人的注视之下，我们就会赢来丰富多彩的人生，成为自己命运的主宰者。”

这段话告诉我们：在我们的学习和生活中，只要坚持反问自己，是不是做事太过于热着和勉强了，然后以一种顺其自然的态度来学习和生活，那么我们将不再疲惫。强扭的瓜是不会甜的，顺自然之性才能获得幸福。

## 不能坦然面对问题

在现实生活中，我们难免要遭遇挫折与不公正的待遇，每当这时，有些人会产生抱怨的情绪，进而牢骚不断，希望以此引起更多人的同情，吸引别人的注意力。从心理学角度上讲，这是一种正常的心理自卫行为。但这种自卫行为同时令许多人担忧，牢骚、抱怨会削弱责任心，降低工作积极性。

人生路上不可能一帆风顺，遭遇困难是常有的事。事业的低谷、生活的不如意让人仿佛置身于荒无人烟的沙漠。这种漫长的、连绵不断的挫折往往比那些虽巨大但却可以速战速决的困难更难战胜。在面对这些挫折时，许多人不是积极地去找方法化险为夷，绝处逢生，而是一味地急躁，抱怨命运的不公平，抱怨生活给予他的太少，抱怨时运的不佳。

奎尔是一家汽车修理厂的修理工，从进厂的第一天起，他就开始喋喋不休地抱怨，什么“修理这活太脏了，瞧瞧我身上弄的”，什么“真累呀，我简直讨厌死这份工作了”……每天,奎尔都是在抱怨和不满的情绪中度过的。他认为自己在忍受煎熬，在像奴隶一样卖苦力。因此，奎尔每时每刻都窥视着师傅的眼神与行动，稍有空隙，他便偷懒耍滑，应付手中的工作。

转眼几年过去了，当时与奎尔一同进厂的3个工友，各自凭着精湛的手艺，或另谋高就，或被公司送进大学进修，独有奎尔，仍旧在抱怨声中做他讨厌的修理工。

抱怨的最大受害者是自己。生活中你会遇到许多才华横溢的失业者。当你和这些失业者交流时，你会发现，这些人对原有工作充满了抱怨、不满和谴责。有的怪工作环境不够好，有的怪老板不识才，总之，牢骚满腹，积怨满天。殊不知，这就是问题的关键所在——吹毛求疵的恶习使他们丢失了责任感和使命感，只对寻找不利因素兴趣十足，从而使自己发展的道路越走越窄。他们与公司格格不入，最后只好被迫离开。你如果不相信，你可以立刻去询问你所遇到的任何10个失业者，问他们为什么没能在所从事的行业中继续发展下去，10个人当中至少有9个人抱怨旧上级或同事的过错，绝少有人能够认识到，自己之所以失业是失职的后果。

仔细观察任何一个管理健全的机构，你会发现，没有人会因为喋喋不休的抱怨而获得奖励和提升。这是再自然不过的事了。想象一下，船上水手如果总不停地抱怨：这艘船怎么这么破，船上的环境太差了，食物简直难以下咽，以及有一个多么愚蠢的船长，等等。这时，你认为，这名水手的责任心会有多大？对工作会尽职尽责吗？假如你是船长，你是否会让他做重要的工作？

如果你受雇于某个公司，就应该对工作竭尽全力、主动负责。只要你还是整体中的一员，就不要谴责它，不要伤害它，否则你只会诋毁你的公司，同时也断送了自己的前程。如果你对公司、对工作有满腹的牢骚无从宣泄时，就要做个选择。选择离开，到公司的门外去宣泄；选择留下，做到在其位谋其政，全身心地投入到公司的工作上来，为更好地完成工作而努力。记住，这是你的责任。

一个人的发展往往会受到很多因素的影响，这些因素有很多是自己无法把握的，工作不被认同、才能不被发现、职业发展受挫、上司待人不公平、别人总用有色眼镜看自己……这时，能够拯救自己走出泥潭的只有忍耐，而不是让自己陷入抱怨的情绪中。比尔·盖茨曾告诫初入社会的年轻人：

社会是不公平的，这种不公平遍布于个人发展的每一个阶段。在这一现实面前任何急躁、抱怨情绪都没有益处，只有坦然地接受这一现实并忍受眼前的痛苦，才能扭转这种不公平，使自己的事业有进一步发展的可能。

## 对拥有的东西不去珍惜

只要你还有饭吃，有衣穿，你就是幸福的。因为在这个世界上，还有很多人吃不饱，穿不暖，想想他们，你就应该明白，自己对生活不停地抱怨，是多么不值得。

一名飞行员在太平洋上独自漂流了20多天才回到陆地。有人问他，从那次历险中他得到的最大教训是什么。他毫不犹豫地说："那次经历给我的最大教训就是，只要还有饭吃，有水喝，你就不该再抱怨生活。"

飞行员开始远离抱怨情绪，珍惜生活中现有的一切，他也就回归到了一种快乐的生活中。抱怨情绪的产生往往不是因为生活本身，而是源于自己那颗不懂得珍惜的心。

抱怨之不可取在于:你抱怨，等于你往自己的鞋子里倒水，使行路更难。困难是一回事，抱怨是另一回事。抱怨的人认为不是自己无能，而是社会太不公平，如同全世界的人合伙破坏他的成功，这就把事情的因果关系弄颠倒了。

喜欢抱怨的人在抱怨之后，自己的生活没有丝毫改变，反而因为自己停滞不前，而更为糟糕。

人们喜欢那些乐观的人，是因为他们珍惜自己所拥有的一切，并且努力留住这些快乐。生活需要的信心、勇气和信仰，乐观的人都具备。他们在自己获益的同时，又感染着别人。人们和乐观、豁达、坚韧、沉着的人交往，会觉得困难从来不是生活的障碍，而是勇气的陪衬。即使是残疾人，还有机会参加奥运会，即使是失去了双手，还有艺术家能用双脚来弹钢琴。所以，珍惜自己所拥有的，才是一个对生活大彻大悟的人该有的智慧与豁达。

抱怨失去的不仅是勇气，还有朋友，因为谁都不喜欢牢骚满腹的人。失去了勇气和朋友，人生的路会变得更加艰难，所以一定要停止抱怨。人生有许多简单的方法可以让我们快乐地生活，停止抱怨是其中的真谛之一。

抱怨相当于赤脚在石子路上行走，而乐观是一双结结实实的靴子。

## 受控于自己的缺陷

智者再优秀也有缺点，愚者再愚蠢也有优点。缺陷和不足是人人都有的，不是你自己的专属产品。很多人抱怨，就是看到了自己的缺陷，却不认为缺陷的存在也是正常的，于是开始了对自己不停地抱怨。

一个圆环被切掉了一块，圆环想使自己重新完整起来，于是就到处去寻找丢失的那块。可是由于它不完整，因此滚得很慢，它欣赏路边的花儿，它与虫儿聊天，它享受阳光。它发现了许多不同的小块，可没有一块适合它。于是它继续寻找着。

终于有一天，圆环找到了非常适合自己的小块，它高兴极了，将那小块装上，然后又滚了起来，它终于成为完美的圆环了。它能够滚得很快，以致无暇观赏花儿或和虫儿聊天。当它发现飞快的滚动使得它的世界再也不像以前那样快乐时，它停住了，把那一小块又放回到路边，缓慢地向前滚去。

这个故事告诉我们，也许正是失去，才令我们完整。也许正是缺陷，才体现我们的真实。

很多人因为自己的缺陷和不足灰心丧气，从而丧失了自信，终日与抱怨为伍。

人无完人，金无足赤。有了缺点和不足不要抱怨，只要你把“缺陷、不足”这块堵在心口上的石头放下来，别过分地去关注它，它也就不会成为你的障碍。假如能善于利用你那已无法改变的缺陷、不足，那么，你会是一个有价值的人。

不要因为不完美而抱怨自己。你有很多的朋友，他们没有一个是十全十美的。那些伪装完美、追求完美的人，其实正在拿自己一生的幸福开玩笑。

世界上根本没有完美，反而正是有了缺憾，才使我们整个生命有了追求前进的动力，珍惜缺憾，它就是下一个完美。

人生就是充满缺陷的旅程。从哲学的意义上讲，人类永远不满足自己的思维、自己的生存环境、自己的生活水准。这就决定了人类不断创造、追求，从简单的发明到航天飞机，从简单的词汇到庞大的思想体系。没有缺陷，产品便不会一代代更新。没有缺陷就意味着圆满，绝对的圆满便意味着没有希望，没有追求，便意味着停滞。人生若圆满，人类便停止了追求的脚步。

所以，在你又一次发现自己身上有缺点时，不妨以大度一点的胸怀接纳它们，如果是你想要纠正的缺点，就及时去纠正。如果是无伤大雅的缺点，它们可能就是你生活的乐趣，是你快乐情绪的来源。所以，抱怨情绪是否会产生，在于我们以何种眼光看待世界，看待自己。

## 随时随地放大抱怨

在我们的身边，大部分终日抱怨的人，实际上并不是遭受了多大的不幸，而是内心素质存在着某种缺陷，从而导致对生活的认识存在偏差。如果你一个星期抱怨十次以上，那么你可能已经陷入惯性的抱怨状态，这样对你和你身边的人都没有任何好处。

"烦死了，烦死了！"一大早李敏就不停地抱怨！李敏是公司的行政助理，事务繁杂，事无巨细，好多事情需要她处理。

其实，李敏性格开朗，整天忙得晕头转向，恨不得再多长出几只手来。她工作认真负责，该做的事情，一点也不曾怠慢，但是她那满腹的牢骚总是让同事们很不开心。

刚交完电话费，财务部的丁明来领胶水，李敏不高兴地说："昨天不是刚来过吗？怎么你的事情这么多？"她把抽屉开得噼里啪啦，翻出一个胶棒，往桌子上一扔，"以后东西一起领！"丁明忙赔笑脸："你看你，每次找我报销时都对我特亲热，一有点事求你，脸色马上就变难看。"

这时，销售部的关晴风风火火地冲进来，原来复印机卡纸了。李敏脸上立刻晴转多云，不耐烦地挥挥手："知道了。烦死了！和你说一百遍了，先填保修单。我去看看。"李敏边往外走边嘟囔："综合部的人都去见上帝了吗，为什么所有事情都找我！"对桌的齐光军气坏了："这叫什么话啊？综合部的同事们怎么得罪你了？"

月底，老板找李敏谈话，告诉她她被辞退了。李敏觉得很委屈，为什么我这么辛苦，却从来没有人体谅？

其实，很多人都很同情李敏，但并不是同情她每天付出的辛苦的劳动，而是为她感到遗憾：直到最后，她也不明白自己被辞退的原因，她不仅不懂得反省，而且还在继续抱怨生活。虽然很多人会心生同情，但却没有人会体谅她，因为她从来不懂得体谅别人。

生活中，你是不是也像李敏一样陷入了抱怨情绪的“陷阱”？静下心来想一想，你所抱怨的事情真得有那么严重吗？生活的现实对于我们每个人都是一样的，根本没有那么多惊天动地的事情和难以忍受的人值得我们去抱怨，我们往往夸大事情的后果，所以情绪也会随之增大，最后抱怨不止把别人压得喘不过气来，也把自己压得身心疲惫。

所以，在我们的抱怨爆发之前，请先冷静几秒钟，思考一下要抱怨的事情是否真得让自己很烦恼很痛苦。往往经过你几秒钟的情绪冷处理，抱怨就会烟消云散。

## 将抱怨视作理所当然的事情

我们可以发现，几乎在每一个公司里，都有“牢骚族”或“抱怨族”。他们每天轮流把“枪口”指向公司里的任何一个角落，肆意发泄情绪，到处抱怨，而且从上到下，很少有人能幸免。处处都令他们不满意，因而处处都能看到或听到他们的批评、发怒或生气。

本来他们可能只是想发泄一下情绪，但后来却一发而不可收。他们理直气壮地抱怨别人如何对不起他们，自己如何受到不公平待遇等等，牢骚越讲越多，使得他们也越来越相信，自己完全是遭受别人践踏的牺牲品。不停抱怨的“牢骚族”，他们的抱怨只会妨碍和干扰自己的阵脚，受害最大的还是自己。

事实上，你很难看到一个成功人士大发牢骚、抱怨不停，因为成功人士都明白这样的道理：抱怨如同诅咒，越抱怨越退步。

于强在一家电器公司担任市场总监，他原本是公司的生产工人。那时，公司的规模不大，只有30多人，有许多市场等待开发，而公司又没有足够的财力和人力，每个市场只能派去一个人，于强被派往西部的一个市场。

于强在那个城市里举目无亲，吃住都成问题。没有钱坐车，他就步行去拜访客户，向客户介绍公司的电器产品。为了等待约好见面的客户，他常常顾不上吃饭。他租了一间破旧的地下室居住，晚上只要电灯一关，屋子里就有老鼠们在那里载歌载舞。

那个城市的气候不好，春天沙尘暴频繁，夏天时常下暴雨，冬天天气寒冷，这对于于强来说简直就是一个巨大的考验。公司提供的条件太差，远不如于强想象的那样。有一段时间，公司连产品宣传资料都供应不上，好在于强写得一手好字，自己花钱买来复印纸，用手写宣传资料。在这样艰苦的条件下，不抱怨几乎是不可能的，但每次抱怨时，于强都会对自己说："开拓市场是我的责任，抱怨不能帮助我解决任何问题。"他坚持了下来。

一年后，派往各地的营销人员都回到公司，其中有很多人早已不堪忍受工作的艰辛而离职了。后来，于强凭着自己过硬的业绩当上了公司的市场总监。

即使在恶劣的环境下，于强也没有选择抱怨，对自己工作的坚持，使他在事业上得到了飞速发展。一名员工，无论从事什么工作都应当选择不抱怨的态度，应该尽自己最大的努力去争取进步。把不抱怨的态度融入自己的本职工作中，你才能不断进步，才能得到社会的认可，才能受到老板的青睐。

你是否能够让自己在公司中不断得到进步，这完全取决于你自己。如果你永远对现状不满，以抱怨的态度去做事，那你在公司的地位永远都会变得重要，因为你根本就不能做出重大的成绩。

抱怨的人很少以积极正面的方式去选择情绪发泄的方法，不会从观念上认为主动独立地完成工作是自己的责任，却将抱怨视为理所当然。任何一个聪明的员工都应该明白这样的道理：一个人一旦被抱怨束缚，不尽心尽力应付工作,在任何单位里都会自毁前程。如果希望改变一下自己的处境，希望自己能够取得不断进步，希望自己远离抱怨情绪，那么首先应该从不抱怨自己的工作开始。

# 第八章　难以走出心里的阴霾——郁闷爆发

## 遇到不感兴趣的事

我们或许遇到自己不喜欢的工作，然后每天情绪低落地上班下班，我们或许被迫玩一些自己不喜欢的游戏，结果游戏本应带给我们的快乐，我们却一点都没有品尝到，我们又或许遇上一个自己不喜欢的人，于是和他在一起的每一分钟都是煎熬，最后让自己郁郁寡欢。

生活中的无可奈何有很多，不可能每一件事都让我们开心，也不可能每一件事都恰好是我们感兴趣的，由此便产生了郁闷情绪。这种情绪的产生是无可厚非的，但千万不要以郁闷情绪来反馈这些事。

达尔文是英国著名的生物学家、进化论的奠基人。他曾进行过5年的环球旅行，对大自然有着深刻的了解，写下了对生物科学研究起着重大作用的《物种起源》一书。

达尔文小时候就对周围环境非常感兴趣，特别喜欢钻研问题。

一天，小达尔文跟着父亲到花园里散步，花坛里盛开着五颜六色的花，美丽极了。他见其他花有好多种颜色，而报春花只有黄色和白色两种，就对父亲说："爸爸，要是报春花也有很多种颜色，那该多好呀！"

父亲笑着说："你这个小幻想家，好好努力，我相信你一定能想出好办法。"

过了几天，小达尔文对父亲说："我已经想出了一个非常好的办法，我要变一朵红色的报春花送给你。"父亲随口应道："好好好，我的小宝贝，你去变吧，变出来的话，它将是我们英国第一朵红色的报春花。"

又过了几天，小达尔文大声喊着跑到父亲面前，把手伸到父亲跟前说："爸爸，你快看呀！"

父亲一看，儿子手里捧着的果然是一朵火红色的报春花，美丽极了。

“小宝贝，你是怎么变出来的？”父亲惊奇地问。

“研究出来的呗，”小达尔文骄傲地说，“你曾经说过，花每时每刻都在用根吸水，并且把水传到身体的各个地方去，于是我就想让报春花喝些红色的水，传到白色的花朵上，那么花不就会透出红颜色来了吗？昨天，我折了一朵白色的报春花，把它插到红墨水里，今天它就变成红色的了！”听完这些，父亲把儿子抱起来，亲了又亲。

当达尔文看到自己喜欢的事物，他就会自动开启自己情绪的大门，用极为饱满的情绪来思考大自然，这种力量有着任何强迫性的外界压力所无法达到的神奇，它属于人自身的力量。

在心理学上，兴趣是指一个人力求认识某种事物或爱好某种活动的心理倾向，这种心理倾向是和一定的情感联系着的。“我喜欢做什么？我最擅长什么？”一个人如果能根据自己的兴趣去设定事业的目标，他的积极性将会得到充分发挥，即使在工作中历尽艰辛，也总是兴致勃勃、心情愉快；即使困难重重也绝不灰心丧气，而能想尽一切办法，百折不挠地去克服它，甚至废寝忘食，如痴如醉。

爱迪生就是个很好的例子。他几乎每天都在实验室里辛苦工作十几个小时，在那里吃饭、睡觉，但他丝毫不以为苦。“我一生中从未做过一天工作。”他宣称，“我每天其乐无穷。”难怪他会成为一位杰出人士。

发现并且判断自己的兴趣所在，有时需要一定的时间，所以，杰出人士通常会通过对自己以往经历的回顾，将自己的兴趣归于某种兴趣类型，然后以此为基础为自己的将来定位。

如果你现在为自己干着某件没有乐趣的事情而郁闷不已，不如就快刀斩乱麻，尽快抽身出来。但是，很多事我们不想干却必须干，不如就改变一下思路，从中挖掘出乐趣，生活还是很美好的。生活的本身还是快乐的，请远离郁闷。

## 不够忙碌，身心空荡

有的时候，郁闷之所以能伤害到我们，并不是在我们忙碌的时候，而是在我们空闲的时候。这时候，我们的思维会存有空间，各种荒诞的想法就此乘虚而入，从而产生负面情绪。这时候，思想就像一辆失控的汽车，无视规则，撞毁一切，甚至自己也会变成碎片。消除郁闷的最好办法，就是要让你自己忙着，多做一些有意义的事情。

苏茜是一位50多岁的美国女性，她婚姻幸福，有两个十多岁的女儿，她自己开了一家公司，专门为名人制作特许产品。她还是一位艺术家，她梦想开办个人画展——墙上挂满了画，被家人朋友簇拥着，用香槟酒招待来宾。

苏茜在纽约大学读研究生，研究电影制作。苏茜女士游泳游得不错，网球也打得不错，还是一位技术不错的摄影师。她滑雪、玩帆船、还做得一手好菜，喜欢招待朋友。她很有学问，风趣诙谐，是一个充满了快乐的人。

苏茜知道怎么寻找乐趣。她始终保持精力充沛的秘密就是主动找事做。如果邻居家的玫瑰花开得特别好看，她就会带着相机从自己家里飞奔出来给这些花拍照，而且会一连用掉三卷胶卷。然后她会为此画一幅粉笔画，去参加园艺展。她在不断奔忙中寻找乐趣。如果她星期六早上在农产品的集市上买了十几个绿色鸡蛋，晚餐时她就会邀请几个邻居到家里的露台上一边吃煎蛋卷，一边看日落。高高兴兴地到处找事做，永远忙个不停——这就是她的秘密。

当我们开始行动起来时，整个世界似乎都会与我们的目标协调一致。我们的心中也会像张满帆的船只一样，充满了前进的乐趣。因此，如果你要取得内心的快乐，远离郁闷情绪，就要紧随心灵的声音。

让自己忙碌起来，生活才更充实。因为郁闷情绪最能伤害你的时候，不是在你有行动的时候，而是在一天的工作做完了之后。当我们因为某事而郁闷的时候，我们要记住，我们可以把工作当作很好的疗方。

如果我们不能一直忙着，闲坐着无事可做，我们会因此产生一大堆被达尔文称之为“胡思乱想”的东西，而这些“胡思乱想”就像传说中的妖精，会掏空我们的思想，摧毁我们的行动力和意志力。大文豪萧伯纳说：“让人愁苦的原因就是，有空闲来想想自己到底快不欢乐。”

所以悲伤也好，忧虑也罢，不必去想它，从现在开始摩拳擦掌地让自己忙起来，你的血液就会加速循环，你的思想就会开始变得敏锐。

## 在等待或拖延中耗费时光

车到山前必有路，常常是用来安慰遇到困境的人，但是也成为一些人拖延事情的借口。

世界上生活着这样的一类人，他们似乎没有烦恼，也没有忧愁，他们的一生似乎都注定要等待、要期盼，无数次的机遇从他们的手指间滑落，他们并不在意，因为他们把自认为是崇高无比的一句话挂在嘴边：“车到山前必有路。”他们对这句话是百分之一百的忠诚，他们相信这句话可以帮他们渡过一切困难，逃避一切责任。

但是等待徒增寂寞与空虚，内心也变得空白，郁闷就很容易趁虚而入。也许车到山前必有路，但只是一种精神上的慰藉，只有行动起来的人，才能实现这句话。

家明毕业在即，下一步应该怎么办，有很多的路摆在他面前。大学四年，家明对自己所学的专业并不满意，他想从事一个新的专业，可是对这个新专业的知识了解得并不多，用人公司又怎么会轻易录用一个“门外汉”？他很没有信心，于是，给自己制定了3套方案：第一，考研，继续学习本来的专业，拿到硕士学位，提高自身价值；第二，找一份自己所学专业的工作，放弃所有好高骛远的想法，老老实实地工作；第三，随便找份工作，半工半读，等到有一定经验之后再考虑转行。方案虽好，他却开始犹豫了，不知道到底选择哪条路，甚至没有为选择做什么准备。时间一天天地过去，家明总会对自己说：“不怕，车到山前必有路，到时候工作自然就解决了。”其他的同学有的认真地为考研备战，有的已经和企业签约了，家明还是一天一天地等待着……

家明将为自己的消极等待付出惨痛的代价。遇到困难时，朋友可以安慰你，老师可以教导你，家人可以鼓励你，但是，这都是为了让你摆脱失败带来的阴暗情绪，要想情绪彻底好起来，关键还是要靠自己，不能抱有“车到山前必有路”的侥幸心理。“车到山前必有路，船到桥头自然直”，如果这句古训已经在你的心中根深蒂固，那么请马上跳出它为你设置的陷阱。

“车到山前必有路”是我们为自己找的借口，本应该今天办的事情我们却推到明天；本应该当机立断做的决定我们却拖到以后，我们枕着它终日沉溺于缥缈的幻想之中，于是我们生命的光阴便一寸一寸地消耗在我们自以为逍遥无忧的日子中了。是的，我们习惯了等待，习惯了等待每一天都会发生奇迹，我们的意志就在这一次又一次的等待中日渐消磨。

可是有一天当你一个人来到山前的时候，你会惊讶而且沮丧地发现，矗立在你面前的山巍峨无比，根本没有你可以走的路。

除了许多人习惯于等待之外，还有许多人习惯于拖延。每当自己要付出劳动时，或要做出抉择时，我们总会为自己找一些借口，总想让自己轻松些、舒服些。但这些都只是暂时的舒服，当想到自己还在成功的门外时，郁闷的情绪马上又袭上心间。

如果拖延形成了习惯，情绪就会反复无常，意志力也会被情绪消磨，然后越来越对自己失去信心，怀疑自己的毅力，怀疑自己的目标，甚至会使自己的性格变得优柔寡断，天天郁郁寡欢。

事实上，一日有一日的目标和决断，今日的理想，今日的决断，今日就要去做，一定不要拖延到明日，因为明日还有新的目标与新的决断。

比尔·盖茨说过，如果你有自己想做的事情，应该马上去做。这样梦想才不会夭折在我们的拖延里。俗语说："趁阳光灿烂的时候晒干草。"也就是告诉我们，在情绪还没有完全被郁闷占据时，马上行动起来。

放着今天的事情不做，非得留到以后去做，在拖延中所耗去的时间和精力，就足以把今日的工作做好。所以，把今日的事情拖延到明日去做，实际上很不合算。有些事情在当初来做会感到快乐、有趣，如果拖延了几个星期再去做，便会感到痛苦、艰辛和郁闷。

生活中，你搁置了多少想法、多少梦想、多少计划，这一切都源于你没有坚决地付诸行动，而你又为自己的拖延找到无数借口。

其实，梦想和现实之间的距离并不遥远，它们往往只有一步之遥。只有行动起来，才会在实际行动中找到处理问题的最佳办法，才会在行动中找到适合于自己的生活方式。著名的成功学家布莱克说："只想不做的人只能生产思想垃圾，成功是一把梯子，双手插在口袋里的人是爬不上去的。"空想只会让美好的梦想化为泡影，毁掉充满希望的人生。

## 不会从不快乐中解脱出来

有些时候，并不是郁闷情绪在追着你跑，而是你追着它不放。世上本无事，庸人自扰之。大凡终日大喊自己郁闷的人，实际上并不是遭遇了多大的不幸，而是对生活的认识存在着片面性。真正聪明的人即使处在令人郁闷的环境中，也能够寻找到快乐。

当生活中一些困难或愿望得不到实现时，人难免会产生负面的情绪体验。如果你不快乐，那么不妨仔细想一下，是不是自己把那些悲观的念头结成了一张网，把自己困在网里让自己喘不过气来的呢？

在任何时候，你都可以改变对事物的认知和自己的心情，只要你愿意选择积极乐观的态度，你就可以成为快乐的主人。国学大师张中行先生说过："快不快乐，完全是由自己的想法决定的。"其实，生活中不可避免地会发生一些让人伤心或者烦恼的事，但是我们作为生活的主角，应该学会适应环境，不钻牛角尖，乐观地去生活。从心理学的角度来看，这是一种"心理自我调整"。一个善于调整自己心理的人，一定是一个情绪健康的人，一个生活和谐的人。

所以，如果你现在仍然觉得自己是一个不快乐的人，那就有必要深入地体会一下张中行先生的名言了。上学时我们总觉得做不出数学题很让人郁闷，但是你不能否认，在解出难题的那一瞬间，你的内心充满了成就感，这就是快乐的一种表现。也许你觉得洗碗是让人郁闷的，但是如果你在厨房里放一点音乐，你也就会体会到身心舒畅的感觉……快乐是需要自己来体会和创造的，相信这一点的人，才会永远快乐。

快乐从何而来？从温馨的家庭中来，从温暖的友谊中来，从富有挑战性的工作中来。其实，快乐无处不在，生活中到处充满了快乐：买到自己喜欢的漂亮衣服；吃到自己想吃的美味食物；想睡的时候，睡一大觉；想玩的时候，尽情去玩；有自己喜欢的宠物，有无话不谈的知己……只要有其中之一，就可以算有令人快乐的理由了。

一位闻名遐迩的老人被电视台节目主持人作为特邀嘉宾邀请来参加活动。她确实是一个非常杰出的老人。她的讲话完全没有经过特别的准备，更没有经过任何排练。她精神极好，容光焕发，充满快乐。对于她想说的话她都毫不掩饰，而且思维敏捷。她的机智幽默，让听众捧腹大笑。大家都非常喜爱她。这次节目，她给人留下了深刻印象，她也和其他人一样感到特别的兴奋。最后，节目主持人问这位老人为什么总是这样高兴："你一定有什么特别的让自己快乐的秘密。""不，没有，"老人回答说，"我没有什么特别的秘密。这只不过和你脸上的鼻子一样普通。每天早上起床的时候，我有两种可能的选择：要么快乐，要么不快乐，你想我会选择什么呢？当然，我会选择快乐，这就是全部的秘密所在。”

这似乎也太过于简单，这个老人的思想也好像太肤浅。但是，这让我们想到了林肯，林肯曾经说过境由心造，你的心里有多少快乐，你就会从外界得到多少快乐。如果你想让自己不开心，那你时时刻刻都可以不开心，这也是世界上最容易做到的事情。如果你告诉自己什么事情都不顺利，没有什么事情让自己满意，你肯定开心不起来。但是，如果你对自己说“事情进展良好，生活也不错，所以，我选择开心”，你肯定就会感到快乐。

你的快乐与否正是你的生活态度造成的。有时候我们本来不是很难过，但一哭起来，却越哭越伤心，就是这个道理。当你认为自己很可怜，痛苦随处可见，你的生活就会真的很痛苦；而如果你相信自己很快乐，并且快乐地去生活，那么你的生活也就真的很快乐。事实上，快乐的源泉就在你心中，它取之不尽，用之不竭。是的，无论生活给我们笑脸，还是给我们苦酒，我们都要保持积极的情绪，做个快乐的人。

## 没有一双善于发现美好的眼睛

有人说生活枯燥乏味，有人说生活盲目空洞，还有人看着耀眼的太阳，却还在抱怨阳光没有温暖。很多时候，不是生活不给我们惊喜，而是我们的心不愿意静下来去感受。灰色的心情下看到的任何事物都是灰色的。生活不会像你想象中的那样单调和没有颜色，生活的美好正等待着每个人一点点地去挖掘。

要想赢得人生，就不能总把目光停留在眼前那些消极的事物上，那只会使人产生郁闷的情绪，还会影响人的身心健康。结果，人生就可能被不美好的事物遮蔽它本该有的光辉。在看待事物的问题上，悲观失望的人容易忽视生活中的美好，从而陷入不能自拔的情绪困境，而乐观向上的人即使处在各种恶劣条件下，也能看到夕阳的剪影，黑夜中的星星，峭壁上的花朵，他们总能捕捉到这些生活中的美好，并从中找到快乐。

事情本身往往并不重要，重要的是面对事情的态度。只要有一双能够发现美好事物的眼睛，有一颗乐观向上的心，那么，郁闷的情绪就会被封在一个密不透风的瓶子里，出都出不来，除非是你将它放出来。

我们都有这样的感受：快乐开心的人在我们的记忆里会留存很长的时间，我们更愿意留下快乐的而不是悲伤的记忆。每当回想起那些勇敢且愉快的人们时，我们总能感受到一种亲切感。

约翰是快餐店的一名普通员工，每天的工作就是不停地做很多相同的汉堡，没有新意，但是他仍然非常快乐，从来都是用满怀善意的微笑来面对他的顾客，几年来一直如此。他的这种真挚的快乐，感染了很多人。有人不禁问他，为什么对这样一种毫无变化的工作感到快乐？究竟是什么让他充满热情？

约翰回答道，我每做出一个汉堡，就知道一定会有人因为品尝到它的美味而感到快乐，那我也就感受到了我的作品带来的成功，这是多么美好的事情。我每天都会感谢上天给我这么好的一份工作。

由于约翰的快乐心情，这家店的生意越来越好，名气也越来越大，最后终于传到了总公司老板的耳朵里，后来，约翰升任了总公司的一个重要职位。

生活就像一幅美丽的画卷，她的美丽会在我们的眼前徐徐展开，但是别忘了像约翰那样带着一双能发现美好的眼睛。

19 世纪英国较有影响的诗人胡德曾说过：“即使到了我生命的最后一天，我也要像太阳一样，总是面对着事物光明的一面。”带有快乐情绪的人自身就会创造阳光，而郁闷情绪就会像水一样，瞬间就被阳光蒸发得无影无踪。即使在乌云的笼罩之下，他也能用自身强大的情绪力量，避开风雨。这时乐观的情绪正是最好的雨伞。他会对美好未来充满期待，心中不会存留郁闷，别人也不会从他脸上看到一丝阴霾。不管他从事什么行业，他都会觉得工作很重要、很体面；即使他穿的衣服破旧不堪，也无碍于他的尊严；他不仅自己感到快乐，也给别人带去了快乐。

所以，想要远离郁闷情绪，我们必须有一颗乐观的心，面对所有的打击我们都要勇敢地承受，面对生活的阴影我们也要勇敢地走出。要知道，任何事物总有光明、美好的一面，我们应该积极地去发现。郁闷情绪是非常危险的，这种情绪会减少我们生活中的乐趣，甚至会毁灭我们的人生。

# 思想中充塞消极情绪

每个人都曾经历过一些失意，这时，有人觉得一切都不尽如人意，郁闷不安，悲观自怜，结果更加失意，以致失去了很多幸福和欢乐。正确的做法应是寻找产生沮丧悲观心理的原因，一旦找到并能做出答复，就可能得以解脱。

改变郁闷情绪的一个办法是，不要总是看到自己的不足，而应突出自己的优势，重视自己的优势。随着积极思维的增加，消极思维自然就会减少。突出优势的另一面是最大限度地削弱失败的影响。尽管无法避免偶尔的失败，但是你可以控制失败对自己的影响。承认失败是生活中的一部分，会使自己情绪好一些；过分强调失败，只会降低自信，使自己处于沮丧之中。

一个沮丧悲观的人老待在屋子里，便会产生禁锢的感觉。但是，当他离开屋子，漫步在林荫大道，就会发现心绪突然变了，怒气和沮丧也消失了，心中充满了宁静，自然的色彩给人带来阵阵快意。另外，体育锻炼也有助于克服沮丧，经常参加体育锻炼会使人精神振奋，避免消极情绪。

因此，远离消极的思想，转换自己的郁闷情绪，做起来并不难。我们不妨试试下面这几招：

（1）越担惊受怕，就越容易遭遇灾祸。因此，一定要懂得积极心态所带来的力量，要相信希望和乐观能引导你走向胜利。

（2）即使处境危难，也要寻找积极因素。这样，积极因素就能成为萌发正面情绪的土壤，多一点土壤，我们正面情绪的根就扎得更深更结实。

（3）以幽默的态度接受现实中的失败。有幽默感的人，才能轻松地克服厄运，负面情绪才会一扫而光。

（4）既不要被逆境困扰，也不要幻想出现奇迹，要脚踏实地，坚持不懈、全力以赴去争取胜利。

（5）不要把悲观作为保护你失望情绪的缓冲器。乐观是希望之花，能赐人以力量。

（6）当你失败时，你要想到你曾经多次获得过成功，这才是值得庆幸的。如果 10 个问题你做对了 5 个，那么还是完全有理由庆祝一番，因为你已经成功地解决了 5 个问题。

（7）在闲暇时间，你要努力接近乐观的人，观察他们的行为。通过观察，你能培养乐观的态度，乐观的火种会慢慢地在你内心点燃。

（8）要知道，悲观不是天生的。就像人类的其他态度一样，悲观不但可以减轻，而且通过努力还能转变成一种新的态度——乐观。

（9）如果乐观态度使你成功地克服了困难，那么你就应该相信这样的结论：乐观是成功之源。

一位年轻的高校女教师，有着令人艳羡不已的生活，高学历、稳定的工作、美丽的外表、甜蜜的爱情。然而一场突如其来的车祸改变了她的一切。在一次和两个同事开车外出游玩的时候，她所乘的车遭到了对面疾驰而来的卡车的猛烈撞击，造成了惨烈的结果。另外两名同事当场死亡，她虽然保住了一条命，但是高位截瘫。飞来横祸完全改变了她的生活，未婚夫离她而去，工作无法胜任，生活无法自理。她一下子从周围人羡慕的眼光中跌落成为大家同情、怜悯的对象。在经过了半年的内心挣扎后，她终于承认了这个事实，并且下决心开创自己轮椅上的精彩人生。凭借她的聪明才智和乐观豁达的精神，她继续钻研学术，先后发表了数篇有影响力的学术论文，同时在家人的协助下，广泛参与残疾人组织的活动，很快成为了当地残疾人协会的主要负责人。有记者采访她，是什么力量在鼓舞她重新鼓起人生的风帆时，她淡然一笑，回答道："因为我觉得比起另外两位死去的同事，我还是幸运的，上天只是夺去了我的双腿，我还有清醒的头脑和周围一直帮助我、鼓励我的家人、朋友。我没有理由从此萎靡不振！"

面对如此伤痛的女教师都没有消极郁闷，我们还有什么理由纠结于此呢？其实，每个人都希望自己能经常处于欢乐和幸福之中。然而，生活是错综复杂、千变万化的，祸不单行的事时有发生。频繁而持久地处于郁闷悲哀情绪之中的人必然会减损寿命。试着用这些"招式"转变你的负面情绪，随时活在乐观的情绪状态中。只有积极、乐观向上，才能在令人遗憾的事物中发现美，才能真正体会来自内心的幸福。

## 下 篇

# 控制自己的情绪

情绪有积极、消极之分，但人们大多对情绪缺乏必要的了解和关注。积极情绪会激发人们的热情与希望，而消极情绪若不适时加以控制，则会引起严重的心理疾病，因而我们要合理地控制自己的情绪波动，发挥情绪的积极作用。

# 第一章　我们为何总是情绪化——情绪认知

## 接受并体察你的情绪

每个人的情绪都处于不断变动的状态中，有兴奋期就不可避免地有低潮期，掌管和控制情绪之前应该先去接受和体察它。情绪变化是有规律的，只有接受和体察，才能真正地顺应内心、帮助内心回归平和。

当然，不同的人处理情绪的态度不同，但是大家有一个普遍的共识：情绪不能压抑，压抑会导致各种心理障碍，也会导致某些疾病的产生。因而针对情绪化的人，心理学家建议他们对待情绪的基本态度就是承认和接受。

平时，方女士对同事和对身边的朋友都非常友好，从来不和别人发生冲突，大家都觉得她是一个脾气温和的人。在别人眼里，她温柔又和善。

但回到家里，她往往会因芝麻大小的事就对丈夫大发脾气，甚至会摔东西。丈夫对此也很无奈，非常不开心，觉得她很难让人接受。

面对自己阴晴不定的情绪，方女士非常痛苦。其实，丈夫对她很好，她也很爱丈夫，但她又害怕丈夫会因自己的情绪而离开她。有时候，她也非常受不了自己，可是当发脾气的时候她却无法预计和控制。很多次，她都告诉自己的父母和丈夫，但他们都说是她自己没有克制能力。对于他们对自己的不理解，方女士很苦恼，于是，她尝试去看心理医生。

心理医生分析了方女士的情况，又咨询了一些关于她成长的事情，最后终于找到她情绪化背后的根源：由于孩提时父母离异，方女士非常敏感但又异常依赖身边的亲人，脾气暴躁。医生为她提出一些改变情绪化的建议，并告诉她要悦纳自己的情绪，才会便于改善情绪。

很多人的情绪化都产生于孩提时代。孩子总是被大人引导，使他们将自己最直接的情感与不愉快的事情相联系：孩子可能会因哭闹受到处罚，也可能因嬉闹而受到处罚。揭开情绪的面纱时，自己总是能找到导致情绪化的原因。不能公开地表达自己的情感，但起码可以承认它们的存在。要承认它们存在的最基本的一步就是允许自己体验情感，允许自己出现各种情绪并恰当表达它们。

体察情绪的第一步，就是要正视它。情绪不会凭空消失，存在就是存在，它不可能因为你的否定而消失。相反，一味地否定只能让情绪潜藏在意识里，可能会带来更坏的影响。每个人都有发泄情绪的权利，如果不敢承认情绪的存在，可能也就不敢发泄情绪，盲目压抑情绪对个人的身心发展非常不利。

其次，可以采取“情绪反刍”或是“寻根溯源”的方法来认识自己的情绪。要沿着自己的心灵发展轨迹，溯流而上，用当前情绪去联想更多的情绪状态，慢慢体味、细细咀嚼自己的各种情绪经历，并询问自己当时如果没有产生这种情绪会是一种怎样的情形。这样可以使人变得心平气和。

再次，学会养成体察自身情绪的习惯。也就是时时提醒自己注意：“我现在有怎样的情绪？”例如，当自己因同事的一句话而生气，不给对方解释的机会，这时就问问自己：“我为什么这么做？我现在有什么感觉？”如果察觉自己只对同事一句无关紧要的话就感到生气，就应该对生气做更好的处理。有许多人认为：“人不应该有情绪”，因而不肯承认自己有负面的情绪。实际上，人都会有情绪，压抑情绪反而会带来不良的结果。

最后，缓解和调理自己的情绪。觉察自己情绪的变化，能更清楚地认识自己的情绪源头，也有助于理解和接受他人的错误，从而轻松地控制消极的情绪，培养积极的情绪。疏解和调理情绪，也需要适当地表达自己的情绪。

接受并体察你的情绪，不要拒绝，不要压抑，勇敢地面对自己的情绪变化。在情绪转好之时，抓住机会，投入到有意义的事情中去。

## 正确感知你所处的情绪

知觉与评估情绪的能力是心理学上两类最基本的情商，也是衡量一个人情商高低的最基本的要素。通常来说，低情商者对自己及他人的情绪感知能力弱，容易导致情绪失控；而高情商者对自身的情绪能够做理智的分析，其实对自身情绪的评估能力越强，越有利于问题的解决。但往往有很多人，对自身的情绪很难把握，对此，可以从心理状态加以分析。

著名心理学家约翰·蒂斯代尔提出的“交互性认知亚系统”理论是一种以正念为基础的认知治疗理论，该理论认为人一般有三种心理状态：无心/情绪状态、概念化/行动状态、正念体验/存在状态。

无心/情绪状态指人们缺乏自我觉知、内在探索与反思，一味沉浸到情绪反应中的表现；概念化/行动状态则指人们不去体验当下，只是在头脑中充满着各种基于过去或未来的想法与评价；正念体验/存在状态才是最为有益的心理状态，它是指人们去直接感知当下的情绪、感觉、想法，并进行深入探索，同时对当下的主观体验采取非评价的觉知态度。

进入正念状态需要高度集中注意力去关注当下的一切，包括此时此刻我们的情感和体验，而不应当将自己陷入对过去的纠缠或是未来的困惑中，对现在的情绪有所评判和排斥。接受发生的一切，关注当下的感受，才能发挥“正念”的透视力，达到认知自我情绪，主动调适，从而反省当下行为进行调节以增加生活乐趣的目标。

那么，如何将心理状态调整为正念体验/存在状态，这需要我们平时就应该进行正念技能训练。根据莱恩汉博士的总结，正念技能训练包括“做什么技能”和“如何去做技能”两大类别技能训练。

第一，“做什么”的正念技能包括观察、描述和参与三种方式。

例如，当生气时，留意生气对身体形成的感觉，只是单纯去关注这种体验，这是观察，观察是最直接的情绪体验和感觉，不带任何描述或归类。它强调对内心情绪变化的出现与消失只是单纯去关注，而不要试图回应。

用语言把生气的感觉直接写出来即是描述，如“我感到胸闷气短”“心里紧张、冲动”，这都是客观的描述，描述是对观察的回应，通过将自己所观察到或者体验到的东西用文字或语言形式表达出来，对观察结果的描述不能有任何情绪和思想的色彩，要真实、客观。

对当前愤怒的感受和事情不予回避，这是参与，参与是指全身心投入并体验自己的情绪。

在特定的时间内，通常只能用其中一种来分析自己的情绪，而不能同时进行，用这三种方式去感受自己的情绪，有助于留意自身情绪。

第二，“如何去做”的正念技能包括以非评判态度去做、一心一意去做、有效地去做。这些技能可以与观察、描述、参与三种“做什么”正念技能的其中某一项同时进行。

以非评判态度去做，应当关注正在发生的一切，关注事物的实际存在，而不需要进行评价。仍以愤怒为例，当生气的时候，“应该”“必须”“最好是”停止或继续发怒的想法都是有评判色彩的语气。对于愤怒应当去接受而不需要去评判。

一心一意去做，就是要集中精力去关注思考、担忧、焦虑等情绪。美国宾州大学心理学教授托马斯认为由于人总不能把握现在和关注此刻，容易产生焦虑和抑郁的情绪。基于此，托马斯发展了专治慢性焦虑症的心理疗法。“当你在焦虑时，你就专心焦虑吧。”他要求患者每天必须抽出 30 分钟时间在固定的地点去担忧自己平时担忧的事。在 30 分钟之内，患者必须全神贯注担忧，30 分钟之后，则要停止担忧，并要警告自己：“我每天有固定的时间担忧，现在不必再去担忧。”

有效去做，就是要让事情向好的方向发展，以有效原则衡量自己的情绪，可以避免感情用事，防止因为情绪失控而做出不恰当的事、说出不负责任的话。

我们通过每天的情绪变化去积极主动地调适自己的心理。可以在情绪激动时能及时察觉与反省自己的当下行为，学会控制自己的情绪，使自己在面对痛苦的时候心情有所缓解，恢复快乐。只有学会“感受”自己的感受，方能让自己在处理负面情绪时游刃有余。

## 运用情绪辨析法则

知己知彼，方能百战不殆。在情绪的战场上，首先要了解自己的情绪，才能保持好情绪、战胜负面情绪。我们不自知的种种心理需求，乃至内心理念以及价值观，都可以通过自身不同的情绪反映出来。因此，要做到“知己”，首先要准确地做出自我情绪辨析，只有如此，才能够有的放矢地解决情绪问题，保持身心健康。

心理学家温迪·德莱登将所有情绪统分为两大类——正面情绪与负面情绪，又将负面情绪进一步细分为健康的负面情绪和不健康的负面情绪。

德莱登认为，健康的负面情绪是由合理的信念引发的。它促使人们正确地判断所处的负面情境改变的可能性，从而理智地做出适应或改变的行为。健康的负面情绪导致的结果是正面的，它引发思维主体进行现实的思考，最终解决问题，实现目标。

不健康的负面情绪是由不合理的信念引发的。它会阻碍人们对不可改变的环境做出判断以及对可以改变的环境进行建设性改变的尝试。不健康的负面情绪导致的歪曲思维会阻碍问题的解决，最终阻碍目标的实现。

大多数人可以准确地判断自己的情绪属于正面的情绪还是负面的情绪，但对很多人而言，如何才能判断当前的负面情绪是否健康是有一定困难的。以担心和焦虑这两种负面情绪为例，由德莱登的定义可知，在信念的来源上，担心源于合理的信念，这种情绪会导致行为主体正确地面对威胁的存在，并想办法寻求让自己安心的保障；而焦虑来源于不合理的信念，这种情绪会导致行为主体不愿意面对甚至逃避威胁的存在，从而寻求那些并不能使行为主体安心的保证。

每个健康的负面情绪，都有一个不健康的负面情绪与之相对应。类似的，德莱登还列举了悲伤、懊悔、失望、等情绪作为健康的负面情绪的典型代表，列举了抑郁、内疚、羞耻、受伤等情绪作为不健康的负面情绪的代表。而以上情绪都是两两对应的，如悲伤和抑郁，前者是健康的负面情绪，后者是与之相对应的不健康的负面情绪。

判断一种负面情绪是否健康，最本质的区别在于健康的负面情绪来源于合理的信念，而不健康的负面情绪来源于不合理的信念；同时也可以根据情绪强度来判断：大多数不健康的负面情绪都强于健康的负面情绪，如焦虑的最大强度大于担心的最大强度。

除此之外，健康的负面情绪和不健康的负面情绪，二者所导致的情绪主体的应对行为以及行为趋势也有显著差别，换言之，当人们出现情绪问题时，不仅有可能体会到两种不同的负面情绪，而且会由此导致完全不同的有建设性的或无建设性的行动，这种行动可以是真实的也可以是“意愿中”。

举例来说，抑郁的情绪会使人持续回避自己喜欢的活动，而悲伤的情绪会使人在哀伤过后继续参与自己喜爱的活动。同样的，内疚只会使人被动地祈求宽恕，而懊悔会使人主动地要求对方的宽恕。受伤使人被愠怒充斥头脑，忘记理智，而悲哀会使人更加果断地判断事物，理清头绪。羞耻会使人采取鸵鸟战术，以回避他人的凝视来逃避关注，而失望仍能使人正确对待与他人的目光接触，与外界保持联系。

不健康的愤怒会使人仪态尽失，出言不逊甚至诋毁他人，健康的愤怒会促使人果断处理眼前的麻烦，仅关注自己被不当对待的事实而不会迁怒于他人。不健康的嫉妒会使行为主体怀疑他人的优势，而健康的嫉妒会以开放的态度去学习他人的优点以提高自己。与之相似的，不健康的羡慕打击他人进步的积极性，而健康的羡慕会依此为动力鞭策自己获取类似的成功。

在我们经历情绪的变化时，不仅能够判断出自己所经历的是正面的情绪还是负面的情绪，而且能够准确地分辨出其中的负面情绪是否健康，并能分析出此情绪的来源以及可能导致的后果，我们就能真正达到“知己”的境界。

## 了解我们自身的情绪模式

心理学上有一个定义称为情绪模式，它是指在外界持续刺激的影响下，逐渐形成的固定的连锁情绪反应路径与行为结果。通俗地解释，即“每当……时（外界刺激），我的心情就会……（情绪反应），结果我就会……（产生行为结果）”。例如，每当有女同事穿了漂亮的新衣服，“我”就会认为自己的身材不好，穿同样的衣服肯定没有那样的效果，心情就会很低落，结果整天避免和穿新衣服的女同事正面接触。

情绪模式起因于人类大脑的应激功能和记忆功能。如果对于外界刺激的应对方式被持续使用，大脑和身体的网络系统就会发生作用，将这种应对机制模式化，生成固定的链接，从而形成情绪模式——面对相同事物时产生相同的情绪、思维和行动。

情绪模式有以下特点：

其一，情绪模式的形成源于相同的刺激源。每当遇到同样的情境，人们就会产生相似的情绪并导致相似的行为结果；

其二，情绪模式的形成是一个循序渐进的过程，经过多次相同的外界环境的刺激，情绪模式才会形成；

其三，情绪模式的反应速度极其迅速。它具有“第一时间反击”的特点，一旦形成后，再遇到外界相同的刺激源时会以主体察觉不到的速度快速启动。

情商理论中有种现象叫做“情绪绑架”，是指已经形成的情绪模式阻碍了大脑的理智思考，强制启动应激行为作为对情绪的反应。这是因为情绪模式一旦形成就很难改变，这也是为什么常常会听到有人说“我不知道为什么当时那么伤心，以致做出那么傻的举动”，“我那时候就是忍不住对平时很尊敬的老师大吼大叫”的原因。由此可见，“情绪绑架”对情绪主体是弊大于利的。

人们一直致力于摆脱“情绪绑架”，而成功的关键就在于识别自身的情绪模式，找到病因，对症下药。但是情绪模式经过日积月累已经成为我们潜意识的一部分，行为主体很难站在客观的角度将其识别出来。可以根据以下几个步骤来有意识地察觉自己的情绪变化及其引起的连锁反应，以及最后自己采取的行动，从而识别出自己的情绪模式。

步骤一，记录情绪变化。有意识地关注自身情绪变化，包括变化的原因及变化引发的影响。察觉到这些之后要及时准确地加以记录。

步骤二，自我情绪反省。充分利用步骤一的成果——情绪变化记录表，观察自己历次情绪变化的诱因是否值得，情绪反应的行为是否得当。如果造成的是积极的结果，要告诉自己努力保持，如果造成的是消极的影响，要及时提醒自己消除不良情绪的滋长，将其扼杀在萌芽状态。例如，发现自己总是为衣着打扮等外在因素而嫉妒身边的女同事，从而与其疏远，那么经过反思之后遇事就要用包容的心态去思考，要让自己提高内在素养，摒弃对虚无外表的追求。一段时间过后，你会发现自己从前对身外之物斤斤计较的想法是多么可笑和不值得。

步骤三，倾诉不良情绪。不识庐山真面目，只缘身在此山中。由于情绪模式已经固化在我们的头脑和神经系统中，难以自我察觉，所以，我们可以求助于他人来捕捉自己的情绪变化。可以先与家人和好友沟通，请他们在自己情绪变化时及时告知。观察的方法可以通过日常沟通中的面部表情、肢体语言等流露出的潜意识来判断你的情绪变化，从而追踪到你情绪变化的诱因和由此导致的行为结果。你可以根据他人的意见来了解自己内心真实的想法。

步骤四，测试自身情绪。我们可以通过专业的情绪测试工具或咨询专家来发现自己的情绪模式。看似与情绪问题相距甚远的测试问卷或者专家的漫无边际的访谈，却可以借助科学的手段准确地了解你情绪模式的病症所在。

当然，以上 4 个步骤的最终目的是发现问题，解决问题。我们发现了自己的情绪模式之后就可以将其一一列出，并且在每天的日常生活中逐项加以克服，坚持这样一个循序渐进、由浅入深的过程，我们就可以达到摆脱“情绪绑架”的最终目的了。

## 情绪同样有规律可循

人的情绪如同眼睛一样，也有自己看不到的“盲点”，通过了解自己的情绪盲点，从而把握自身的情绪活动规律，可以最有效地调控自己的情绪。

情绪盲点的产生主要是由于以下 3 个方面的原因：

（1）不了解自己的情绪活动规律；

（2）不懂得控制自己的情绪变化；

（3）不善于体谅别人的情绪变化。

其中，能否把握自身的情绪规律是情绪盲点能否出现的根源。

认识到情绪盲点产生的原因，我们便需要从原因入手，从根源上把握自身的情绪规律。这就需要从以下几个方面加强锻炼以培养自己与之相应的能力：

**1. 了解自己的情绪活动规律，培养预测情绪的敏锐能力**

科学研究证明人都是有情绪周期的，每个人的情绪周期不尽相同，大概为 28 天，在这期间内，人的情绪成正弦曲线的模式：情绪由高到低，再由低到高。在人的一生之中循环往复，永不间断。

计算自己的情绪节律分为两步：先计算出自己的出生日到计算日的总天数（遇到闰年多加 1 天），再计算出计算日的情绪节律值。

用自己出生日到计算日的总天数除以情绪周期 28，得出的余数就是你计算日的情绪值，余数是 0、4 和 28，说明情绪正处于高潮和低潮的临界期；余数在 0 ～ 14 之间，情绪处于高潮期，余数是 7 时，情绪是最高点；余数在 15 ～ 28 之间，情绪处于低潮期，余数是 21 时，情绪是最低点。

由此可以看出，情绪有高低起伏，我们不要认为自己会永远处在情绪高潮期，也不要觉得自己会一直处于情绪低潮期，在情绪好的时候提醒自己注意下一阶段的低落，在情绪低落时告诉自己会慢慢好起来的。我们所吃的东西、健康水平和精力状况，以及一天中的不同时段、一年中的不同季节都会影响我们的情绪，许多人虽然重视了外在的变化对自身情绪的影响，但却忽视了自身的“生物节奏”，其实，通过尊重自己的情绪周期规律来安排自己的学习和生活，是很有必要的。

**2. 学会控制自己的情绪变化，坦然接受自身情绪状况并加以改进**

想要控制自己的情绪变化，首先要对自己之前的情绪经历做一个简单梳理，从之前的经验来寻找自身情绪的活动规律。同样的错误不能犯第二次，这正是掌握情绪活动规律后得到的经验。一个有敏锐感知能力的人能够在自己一次的情绪失控中回顾反思，总结、评估事情的前因后果，并最终达到提升自己情绪调控能力的目的，毕竟，情绪的偶尔失控和爆发是一种正常的现象，但倘若情绪失控成为常态，则不是一件好事。

想要控制自己的情绪变化，还需要对自己的情绪弱点做一个分析总结，去认识自己的情绪易爆点在哪里，情绪失控的事情可能会是什么，事先考虑好如果再次遇到同种情形所需要选择的应对方式。这样可以在事先做好准备，及时采取应对措施，防止情绪失控之后的被动解决所导致的追悔莫及。

**3. 学会理解他人情绪和行为，同时反省自己**

人际交往中，理解的力量是伟大的，但在通常情况下，虽然人们希望得到别人的理解，希望别人能够理解自己的情绪和行为，却往往忽视了理解别人。这就是为什么人的情绪出现盲点的外在原因。

理解他人的需求、情绪和感受等有助于增添交流的共同话题和认同感，有助于彼此之间形成和谐健康的人际关系。并且，通过对别人情绪的反观来看自己的情绪变化和体验，可以清晰地了解自己，从而把握自身的情绪节律和促进自身情绪状况的改进。

## 用默剧的方式获知他人情绪

卓别林表演的默剧电影想必大家都有所了解，虽然电影中人物没有说一句话，全部是用肢体动作代替，但人们仍然可以轻松地读懂剧中人物的喜怒哀乐和生活情况，这种别样的表演方式给人们的是特殊的享受，其实，我们在观看的时候，正是通过观察别人的表情和行为觉察到了剧中人物的情绪。

人的情绪智力（情商）是一个包含着多个层面、内容丰富的概念。心理学家戈尔曼博士通过大量的实验证明：情绪智力的五大构成要素包括情绪的自我觉察能力、情绪的自我调控能力、情绪的自我激励能力、对他人情绪的识别能力和处理人际关系的能力。其中，对他人情绪的识别能力作为一项重要的能力，是在情感的自我知觉基础上发展起来的。它通过捕捉他人的语言、语调、语气、表情、手势、姿势等可以快速地、设身处地地对他人的各种感受进行直觉判断，是一种重要的情绪感知力。

在生活中，我们也应该如同看默剧一般，尝试培养感受别人情绪的能力，一个情商很高的人可以敏锐地觉察到别人身体行为所透露的信息，通过觉察他人的情绪来对其心意进行合理解读。

这就如同我们做一个默剧游戏的过程：要求是尽量避免听到别人的声音，而只是通过观察别人的表情和行为来判断情绪。在默默无语的过程中，你需要掌握一些辨认表情的诀窍。脸部有几个部位是展现情绪的重要区域：嘴角、嘴型、眉毛、眼角、眼睛、额头。这些区域对于辨认某些情绪特别重要，比如从嘴巴的表情观察人的厌恶和喜悦情绪，从眉头和额头去辨别这个人悲伤或是恐惧的情绪，等等，肢体语言和所隐含的情绪之间往往存在着照应，如：

| 肢体语言 | 所隐含的情绪 |
|---|---|
| 脸红、紧闭双唇、交叉手臂或双腿、说话快速、姿势僵硬、握紧拳头等 | 生气 |
| 紧闭双唇、皱眉、斜眼看人，一边嘴角翘起、摇头、转动眼珠等 | 怀疑 |
| 交叉双臂或双腿、躲避眼神、呼吸加快、身体面对对方，沉默 | 敌意（防御性） |
| 眼光游移、身体斜靠、胡乱涂鸦、身子往一旁倾斜以避开某人目光、打呵欠、玩弄纸笔 | 无聊 |
| 乱瞟、不断玩弄他物、流汗、突兀地笑，抖腿、姿势僵硬 | 紧张 |

当然，需要注意的是，肢体语言和情绪对照并不是绝对一致的，我们不能通过一个简单的肢体行为武断地判断一个人的情绪，要通过整体的动

作行为来判断一个人的当前情绪。

识别他人的情绪是建立良好人际关系的基础，通过了解自己、了解他人，使人们相互理解，人与人和谐相处，这有助于建立良好的人际关系。但遗憾的是，生活中，绝大多数人都不善于去理解别人的情绪，只是能够注意到肢体或面部的大致表情，而不能够对眼神暗示、细微表情和下意识动作有所关注，除非这种情绪表现得特别明显或激烈。因此，在平时交流中，要想解读别人暗含的信息，不妨培养自己敏锐的情绪识别力和感知力。学会察言观色，方能在人际交往中如鱼得水。

# 第二章　探究我们的情绪发生——情绪动机

## 善于运用情绪的自动发生系统

我们的情绪一般都是自发的，也就是情绪反应受潜意识支配。我们每个人的身体里都有一套自动的评估体系，它如同敏锐的雷达，对我们周围的世界进行着随时随地的监控，关注着与我们自身利益休戚相关的事件。

每个人都有自己的潜意识，也就是下意识、本能的反应。情绪产生的一个重要的途径就是潜意识，潜意识和意识共同支配着人类的各种情绪。但人的思维和潜意识是相互分离的，二者之间存在着交锋，现实情况往往是，潜意识的力量通常被我们忽视。通过潜意识的作用，人类自身产生不由自主的生理反应，由此导致情绪的瞬间改变。在自动评估系统下，潜意识造成的情绪通常是突如其来的，从形成到外在表现，时间相当短。另外，在某一段时间之内，人们往往无法接受不符合当下情绪的任何信息，进入情绪的不反应期，这个时候也容易造成情绪的恶化。

作为一个现代人，要从以下两个方面提升你的情绪调控能力：

### 1. 要懂得把握关键的 6 秒时间差

情绪产生于不经意间，从开始被刺激到爆发，知觉的评估完成速度非常快，在意识还没有觉察之前便已经结束。因此，事情过去之后很多人会疑惑当时的自己正在做什么，为什么会选择那种情绪。

情绪的自动评估反应机制发生的时间大约为 6 秒。只有在这 6 秒钟过去之后，大脑的边缘系统才能将情绪传递给脑皮质，使情绪与思考得以链接。而在这 6 秒钟期间，无论威力多么巨大的强迫性思维也赶不上情绪的瞬间爆发性。

如果我们在这 6 秒钟之内不妄加行动，防止自己在情绪控制下产生的冲动，把握这6秒的时间差，就可以让情绪和思考进行沟通，从而不至于做出情绪化的决定导致以后的后悔。

**2. 要冷静躲避自己的情绪不反应期**

人都有情绪周期，有很多时候，情绪周期中会出现意外的低落时刻，在心理学上，称为“情绪的不反应期”，又称情绪过滤理智期。这段时间内人们无法接受不符合当下情绪、无法持续原有情绪、不能将情绪合理化的信息，容易陷入不适当的情绪。当情绪压过理智时，人们会以自己的直接体验来感受所发生的事情，并且想办法去证实它以保持自身的情绪，从而强化自己的情绪反应。这既忽略了周围不符合当下情绪的新信息，又限制了我们处理事情的能力，导致一味地陷在情绪化的反应中无法自拔。

生活中正是由于很多人不了解自己的情绪周期，才容易反复陷入情绪化的反应之中。想要有效调控自己的情绪，就必须警惕自己的“情绪的不反应期”，通过多种方式去了解自己容易在什么情况下、发生什么事情时可能进入情绪的不反应期，将有助于我们解决问题。

情绪的自动评估在日常生活中，对个人情绪的调节起着微妙的作用。把握情绪关键期的6秒时间差可以暂时防止情绪失控，冷静躲避情绪的不反应期可以避免情绪持续恶化。通过这两种方式，我们可以试着控制自己的情绪向良性方向发展，使情绪的自动评估更为合理化。

## 给你的情绪留一个思考空间

既然情绪有爆发的可能，我们就要在此之前先让自己冷静而理智地分析，而后再选择表达何种情绪，这就是思考性评估机制。思考性评估为思维预留了空间，有助于防止对发生的事情做出错误的判断，这种习惯是个人素养的一种体现，也为情绪判断提供了缓冲的时间。

运用思考性评估进行情绪调控的时候，需要记住“该不该”“值不值”“有没有用”“如何超越”等几个关键点。如，当有人顶撞你的时候，不妨运用以上几个关键点对自己的情绪进行分析。先试着想，对方顶撞自己，自己是否应该产生情绪；如果自己没有做错什么，按理说可能会生气。而后问问自己为当前这件事生气是否值得。如果产生的情绪发泄出来对于问题的解决于事无补，就应该考虑是否换一种情绪。对于应该产生的，值得发泄的情绪，也需要评估它是否有用。如果情绪发泄之后，心情在短时间内可能会舒畅，但却引发双方更大的情绪，这样既不利于矛盾的解决，又给自己造成了更大的麻烦。遇到这类情况便需要思虑再三，再选择巧妙的处理方式来平复双方的情绪。情绪的反应得当有利于促进双方问题的解决，以及双方关系的友好发展。

如，在公司上下级交流的过程之中，作为领导，当听到员工带来的坏消息时，可能会产生愤怒、焦虑等情绪，从而形成情绪的本能反应是指责员工办事不力。但如果在这种情绪爆发之前运用思考性评估对情绪进行分析，通过以上几个关键点的思考来对当前事情进行深入体验，或许会意识到员工本身并非有意犯错。可能员工的出发点也是为公司考虑，但却事与愿违，员工对事情的结果也充满愧疚和不安。通过这样思考，领导与员工的交谈或许就能以一种积极的态度来处理和解决了。如果再加上领导鼓励和安慰的话语，或许员工还会心存感激。

当遇到问题的时候，即使情绪爆炸快要到达极点，也需要先平静下来，拿出纸和笔进行一番理智的分析。这样，原本将要产生的不健康的负面情绪就有可能平复，代之而来的是健康的负面情绪或是积极的正面情绪，同时，真正科学合理的思考性评估反应模式首先需要建立科学合理的认知。心理学曾对情绪的产生存在着两种认知的误区：一种认为情绪的产生是受环境刺激的影响，另一种认知则认为情绪是生理因素导致的。在20世纪70年代初，美国心理学家沙赫特和辛格所做的心理实验打破了这两种认知：

心理学家告诉所有参加实验的人，这个实验是要考察一种无毒副作用的新型维生素化合物对视力的影响效果。然后将参加者分为实验组和控制组。给控制组的参加者注射的是生理盐水，给实验组注射的是肾上腺素，肾上腺素容易使人产生心悸、颤抖、灼热、血压升高、呼吸加快等典型的生理唤醒特征。

心理学家又将实验组的参加者分为3个小组，对告知的一组说，他们所注射的药物会导致心悸、颤抖、兴奋等反应；对未被告知的一组说，药物是温和无刺激的；最后对误告知的一组说，药物会导致全身麻木、发痒和头痛。

最后，人为安排两个场景："欣喜"情境与"愤怒"情境。所有实验组的参加者进入之后，实验证明，3 个小组的实验参加者有一半进入“欣喜”情境，另一半进入“愤怒”情境。未被告知和误告知的一组倾向于追随别人的情绪变得欣喜或愤怒，告知组能够正确解释自身的生理状态，可以安静等待、毫不理会外在情绪。控制组没有经受生理唤醒，也很安静。

由此可知，生理因素和环境因素都对情绪有影响，但均不能单独决定情绪的发生，事实上，两者共同起着作用。建立一个对人物和事件的合理认知是进行情绪管理的根本途径，也是形成快速、敏捷、科学的思考性评估反应的基础。我们需要在平日里多加训练，为自己的思维留出更多时间，让自己有机会有意识地防止对事情做出错误的判断。

## 回忆也能存储情绪经历

有时候，人们会感觉许多过去的问题总是时不时地困扰着自己。其实，这是源于对过往的负面情绪体味过多所形成的困扰。任由记忆中的负面情绪在脑海中回旋，这对当前的心境有害无益。

要防止负面记忆对情绪产生影响，有效地利用情绪和记忆之间积极影响的一面，具体有以下几个方法：

首先，在情绪平稳时，回忆以前的情绪状态。

人在特定的情绪下更容易引起相似的情绪状态。如，当你又一次没有通过考试时，就很容易联想起上一次的相同情绪体验，也就是上一次因考试失败而产生的负面情绪，那么负面情绪就会加重；而当自己被领导表扬时，就会联想到上一次被领导表扬时自己高兴的情绪，则情绪就会更加高涨。同样，面临同一处场景，心情不同的时候，观看的感受也不尽相同。当这些场景与人们的心境相契合的时候，便容易产生深刻印象，当人们对它没有感觉的时候，记忆也显得相对模糊。

处于强烈情绪反应中的人很难对回忆做出客观的评价。由于记忆与情绪之间的可选择性，比较明智的做法是，选择心情平静的时候回忆过去的情绪。心平气和，分析才能变得理性，才能通过分析帮助自己把握现实、畅想未来。

其次，用崭新的角度看问题——培养积极的心境与情绪状态。

“心境一致记忆”的观点认为个体经历了同一种特殊的心境后，在以后接触事物时总是会倾向用与之前相同的心境去解释这种现象，通过先前的情绪记忆联想，这些事物将被纳入已有的情感模式中。“心境一致记忆”的偏好使得一个人对于同一件事情，不同的心态导致不同的情绪状况，在以后引发的回忆也大不相同。如果试着转变心境，换一个崭新的角度看待问题，形成的情绪状态便会是全新的。

再次，用“控制情境刺激”唤起积极的情绪体验。

所谓“控制情境刺激”，就是指为了减少环境中容易唤起某种情绪记忆的刺激而对当下的情境进行控制的方法。心理学研究证明：依赖于个体的自尊状况除了有“心境一致记忆”之外，还有“心境不一致记忆”，悲观抑郁的人在消极的情境中更容易引起消极的回忆，形成恶性循环；而乐观自信的人在积极的环境中更容易产生积极向上的情绪，即使在消极的环境中，他们也会利用自身的情绪调节产生积极的认知。

因此，对于容易有消极情绪的人来说，选择避开让自己产生不良情绪的环境，寻找一个恰当的新环境，从而唤起自己的新的独特的情绪体验，同时通过有意识地转移话题来分散个人对不良情绪的注意力，是调控情绪的重要方法。

总的来说，情绪与记忆之间有着密切的联系，回顾过去的经历是情绪产生的途径之一。记忆可以带我们回到过去的经历，体味过去的情绪。经历过的事情会和当时的情境及产生的情绪一起留在人的脑海中，当人们再次回忆时，似乎回到了与当时情境一致的感觉，所有的情绪和体验都可能被唤醒。

不可否认，对经历的体验虽然有些时候能够通过回忆获得当时的感觉，但有些时候也许会产生不同的感觉，比如一个人对某件事情当时感到愤恨，事后回忆起来有可能为此懊悔和自责。然而，情绪整体感觉的大方向不会变化，喜悦的心情不会变成悲伤。正如忧伤不可能转化为兴奋，愉悦的记忆带给我们的是积极乐观的情绪。这就是人为什么喜欢回忆小时候的事情，因为童年在人的整个记忆中是最快乐、最无忧无虑的时光。但当人们回忆起在社会上遭遇的各种不平等待遇时，恐怕不会那么轻松。

## 勾勒一个美丽的情绪幻境

积极的想象对于消除负面情绪、减轻心理压力有着不可估量的作用，无数心理学实验都证明了精神想象的力量。如果人们通过想象恰当地唤醒真正的情感，并付诸行动，可以改变原来不愉快的心情和不良的行为习惯。如，在与朋友将要出去旅游的时候，想象大家在一起的愉快场景；在考试将要来临的时候，想象自己答题时的自信与速度；想象未来的美好生活而后积极努力地为之奋斗，等等。

身体亚健康者通过想象勾勒自己一些健康生活场景，有利于消除他们对医生忠告的抵触心理，积极地采纳医生建议；患者可以通过运用主观意念进行积极的想象和思维，创造积极乐观的情绪以取代各种不良的情绪，提高身体内部的免疫力，从而以一种积极的心境抑制疾病的发生或恶化，战胜病魔，获得健康的身心。

运用“精神想象”的方式来调控情绪、治疗疾病，在国际国内的心理疗法中并不罕见，其中“想象意念法”“想象放松法”两种方式比较流行。

### 1. 想象意念法

想象意念法的实施步骤分为五步：放松、入静、聚气、充盈、排浊，具体做法如下：

| 步骤 | 具体方法 |
|---|---|
| 放松 | 闭上眼睛，用舌尖抵住上颚，从头到脚、循序渐进地松弛全身的各部分关节和肌肉，使全身都处于放松的状态 |
| 入静 | 将注意力由外向内回收，使之不受外界的干扰和影响，做到大脑放松的真正入静 |
| 聚气 | 想象世界上拥有激活万物的“生命之气”，用意念的力量将这种“生命之气”聚合到自己的头顶上方 |
| 充盈 | 通过意念，想象这股气息通过头部的百汇穴摄入自己的生命体内，并充盈着身体的每个角落，温暖身心 |
| 排浊 | 充满能量、光明和活力的生命之气贯入身体的每个角落之后，体内的污浊之气便难以容身，通过想象和意念，我们将这股浊气通过脚下的涌泉穴排泄出去 |

### 2. 想象放松法

想象放松法与想象意念法有一些不同，后者是通过全身心意念的力量为调控情绪服务，前者则是通过想象一些轻松愉悦的场景来调节情绪，且通常结合一些暗示、联想等方式使自己感到舒适和惬意。

在进行“想象放松法”之前，不妨准备一些现成的“想象图片库”，将自己认为能够引起自身愉悦情感的美好图片保存到一个相册里，比如自己曾经旅游过的优美的风景图片，与亲人朋友在一起开心时刻的留念，等等。这样，翻开图片，你就能够回想起当初的点滴快乐，自己的情绪也会在不知不觉中好转。

想象放松法还有一个方式：冥想。通过想象自己身处某一个场景，达到自我放松的目的。例如在炎热的夏日想象自己在幽静阴凉的小树林，你会感受到全身比没有想象之前凉爽许多；在压力颇大的工作环境中想象自己在迷人的海滩散步，倾听着海风，或是想象自己在山中小屋休憩，这样放松有助于减轻自己的工作压力。

需要注意的是，进行“想象放松法”要使自己尽量放松下来，并尽可能地想象一个具体生动的场景，动用五官去全面感受，方能达到最好的效果。

想象意念法和想象放松法都是为自我情感的重塑和情绪的调控而服务的，是“精神想象法”的重要组成部分。想象是引发情绪反应的途径之一，通过想象使自己受到鼓励，既能够获得自信，又可以安定情绪。因此，在现实生活中，不妨想象一些场景使自己情绪得到缓解，以减少负面情绪的影响，为自身的好情绪增加一些美好想象的色彩。

## 学会向别人倾诉真实的你

日常生活中，当碰到困难或者烦恼的时候，人们大多会选择寻找倾诉对象，倾诉自己的各种遭遇。当正确有效的倾诉之后，一般都会有一种一吐为快、如释重负的感觉。这就是所谓的“情绪社会分享”现象。

如果遭遇心理问题，合理宣泄很重要，适度的倾诉是保证情感健康和良好人际关系的有效方式。不过，凡事应有个度，整天逢人就倒自己的苦水，却完全不考虑对方的感受，就会成为朋友、同事眼中要躲着走的“麻烦”。在心理学上有个叫“倾诉综合症”的名词，就是专门指这种有倾诉饥渴的人。

为什么有些人会爱上倾诉呢？有个“病患获益”的理论，说的是当生病或是遭遇困难时，人们会获得来自亲朋好友的照顾与安慰。比如孩子生病时，平时无论多忙碌的父母也会多些时间陪在孩子身边，有些孩子领悟了这点后，为了让父母多陪自己，就会不停地“生病”。

同样，在倾诉这件事上也是如此。当倾诉者发现能换来家人朋友的同情关心时，就会迷恋上这种感觉，然后不停地倾诉。当然，这种人往往缺乏满足感。另外，国外专家发现伤心也可能上瘾。当亲人、爱人和朋友去世之后，人们总会感到伤心，有时甚至长期无法走出悲痛。神经学家指出，这其中的原因并不全是因为人类重情谊，还因为人脑会对这种伤心和悲痛“上瘾”。

想要警惕“倾诉综合症”，就必须要正确区分“正常倾诉”和“倾诉饥渴”之间的关系。那么，什么是正常倾诉和倾诉饥渴？所谓的正常倾诉就是为了解决问题或是获取解决问题的办法而采取的行动；倾诉饥渴则是为了倾诉而倾诉，只是想发泄自己情绪的行动。其实，两者之间最主要的区别就是遇到困难和痛苦的时候，是立刻找人倾诉，还是选择先自己努力消化，如果自己不能解决时再找人倾诉。

正常倾诉的人，获得了解决问题的办法，终于不再苦闷和烦恼，因而会非常放松；倾诉饥渴的人则是在不断地发泄中得到满足。其实要想充分发挥倾诉的功能，仅知道这些还远远不够，必须要掌握倾诉的技巧。总的来说，倾诉技巧的核心原则是在合适的时机找到正确的对象，用正确的方法进行倾诉。

首先，找准倾诉时机。可能有很多人会问，倾诉还需要时机吗？当烦恼、痛苦，或心情不好、情绪低落时，就找人倾诉。其实，在什么时候找人倾诉是很讲究的。合适的倾诉时机能够让你既能达到一吐为快的目的，还不至于惹人厌烦。

什么时候才是最合适的时机呢？第一，要弄清楚是否有必要倾诉。只有确实需要向别人倾诉的时候才可以倾诉。第二，要弄清楚倾诉的目的。倾诉是为了宣泄还是想从中得到一些意见和建议。第三，要弄清楚自己是否有充足的心理准备。只有做好了直面自我灵魂的准备，才可以进行倾诉。

其次，找对倾诉对象。做好了充分的准备，确实需要倾诉了。那么接下来就是找什么人倾诉的问题了。一般来说，倾诉对象应该具有以下 4 点：一是，能够提供意见和建议；二是，能够分享自己的体验；三是，对自己的遭遇比较关心和了解；四是，能够安抚自己。

大家平时习惯于找自己的亲朋好友倾诉，但是找什么样的亲朋好友也是非常讲究的。一定不能找喜欢搬弄是非的人倾诉，也不能找一些对你不了解，对你的遭遇无动于衷的人倾诉。最好找关心体贴你的人，或诚实可靠的人来倾诉。当然了，最好是去找心理咨询师，因为他们不仅能够保守你的秘密，还能通过对你的分析，进行合理有效的疏导和安抚。

再次，找对倾诉场合。有些人愿意向别人倾诉情绪，但是却没有选好场合。例如朋友一般在较为轻松的茶馆、咖啡馆里面对面倾诉，切忌在嘈杂的环境中，这样会加重你的负面情绪。恋人一般在私密性比较好的场所倾诉，彼此可以没有拘束，也没有第三者的影响。上下级之间的倾诉最好远离办公室这种场所，因为很容易带入工作情绪。

所以，选对倾诉场合也大有讲究，这一点要多注意。

最后，找好倾诉方法。找亲朋好友进行倾诉的时候一定要注意以下几点：第一，要实事求是、客观地描述自己的情况，不要有所隐瞒和夸大；第二，语言要得体，言辞要适当。不要太过情绪化和极端化，否则很有可能使倾诉走向反面，不仅达不到倾诉的目的，反而会产生负面效果。如果是找心理咨询师，一般不会产生这样的问题，专业人士会针对你的各种情况进行疏导的。

要想一吐为快必须要得法，不能一味地不顾别人的感受，更不能任意宣泄自己的情绪，而患上"倾诉综合症"。在正常倾诉的基础上，选择恰当的倾诉时机，寻找合适的倾诉对象，使用正确的倾诉方法，让自己的情绪彻底释放。

## 用表情带动你的积极情绪

心理学家经过测定，认为人的脸部表情和情绪之间是有关联的。情绪活动可以引起人的面部表情的变化，面部表情的改变信号很快传输给大脑，大脑又可以帮助人们确定这种情绪体验。不仅情绪影响面部表情的变化，表情也能直接导致情绪的改变。

艾克曼教授在西苏门答腊岛上的米南卡包进行的实验也证明了这一点。他要求被试验者按照某些指令做出不同的表情，调查得悉很多人都因此出现生理变化，而且大多数人都能感受到这种情绪。比如微笑，当人们做出微笑的表情时，大脑会产生喜悦的情绪变化。

保持一种自然的面部表情可以反映内心真实的情绪，刻意做出的表情会导致人的自律神经系统发生改变，表情通过脸部肌肉的改变传递到大脑的感情中枢，大脑接受到表情信息后会分泌化学物质，而产生同表情一致的情绪感受，这些情绪感受传回大脑，又会加强脸部表情，形成循环。通过刻意做出的表情刺激大脑神经的表情中枢，来制造某种情绪，这种情绪虽然与自然情绪的产生动机不同，体验方式也不尽相同，但确实是一种有效情绪产生方式。

但是有些人觉得用表情带动情绪很难，当情绪发生的一瞬间，仿佛所有表情都很自然地与情绪配合，如果强制性地变化自己的表情，整个人会有一种被扭曲的感觉。这是因为你还没有试着让自己轻松，先让自己的表情恢复到无表情，然后再慢慢做出能激发积极情绪的表情，就可以达到你想要的效果。以下几个动作可以让你产生积极情绪：

首先，保持微笑，嘴角上扬。

很多公司会要求员工保持微笑，这是招徕顾客的一种方式。员工不一定开心，但是他的微笑却能够让见到的人都变得心情愉快。同时，他们嘴角上扬，通过别人对自己微笑的反应，可以想到很多快乐的事情。一个人可以长得不够漂亮,但是至少可以拥有自信的微笑。如果一个人总是皱着眉头，心中自然充满悲苦困扰之感,也给周围的人带来压力和不安。学会保持微笑，这是对自己情绪的最简单的支持和鼓励。

其次，试着大声地打哈欠。

不知你有没有发现，当你打哈欠的时候，整个人的身心都能放松下来。这正是打哈欠的奇妙功效，随着嘴的慢慢张大，污浊的空气被你排除，其实负面情绪也悄悄被排除了一部分。在你打完哈欠后,表情也显得较为自然，人也变得神清气爽。

如果在打哈欠的同时,伴随有伸懒腰的动作,效果将更好。试着做一做，你能感受到它的神奇效果。

实际上人都有情绪的高低起伏，始终坚持快乐的情绪并不是一件容易的事情，以上方法只是希望我们在生活中不要陷入低落的情绪中而走不出来，运用这些方法的宗旨是为了积极调动身体里的快乐细胞，使之处于活跃之中，只有打开心灵的窗户，才能真正拥有快乐的情绪，从而为自己的行动奠定良好的基础。

# 第三章　摸清情绪的来源——情绪评价

## 对人对己，情绪归因有不同

掌握正确的情绪分析法并加以运用，是进行情绪分析、评估的前提和基础。在分析他人的情绪时，应当充分运用合理的情境归因法；在分析自己的情绪时，则可以运用合理的个人归因法。在具体分析的过程中，很可能需要将两者结合起来，这样可以防止错误的情绪分析。以下是情境归因法和个人归因法的具体内容：

### 1. 运用合理的情境归因法分析他人的情绪

在对他人的情绪进行分析时，一般人都会表现出一种普遍的偏见，高估人格特质的影响，而忽视了情境的作用。即使做出情境归因，也通常会把情绪和行为的原因归结为外界环境中的某种东西，比如，个人性格本身不好、环境不好、素质差劲、机会少、任务艰巨，等等。这类情境归因虽然有一定的道理，但却不甚合理。

我们应该站在别人的立场上，对这个人为什么产生这种情绪做合理的情境归因，这就需要表现出对别人的宽容大度和理解，这也将有助于良好人际关系的形成和巩固。丈夫回家晚了，作为妻子不应该一味地责怪他不顾家，而应该想到是否由于他工作太繁忙而回家晚。如果以体谅的心态来对待彼此的相处，则双方都会心存感激。

中国古代有个情境归因法的经典例子，那就是关于鲍叔牙和管仲的故事。

鲍叔牙和管仲是好朋友，在做生意的时候，管仲出的资金少，而最后拿的分红多，鲍叔牙解释这是由于管仲家比较困难，更需要钱；管仲在战场上逃离，鲍叔牙解释这是因为他家有八十岁老母需要照顾，不得不忍辱回家尽孝道。后来，管仲在鲍叔牙的举荐下成为了一代名相，两个人的友谊也成为千古流传的友情佳话。这正是由于鲍叔牙运用了合理的情境归因法，从管仲的角度去考虑，才既没有误失人才，又巩固了友谊。

### 2. 运用合理的个人归因法分析自身的情绪

辩证法指出，内因是事物发展变化的根本原因，外因只有通过内因才能起作用。这就是说，外界的所有因素对自身的影响必须经由自身才能反应，因此，自身才是情绪问题的根源所在。当出现情绪问题的时候，仅仅将原因归于他人或是外界环境是不正确的。无论遇到什么情况，都应该首先做到从自己身上寻找原因，抱怨和推脱没有任何意义。

不过，从自身寻找原因中有一种情况是对个人的否定。有人在对自己的情绪进行分析的时候，会将行为和情绪的原因看作是和自己的性格、态度、意图、能力和努力程度相关的问题，从而导致对自我的否定，正是这些有偏见的个人归因导致对自我分析之后陷入更为严重的情绪问题。比如有人觉得自己太笨了太没出息了等,这些都是不合理的个人归因。遇到这种情况，我们应当运用灵活的原则去对待，在进行情绪分析的时候，多从内在的稳定因素归因，比如努力程度是否足够，少从不稳定因素归因，比如个人的能力等，克服个人归因偏差，这样才能够提高自己的信心。

内因和外因总是相互关联、相辅相成的两个因素，缺一不可。在情绪分析过程中，我们不但需要客观、实事求是，也需要将情境的外因和个人的内因结合起来综合运用。通过合理的归因法可以使问题者减少抱怨，培养他们的责任感和积极进取的精神状态，从而能够更有效地解决问题，达到情绪的良性循环。

## 情绪分析的“内观疗法”

如果对问题进行深入分析，人们自身多多少少都存在着问题，但是人们却总是习惯于把过错归结到别人身上，而很少去把探究问题根源的目光放到自己身上。如果认真关注周围的人，我们会惊讶地发现，越是有成就的人往往越谦虚，而没有成就的人往往将原因归于外在条件。他们总会认为未获得成功是因为条件不成熟、环境不够适宜、没有更多的支持，等等，而不去反省自身的原因。

要注意反观自身，真正伟大的人物都对自身的缺点和不足看得比较透彻。

那么，如何进行充分的自我分析？我们可以运用日本的吉本伊信创始的“内观疗法”，内观又称内省，是观察自我、纠正自我的一种方式，可以通过对自我的分析来改善自己的人格特征，纠正人际交往中的不良态度和行为，促进自身的发展和人际和谐。

“内观疗法”依具体的方法不同，主要分为集体内观和分散内观两大类。

**1. 集体内观**

集体内观是可以多人同时进行的一种方式。在一间安静的屋子里，四周围上屏风，个人选择自己最舒服的姿势，进行系统的回顾和反省，除了吃饭、睡觉和洗澡之外，不可以随意走动、谈笑、看书。

**2. 分散内观**

分散内观的方法与集体内观的方法相似，只不过是以最近的事为主，比集体内观反省的时间短，并且在日常生活中便可以进行，具体为每周一到两次，也可以每日一次，每次一到两个小时，比较容易实施。

内观之后，便可以对自己的评估做到全面、科学、客观，这个时候再找朋友和比较熟悉的同事分析自己内观后的自我评估值是否客观，以便及时快速地提高自身的能力素质。

人无完人，每个人都有自己的缺点和不足。当问题产生的时候，我们需要用理性的态度来看待事情，从自我做起，加以改进。有的人总是对自己的优点和优势沾沾自喜，对自己的缺点和不足视而不见，甚至刻意忽视别人身上的优点和长处，这种心理态度很不健康，面对问题，要学会首先从自己身上寻找原因。

张清和李文是相恋了多年的情侣，然而就在两人要结婚之际，张清犹豫了，她感觉李文变得越来越不相信自己，还总爱吃醋，每次出差都要追问自己所有的细节和过程，很介意她跟其他男同事的交流，为此，两人经常吵架。

张清认为两个人在一起最重要的是信任和宽容，对于男朋友李文的所作所为，她感到很失望。然而有一次，在她与一个很熟悉的朋友倾诉想要放弃这段恋情的时候，朋友的一句话点醒了她。“也许是你自身的原因导致了他对你的猜疑呢？”这时，张清才意识到，不能只站在自己的角度想问题。在与朋友的交流中，她逐渐反观自身，终于意识到自己有些行为的确让李文心存怀疑。比如，她不喜欢清楚地告诉别人自己要到哪里去，和谁在一起，这样，关心自己的李文自然会担心；有时候她喜欢谈论公司的男同事，而从不提及自己身边的女性朋友，这让李文很没有安全感。想到这些，她也感到很抱歉。与朋友交流后，她努力地改变两人交流和相处的方式，果然，她发现李文变得越来越宽容，两人仿佛又找到了初恋时的感觉。

不久，两人迈进了婚姻殿堂。

张清正是通过内观反省的方式对自己的问题进行了总结思考，加以改进，才使事情向好的方面发展的，假如她在看到男友猜忌之后一味地以为这是对方的过错，而对此耿耿于怀，两个人势必会闹到分手的地步。由此看来，自我反省是非常有必要的。

在问题面前，学会主动从自身寻找原因，这极其难得，也十分必要。古代哲人曾以“吾日三省吾身”来对自己的言行进行内观，以警示后人要从自身原因出发来看待问题。如果不知道反省自己，而只是去埋怨别人，这只能成为通向成功的阻力。内观反省是一面镜子，可以找出自身的问题。苛求别人不如反省自身，通过对自身的情绪评估和调控，达到人际关系的和谐相处，这才是关键。

## 运用辩证法策略改善情绪

事物本身有好坏之分，然而我们对待事物的情绪往往取决于注意力的所在点，当你关注好的一面时，会感到欢欣鼓舞；面对坏的一面时当然会沮丧失望。世界潜能开发大师安东尼·罗宾认为，人们对事实的认知会受注意力的影响，应当控制好自己的注意力，否则很容易被它戏弄。注意力是看待事物的焦点所在，也是情绪生成的先决条件，要想有效调控情绪，便需要控制注意力，辩证地看待事物的各个方面。

我们所经历的各种情绪和各种事情都可以从多个方面来分析，评析过程中，尤其要注意运用辩证法的策略，这样可以使情绪评析人对情绪的形成、发展及结果洞悉得更加全面、客观、理性，从而加快解决情绪事件，并促进形成良好的心态。倘若观察不全面，则会容易使情绪陷入极端和偏激，不利于情绪调控。

几十年前，一个身有残疾的美国人，家中遭遇了小偷，损失了一些财物，一位朋友写信来安慰他，他回信说："谢谢你的来信，但其实我现在心中很平静，因为：第一，窃贼只偷去我的东西，并没有伤害我的生命；第二，窃贼只偷走部分财物，所幸并非我所有财产；第三，还好是别人来偷我的，而不是我做贼去行窃。"

就是这样的乐观态度，使这位残障人士遇到任何事情，都能用积极的态度来应对，进而在日后缔造出了不凡的事业。他就是美国第三十二任总统——罗斯福。

家中失窃原本是件令人恼怒的事情，但在罗斯福看来，东西既然已经丢了，生气也找不回来。与其让愤怒指挥自己接下来的情绪，不如放宽心态从不幸中发现美好。即使被大多数人视为不幸之事的被盗，也阻挡不了他继续追寻快乐的脚步。由此可以看出，情绪好坏与否，关键在于我们在看待一件事情时用什么样的思维方式和心态。如果辩证地去看待被盗这件事，它也可以有正面和负面两种影响。

宇宙间的每个事物都是独一无二的，都有自己特殊的规律和特性，杨树不能被叫做松树，苹果不能称为梨子，甚至"世界上没有完全相同的两片叶子"，从这一方面来看，"非此即彼"是成立的。然而，世界万事万物处于普遍联系之中，每个具体事物都同若干个具体事物相联系着。"亦此亦彼"的可能性存在于多种现象，鱼和两栖动物之间的界线是不固定的，脊椎动物和无脊椎动物之间的界线也渐渐模糊，鸟和爬行动物之间的界线正日益消失……没有完全相异的两种事物，而且，事物之间还存在相互转化的规律，正如老子所说："祸兮福之所倚，福兮祸之所伏。"辩证法不鼓励找到逻辑上的绝对真理，而是要求在处事上去遵循客观世界的发展规律，做到"非此即彼"和"亦此亦彼"的统一辩证思维。

在情绪评析和调控的过程中，辩证法思维所揭示的事物具有两面性的特征证明了中庸之道——"允执其中"的必要性和可能性，情绪的评析应注意保持各方面在动态中的均衡，情绪的调控需要我们及时地转移注意力，在身处顺境的时候提醒自己冷静理智，要有危机意识；在身处逆境的时候，要积极乐观，看到光明所在，由此可以实现自己情绪的平静顺畅。

同样是别人的一句话，当你对说话人感到厌恶时，你会认为这是一句不安好心的坏话；当你对说话人有好感时，你会认为这是他对你的肺腑之言。“情人眼里出西施”，与此也大致类似，究其原因是我们的注意力集中点不同。评价一个人时，我们不应当仅仅发现他的缺点，还应当看到对方的优点，尤其是当我们的情绪指向极端的时候，更应当辩证地看待。比如当你与身边的人发生口角时，就应当回想他的优点和过去与他相处的愉快经历，就会感到情绪有所平复。

在情绪评价的时候，将注意力放在积极和消极两个方面，并多关注积极的方面，用“非此即彼”与“亦此亦彼”相结合的辩证法思维来思考，这将有助于我们达到“允执其中”的状态，保持自我心理上的平衡。

## 将换位思考运用在情绪分析中

所谓同理心，就是站在对方立场上去进行的一种思考方式。通常我们有类似的经历：在面对同一件事情时，我们自身会体现出一种立场，当你设身处地地站在别人的立场上去思考的时候，便能够深切地感受到对方的情绪状态，于是在沉浸于情境的感悟中能够做到对他人的理解、关心和支持。心理认同是同理心的重要内容，这就是同理心所揭示的一个道理。

常常有人会说：“你怎么那么说话呀，真是饱汉不知饿汉饥。”事实上，吃饱的人从自己的立场出发看待问题并没有错，他是真的不知道饥饿的痛苦滋味，但他没有从饥饿的人的角度思考问题，才引起了对方的怨气。

在现实生活中，面对诸多矛盾和问题，很多人会对他人产生愤怒情绪。他们认为将责任推卸给别人是解决问题最简便的一种方式。殊不知，面对自身所遇到的情绪问题，采用如此的态度和行为，恰恰使当事人陷入不良的情绪循环。当他们认为别人不欣赏自己、愚弄了自己的时候，便会产生避免使自己成为受害者的心理，而愈加对别人产生愤恨。在迁怒于别人的过程中，他更会为自己可能遭受的报复感到恐慌，从而更加固执地认为对方很鄙视他们，如此往复循环，恶性的心理情绪最终导致个人的心理疲惫与情绪失控。

在心理学中，这种现象又被称为“反射—惯性”，当事人的行为起初是一种条件反射，这让自己对过错感到心安理得，于是他们继续这种行为，不断强化对他人误解的惯性。假如对方真的与之相对抗，便有可能使两者都陷入情绪的恶化中，谁都下不了这个台阶。

情绪问题几乎都产生于人际交往的过程中，这就关系到心理认同这条基本的人际关系法则。要想走出“反射—惯性”这一怪圈，培养并加强同理心势在必行。行动对人的影响与个人的切身体验密不可分，有人在心理认同方面做得不到位，于是与别人的相处总表现得冷冰冰；有人热心为别人着想，同理心法则运用得好，则会拥有温暖的友谊和良好的人际关系。因此，学会替别人着想，多站在别人的立场上去考虑，而不要以恶意去揣度别人，这有助于我们工作、生活的各个方面取得良好的效果。

商场为了留住一线品牌，提高自己的利润，通常会在季末的时候，给营业额排名前十位的供货代理商予以返利。不过返利的比例每年都有所不同，但始终在 14% 的上限和 8% 的下限间浮动，且以商场副总以上的领导签字的最终返利协议为准。

这一年，商场的财务处人员高飞根据负责服装部的张总上半年签的协议，按照 11.8% 的返利与女装部的第一名结账。然而，结账之后，张总却将高飞叫到办公室，训斥其给的返利比例过高。高飞没有当场反驳，他知道，空口无凭。

出了办公室，高飞赶紧与对方联系，说明情况，并寻求协议的底根，对方火速派人将张总上半年亲笔签的协议找出，张总看到后，有些不好意思。事后，他夸奖了高飞的细心与办事稳妥。代理商由于此事获利丰厚，也十分感激高飞在其中的斡旋。

假如高飞在领导震怒之后，只是猜测领导这样做是否是在给自己穿小鞋，或是回想自己是否得罪过领导，或者充满怨气地想这是领导失职却把气撒在自己的身上，而不去解决问题，自然就对领导产生怨言，久而久之，工作也不再积极努力了。但高飞没有这么做，他积极地去解决问题，因为他运用了同理心法则来应对与领导的交流，毕竟商场的利润是大家所关心的，领导因为返利比例高而生气也是为了商场的获利着想，商场利润提高了，员工的福利自然也是水涨船高。如此去想，高飞岂有不积极解决问题之由？

同理心法则是心理学中的一条重要法则，作为情绪调控的一种能力和技巧，它体现了人际交往和为人处世的生活智慧和人生哲理。倘若我们在人际交往中加以运用，将心比心地去认识问题、分析问题和解决问题，必然可以收获到良好的人际关系和豁达的心态，促进现代社会的和谐发展。

## 消除因偏见产生的情绪问题

心理学家曾做过一个实验，主题为“我们大脑中的先验假设能够对我们的日常推理造成多大的影响”。实验中，他召集一些人，将他们带到一间办公室并告诉他们在此等待参加一项学术研究计划。过一段时间叫他们出来，询问是否记得办公室里有哪些东西。许多人表示并没有注意，但当让他们进行选择的时候，无一例外都选择了“书”。其实办公室里根本没有书，他们并没有将注意力集中在办公室的物品上，只是想当然地以为既然是办公室就肯定有书——这就是生活经验积累的心理定式。

当被研究者没有刻意留意时，认为学术研究机构的办公室当然会有书——这是依据经验和固定常识的必然推理。依靠之前生活积累的先验假设经验进行推理，往往会形成心理定式。所谓心理定式指的是一个人在一定的时间内所形成的一种具有一定倾向性的心理趋势。即一个人在其先验假设或过去已有经验的影响下，心理上通常会处于一种准备的状态，从而使其认识问题、解决问题带有一定的倾向性与专注性。这其实是一种个人经验所形成的偏见。

偏见的存在对于问题的产生和解决都有很大的负面影响，并且很多偏见会将我们的情绪引向不好的方面。

通常的偏见分为以下几类：

| 类型 | 定义 |
|---|---|
| 证实偏见 | 按自己的思路去寻找那些能证明他们的理论或判断的信息，而非去反驳自我判断 |
| 后见偏见 | 觉得过去的事情的结果正如他们原来所期望的一样 |
| 聚集性幻觉 | 感觉到实际上不存在的规律 |

| 近因效应 | 先后提供的两种信息，近期信息往往占优势 |
| --- | --- |
| 定锚偏见 | 最初的信息引导而形成的最初的信念，在人们作判断或评析问题的时候占据极大比重，无法融合新信息 |
| 过度自信偏见 | 以个人意愿为主，无视客观规律，盲目行动，拒绝改变 |

其中，用自身的经验贴标签、下评判，是造成各类偏见产生的主要原因。标签一旦形成，就会像习惯一样，比较顽固，而且很多人还没有意识到自己有贴标签这种行为。

现实生活中，由于偏见、心理定式的思维、自以为是，产生了许多误解和矛盾。

张明与女朋友相恋了很多年，打算在今年结婚。然而就在结婚前夕，双方家长的意见出现了小小的分歧。

由于张明家庭条件一般，他跟岳父商量是否可以一切从简。岳父坚持按照当地的风俗，结婚要有三金（金项链、金戒指、金耳环），还要给一万元彩礼钱，不同意一切从简的提议。

后来经过东凑西借，张明终于把东西买齐了，不过心里也很恼怒，认为妻子的家人太不体谅自己。婚礼当天，岳父送给夫妻两人一个红包。想到自己父母的忙碌和操劳，对岳父不满的张明认为这是假惺惺，因奔波婚礼而累积的忙碌与疲惫化为怒气在这一瞬间爆发，他于是将红包扔在地上，不愿接受。后来在大家的安抚下，他才将红包捡起来。

待到婚礼结束，张明送完客人后打开红包，顿时羞愧难当：岳父给他的是一个10万元的存折。原来，岳父不是想从男方家捞钱，只是想让女儿按照当地的风俗嫁得风光些，让张明珍惜并善待自己的女儿。

偏见常常是由于运用心理定式判断和分析对象产生的，当人们对自己所推断的唯一可能性过分信任时，便会忽视存在的多种可能性，从而对事物或事件造成不公平的评价。

故事中的张明不但没有理解岳父的良苦用心，反而判定岳父给红包是“假惺惺”，很小的情绪酿成大矛盾，这种结果被美国著名心理学家桑戴克称之为“晕轮效应”（也称“光环效应”），这种效应犹如大风前的月晕逐步扩散，渐渐形成一个更大的光环。在认知方面，表现在人们的认识与判断只是从局部或表象出发，按照自己的理解去得出整体印象，形成认知偏差。

偏见一旦产生，很难消除，但我们可以进行有效的情绪评析与情绪调控。在日常生活与交际中，首先，应当学会细心观察，全面看待问题；其次，需要进行心理换位思考，理智看待问题；再次，应当正确认识自己，正视自己的问题；最后，加强自身的学习，弥补个人经验知识的局限导致的认知偏差。

尽管偏见很难完全消除，但通过以上几点的学习，至少可以减少它的发生。凡事不要受已有的框架与既有的判断的限制，应当培养发散思维，学会变通，从多个角度看待问题。只有以事实说话，偏见才会无所遁形。

## 培养你的加法思维

加法思维是人们形成正向思维的有利指导，推动人们从积极乐观的角度看待问题、看到自身所拥有的东西，当面临诸多不幸、压力、烦恼等不良情绪的困扰时，能够让我们感受到生活中的阳光。

加法思维是极为重要的思维方式之一，著名医学博士春山茂雄曾写过一本畅销书——《脑内革命》，其中主要论点是鼓励人们在职场中进行加法思维的训练。比如当你在公司加班时，要想这是公司离不开你的表现；被老板教训了，要想这是在考验自己的忍耐力和精神修养的时机……运用加法思维可以保持开阔的心境和愉快的情绪，有助于促进问题的顺利解决。

英国作家萨克雷曾说："生活好比一面镜子，你对它笑，它就笑；你对它哭，它就哭。"当我们将注意力集中到自己所经历的不幸、压力和烦恼上时，面对诸多失去的东西，心中必然感觉一片灰暗；但当我们将注意力转移到自己所拥有的东西上时，心情便会好转，可能收获许多意料之外的惊喜和感动。我们的心情指数和生活状况由我们自身看待问题的方式来决定，换言之，我们的生活由我们自己决定，而不是由客观环境决定。

科学研究发现，当人们在运用加法思维的过程中，脑中会分泌出脑内吗啡，这是一种有利于身心的人体荷尔蒙，可以使人心情舒畅，保证最佳的精神状态；而在运用减法思维时，脑内则会分泌出有害的毒性荷尔蒙，破坏我们的身心健康。现代社会中患抑郁症的人越来越多，抑郁症甚至被世界卫生组织预言为人类"21世纪第三大疾病"。这在很大程度上是由于在减法思维的控制下心态不稳定所导致的。

有很多人，一生都在运用减法思维，当他 20 岁时，他认为自己失去了童年；当他 30 岁时，他认为自己失去了浪漫；当他 40 岁时，他认为自己失去了青春；当他 50 岁时，他认为自己失去了幻想；当他 60 岁时，他认为自己失去了健康。却偏偏不去把握当下，把握今天！

岁月的流逝必然带走许多属于我们的美好的东西，但同时也会给我们带来许多独特的体验和收获。试想，如果运用加法思维，去把握当下的美好，必然会有不同的心态：20 岁的自己正拥有着令人羡慕的火热青春；30 岁的自己正当壮年，应当为自己的才干和经验而自豪；40 岁拥有成熟的人格魅力；50 岁因人生的丰富多彩而在精神上富足；60 岁的自己可以享受退休后的天伦之乐。这样，通过认识当下的加法思维，我们可以每一天都觉得很美好。同样是一生，运用减法思维，越减越少，导致生活充满危机与压力；而运用加法思维，越加越多，可以使自己保持满足与欢乐。

我们周边的环境从本质上说是中性的，是我们给它们加上了或积极或消极的价值，问题的关键是你选择哪一种。加法思维正是从平凡的生活经历中获取积极的体验与幸福生活的关键。得到亦失去，失去亦得到，在分析问题、解决问题时选择加法思维方式，多看自己所得到的，少看自己所错失的，才能赢取良好的心态。

生活中的每一种不同的情绪，作为一种宝贵的人生体验，都丰富了我们的人生经历，可以引发我们思考，促进成长。因此，当我们要对自己的情绪经历进行评估时，不妨运用加法思维。同时应当认识到，加法思维虽与减法思维方式截然不同，然而加法思维包含着减法思维：用加法思维来构建积极乐观的态度，可以享受生活中的种种乐趣，强化正态效应；用减法思维去面对生活中的种种不如意，有助于淡化消极因素，减少消极、悲观、埋怨的情绪。当然，加法思维并不是一朝一夕可以简单完成的，它需要我们有意识地坚持锻炼，只有这样才可能在生活中培养出良好的心态，从而有利于良好情绪的形成。

## 行动前的利益权衡

如果我们在行动之前多进行利益权衡，便不至于在事后产生一系列失落、懊悔、痛苦、冲动、烦恼等情绪化的异常反应。行动需要进行计划和合理评估，不进行计划和评估的行动是不成熟的，这是引发情绪的根源所在。因此，我们应当对所要进行的行动进行事先的冷静思考和详细计划，使行动的结果实现利益最大化，这样也可以减少负面情绪的产生。

如何使行动之前的情绪更趋合理化？现代心理学中有很多研究，其中，"情绪代数学"比较流行，"情绪代数学"由心理学家乔舒瓦·弗理德曼提出，他认为在行动之前或者做出选择之前，应当及时地运用因果思维法，来权衡这个行动或选择存在的收益与代价，以及可能带来的各种情绪。通过综合考虑与权衡之后所做出的最终决定，对行动后的情绪影响效果很明显。

当你想向上司提出你希望升职或加薪的请求时，便可以运用情绪代数学的方法来进行分析权衡。比如：

王女士在公司里工作很努力，业绩也算突出。为了进一步提升自己的事业，她要求公司老板给她一个机会，提升自己为部门经理，但又不知现在提这个要求是否合适。正好她有一个好朋友是一名心理咨询师，王女士便向她进行咨询。

朋友建议王女士先填写一张"情绪代数学"表，详细如下：

（1）列举自己所面临的选择。

（2）从自己的切身利益和多种可能性来一一列举选择之后的收益和代价。

（3）考虑收益和代价分别会给自己带来什么情绪，进一步发现自己内心深处的感受。

（4）将所可能导致的情绪进行评分。

（5）分别总结收益和代价的分值，并进行比较。

（6）结合比较结果，最终做出正确选择和行动。

王女士经认真思考，认为升职成功虽然既可以证明老板对自己的认可，又可以增加自己的收入，并且还能显示出自己社会地位的提高，但老板也可能会以种种理由拒绝升职要求，倘若提出升职请求后被拒绝，此后可能给老板留下只关心钱的不好印象，相处起来会很尴尬。综合提出升职请求后积极的情绪和不好的强度后，王女士发现糟糕的情绪强度指数要大于积极的情绪。

朋友分析过王女士所列条件之后语重心长地说："提出升职要求并不是

不可能，但你也看到你所列举的分析判断了。另外，你现在需要合理地评估自己的能力，还要考虑一下现在提出时机合不合适？如果你对这些做好判断之后仍认为可能的话，你可以尝试申请一下。”

王女士通过定量化的行为分析后，认为自己现在提出升职要求并不合适，于是放弃了这种想法。

通过对自己情绪提前量化，王女士更为明确地预测到自己的行动所导致的结果。从而放弃了主动提出升职的请求而继续努力工作。如果生活中我们对自己的行为举动多一些明确化的量化，就会像王女士一样做出理性的决定，而不至于陷入行动后的被动。

由此可见，情绪代数学可以帮助我们理清思路，更方便直接地预测出做出选择之后的可能结果，并可以分析其中的因果关系，从而避免陷入无意识的行动之中，被动接受行动的后果而导致情绪的自由化发展。

# 第四章 状态不好时换件事做——情绪转移

## 换一个环境激发情绪

环境状况、思维、行为、生理反应、情绪是一个互相联系的整体，任何一方面的改变都会间接影响到其他方面。当外部环境状况发生变化，人处于情绪化状态时，大脑中会形成一个较强的兴奋点。此时如果回避相应的外部刺激，可以使这个兴奋点消失或是让给其他刺激，从而引起新的兴奋点。

所以，如果要我们让自己的不良情绪从不愉快的环境中转移出来，兴奋中心一旦转移，也就摆脱了心理困境。

由于人的情绪总是具有情境性的，特定的情境与特定情绪反应之间有对应关系，当特定的情境出现时，就会引发特定的情绪反应。利用这一点，通过避开特定环境和相关人物，可以有意识地减少容易引发不良情绪的因素；同时，增加能够激起健康、积极情绪的因素，就能够很快缓解不良情绪刺激，从而理智地处理出现的问题。

我们换环境的关键是离开产生不良情绪的环境，如果你换了另外一个相似的环境，根本达不到预期的效果。当发生亲人去世或者失恋等事件时，悲伤、苦恼、懊悔都无济于事，只会令自己更加消沉。正确的做法是离开事发地点，切断不良刺激，平复受到创伤的情感。可以在亲友的陪同下离开地震发生的地点，避开与过世亲人联系紧密的环境、物品等。失恋的人应该注意避开曾经与恋人相识相聚的场合，以免引发消极情绪。

离开原来的环境只是消极地避开不良情绪刺激，并不能从根本上解决问题。人的思维总是不受控制，如果刻意去忘记一件事反而会在脑海中不断地回想这件事，寂寞的时候尤其是这样。要让情绪尽快好转，必须尽可能地去寻求一种全新的、具有感染力的、能够唤起完全不同的情感的环境。通过融入新的环境中获得新的乐趣时，烦恼、失落等不良情绪自然会不见踪影。

那么，如何选择替代环境？一般说来，想让烦躁的心情平静下来，可以选择幽静的咖啡厅、书吧或者小树林；想让低落的心情高涨起来，可以去参加聚会，或是去热闹的电影院看场喜剧，听一场亢奋的音乐会，看一场激烈的球类比赛等；想让压抑的情绪释放出来，可以去欣赏自然风光，去野外爬山，去步行街购物，或者是去健身房锻炼，通过环境的转变来改善不良情绪。

在选择替代环境的时候还需要注意选择环境的颜色。先来看以下几种颜色及其特性的简单对应关系：

| 颜色 | 象征 | 积极作用 | 消极作用 |
| --- | --- | --- | --- |
| 红色 | 热情、振奋 | 促使血液循环、使人精神振奋 | 久看易导致情绪急躁，易激动 |
| 绿色 | 生机、活力 | 艳丽、舒适，具有镇静神经的作用，自然界的绿色对疲劳、恶心以及消极情绪有一定的舒缓作用 | 久看易使人感到冷清，影响消化吸收，食欲减退 |
| 粉色 | 温柔、甜美 | 使人的肾上腺激素分泌减少，镇静与缓解情绪。缓解孤独症、精神压抑症状 | 无 |
| 黄色 | 健康 | 对健康者有稳定情绪、增进食欲的作用 | 对情绪压抑、悲观失望者会加重不良情绪 |
| 黑色 | 庄重与肃静 | 对激动、烦躁、失眠、惊恐等起安定的作用 | 情绪压抑、悲观失望者会加重这种不良情绪 |
| 白色 | 纯洁与神圣 | 对易动怒的人可起调节作用 | 患孤独症、精神忧郁症的患者会加重病情 |
| 蓝色 | 宁静与想象 | 具有调节神经、镇静安神的作用 | 患有精神衰弱、忧郁症的人会加重病情 |

不同的颜色会引发不同的心情。如果忽略了对色彩空间的选择，将难以收到理想的效果，同样是咖啡厅，冷色调的装修风格容易使人沉静，而暖色调的装修风格则可能使人亢奋。色彩与人们的生活密不可分，它一边美化生活，一边也对人们的情绪产生直接或间接的影响。合理地选择适当的色彩空间，将能更轻易地走出情绪困扰，收到“移情易性”的效果，这就是色彩的巨大功效。

# 古老中医的神奇情绪疗法

根据传统中医理论，人有七情，即喜、怒、忧、思、悲、恐、惊七种情志活动，正常的七情活动并不影响人体健康，反而能调节人体自身平衡。但若太过或不及都会导致情绪问题，继而引发各种身心疾病。针对七情太过引发的疾病，可以根据五行制胜的原理来治疗。

具体来说，就是利用不同情绪之间相互制约、影响的关系，通过有目的地激发某种性质的情绪变化，来调控、治疗另一种变化强度过大的情绪，使即将被破坏的机体平衡得以恢复，这就是以情胜情疗法，依据《内经·素问》中所言，有“悲胜怒，怒胜思，思胜恐，恐胜喜，喜胜悲”等疗法。

各种情绪相互影响、制约，所以又称反向情绪转移疗法。如“悲胜怒”，即发现存在愤怒的不良情绪时，有意识地采用行动去激发悲伤的情绪，用悲伤去压制和调整愤怒，从而达到改善身心的目的。这种方法起源于我国传统中医，是世界上独特的一种心理治疗方法，在我国古代有着极其广泛的应用，以下对各种以情胜情疗法进行具体解释：

### 1. 以喜胜悲疗法

喜为心之志。喜在正常情况下能缓和紧张情绪，使心情舒畅气血和缓。如果使陷入悲痛情绪的人产生欢喜的情绪，就能战胜悲伤抑郁的情绪，而使其轻松愉快，精神奋发向上。

清代有一位巡按大人，终日愁眉苦脸。几经治疗，终不见效，病情日渐加重。经人举荐，名医前往诊治。名医望闻问切后，对巡按大人说：“你得的是月经不调症，调养调养就好了。”巡按大人听了捧腹大笑，说道：“这是什么名医，我堂堂男子焉能‘月经不调’，真是荒唐到了极点。”自此后，每回忆起此事就大笑一番，乐而不止，久而久之，病也好了。一年之后，名医又与巡按大人相遇，这才对他说：“君昔日所患之病是‘郁则气结’，并无良药，但如果心情愉快，笑口常开，气则疏结通达，便能不治而愈。”巡按大人恍然大悟，连连道谢。

### 2. 以悲胜怒疗法

发怒是人们的欲望和需求受到遏抑，郁怒之火向外发泄的一种表现。这里运用的是“悲则气消”的原理，它是指使盛怒者产生悲哀、恻隐之心用以收摄其怒气，使其体内气机得以平衡，以利于身心康复。

《三国演义》中“三气周瑜”的故事家喻户晓，一气周瑜：诸葛亮抢先拿下荆州。二气周瑜：诸葛亮用计使周瑜“赔了夫人又折兵”。三气周瑜：周瑜向刘备讨还荆州不利，又率兵攻打失败，周瑜一怒叹道“既生瑜，何生亮”后吐血而亡。

这个故事中，诸葛亮深知周瑜气量小，略施小计三气激怒，而致暴怒伤肝，肝气上逆喷血而去。假若此时周瑜家出现悲伤之事，也许周瑜不会英年早逝。

**3. 以怒胜思疗法**

思虑过度则可导致气结，忧愁不解容易意志消沉，过于惊恐会胆虚气怯，等等，运用“怒则气上”的原理，适当发怒可治愈上述那些阴性的情志病变，使阴阳气血平衡，可以恢复心脾神气的功能。

太守忧虑过度，大病不治，家人延请华佗，华佗诊断后故意索要重金才肯治疗。太守家人无奈付出重金，谁知华佗一拖再拖，最后竟不辞而别，留下书信一封大骂太守。太守大怒，立刻派人追捕华佗。太守的儿子知道华佗用意，暗暗叮嘱家人不要去抓华佗。太守听说抓不到华佗，更加怒气冲天，一气之下，呕出几口黑血。不想这一呕，病反而好了。

**4. 以思胜恐疗法**

恐是一种胆怯惧怕的心理。“思则气结”的原理，当人恐惧时，可以引导病人对有关事物进行思考，治疗因惊恐导致的形神不安。思考能够收敛涣散之神气，调控情志平衡，促进心身康复。这与西方的认知疗法有类似之处。

**5. 以恐胜喜疗法**

喜可以缓解紧张情绪，但喜乐过极则损伤心神，导致心的病变。运用“恐则气下”的原理，面对狂喜之人以适当的手段，使其产生恐惧心理，收敛耗散的心神，以助于恢复心神。

清代名医徐灵治疗新中状元因喜伤心的病，也是采取以恐胜喜法。徐对他说：“病不可为也，七日必死。”那状元受了惊吓，冷静下来，过喜之情得到缓解，只七天病就好了。

以情胜情疗法经过千百年的实践，被证明是行之有效的情绪转移法。遭遇不良情绪时，不妨利用以情胜情法转移心理困境，调理、平衡阴阳，达到身心健康的目的。但要注意具体问题具体分析，不能生搬硬套，否则只会增加新的不良刺激。《内经》中有句话说得好“精神内守，病安从来”，只有正确对待生活，理智从容地对待身边的人和事，才能保持一个良好的心态，健康长寿。

## 给情绪注满鲜活的泉水

很多人都曾有过这样的感觉：曾经得之不易、充满挑战的工作变得寡然无味，毫无乐趣；曾经心心念念、形影不离的爱人再也激不起情感的涟漪，当初的悸动消失得无影无踪；就连曾经最热衷的娱乐活动也不能带来当初的那份快乐。

这就是心理学上的“情绪枯竭”,情绪枯竭产生于心理饱和。“心理饱和”则是指人心理的承受力到了临界值，不能再承受任何的情绪，就是人们常说的厌烦。认为自己所有的情绪资源都已耗尽，情绪的感觉已经干枯，非常疲惫。

心理饱和现象随处可见，且多为负面效应。

在工作中表现为工作压力大，缺乏热情、动力和创新能力，容易产生挫折感、紧张感，甚至对工作有抵触情绪。这是由于长期处于高压的工作环境中，巨大的工作量和高度的重复性，使人对工作产生了机械性反应，很多职场白领都有这种状态，这很容易导致情绪枯竭。目前，世界各国都把情绪枯竭作为工作倦怠的第一大表现和诱因。如前面提到的工作热情因每天的重复而逐渐减少。

爱情也会饱和，婚后夫妻二人天天厮守，从新鲜到平淡，神秘感一点点地消失，生活慢慢变得平淡乏味，于是彼此开始厌倦，言语不合而互相伤害，甚至由于内心空虚而发展了婚外情。那些目标高远的完美主义者、工作狂最容易出现这种问题，他们目标感强，精力旺盛，取得的成就多，自信心很强，但过分投入就容易心理饱和。明星看上去风光无限，时刻吸引众人目光，但无休止的演出、应酬、宣传也耗尽了那份对艺术的热爱，于是开始厌倦，不再小心翼翼地顾及形象，负面报道铺天盖地，等等，这些都是心理过于饱和的表现。

心理饱和是一种危害很大的心理困境，会吞噬人们的精力与热情，让人失去继续奋斗的动力，生活的目标也被其抹杀，对自身的身心健康产生威胁。

那么，如何摆脱这种困境呢？

对于情绪枯竭者，可以采用多种情绪转移法。例如，当开始厌倦每天重复性的工作时，可以依据性格和爱好，来充实自己的业余生活，比如说看电影、散步、游泳、旅游、读书等，转移注意力，缓解厌烦情绪，从而避免产生单调、消极的情绪。除此以外，还可以主动寻找工作中新的挑战和乐趣，这需要完全进入工作状态之后才会体验到，相比一些业余的兴趣更能培养职业情感，预防心理饱和。

如同在一间漆黑的屋子里，什么都看不到，让人恐惧，也让人无奈。这时候如果有阳光照射进来，一切都会明朗。情绪转移就是那束射进漆黑房间的阳光，将积极的、健康的正面情绪带进来，减弱和消除原有的负面情绪，从而恢复与平衡其内心的情绪能量。

化解情绪枯竭需要很多办法协同配合，才能发挥出最好的效果。要寻找多种不良情绪的宣泄途径，积极培养生活乐趣，不断引进新鲜、积极的外界刺激，彻底远离情绪枯竭的烦恼。

## 疲惫时，和工作暂时告别

如果用一个字来形容现在的生活，你会选择哪个？大部分人选择了“忙”和“累”。社会发展的脚步越来越快，竞争也越来越激烈，这让很多人情绪负荷超标。当我们遇到这种情况时应该怎么办呢？小孩子会很干脆地回答“休息啊”，这时家长就会在一旁苦笑：休息，谁来赚钱？没有钱吃什么、喝什么？但是仔细想想，孩子的话并没有错，累了当然要休息。

从前在浩渺的大西洋中有一座小岛，小岛不大，但是差不多位于大洋中心。这个小岛是很多候鸟迁移时的中转站，是候鸟群们疲倦时休息的落脚点。在这里，它们稍稍休息，摆脱旅途中的疲惫，积蓄力量重新踏上征途。

鸟儿们寻找的是一个可以释放自己疲惫的“安全岛”，当你情绪负荷过重的时候，你找过自己的“安全岛”吗？环视一下，大家下班愈来愈晚，回家愈来愈晚，不停地加班加点，不但身体上受不了，情绪也很低落。夜深了终于可以好好休息一下，但是天亮以后又要开始循环，周而复始。

大家都知道，现在电脑是我们最亲密的伙伴，有的人跟电脑在一起的时间比跟恋人在一起的时间还长。可曾想过电脑也很累，早上开机开始工作，午饭时还要担任联络员，下午继续工作，晚上遇到加班还要奋战，就这样白天黑夜超负荷运转，没有休息的时间。但是它一旦死机，恐怕就得更新换代了。机器尚且这样，更何况人的血肉之躯呢？

俗话说：“不会休息的人就不会工作。”每天不知疲倦地工作，效率并不一定高，长期下去疲惫的心灵和身体反而可能拖累了你，身体素质下降，生活质量也会随之下降。累了就休息，要学会享受生活，具体可以从以下几方面入手：

### 1. 不要事事追求完美

维纳斯的雕像有一双断臂，这样的瑕疵也是一种美，而且正是这种残缺的美深深地打动了人们。生活中因为刻意追求完美而让自己处于紧张的状态是完全没有必要的。试想每天把自己绷得像一根橡皮筋，时间长了，它也就不再有弹性。

要接受人生的不完满。完美是一种理想的状态，是闪闪发光的金字塔的最顶端，是每个人追求的目标，有了它，生活才充满希望。事事都完美了，生活就没有意义了，因此大家应该允许不完美的存在，那说明生活还有发展的空间、进步的潜力。

### 2. 要懂得舍得

舍得，舍得，有舍才会有得，不去舍弃一些东西，怎么会得到更多？有些人得失心太重，想要的东西太多，以至于完全没有意识到自己的身体亮了红灯，情绪已经病态。

眼光要长远一些，不必太过计较得失，如果累了、倦了，这一单生意不做了，给自己放个假，出去玩玩，回来后以更加饱满的精神和昂扬的斗志投入到工作中去，收获未必会小。

### 3. 学会忙里偷闲

当工作成为一种习惯，我们想要抽身离开，休息一会儿也并非易事。这个时候就要强迫自己出去散散心，看看错过的春华秋实；听听音乐，洗涤一下心灵；又或者享受一顿美食。暂时把自己从繁忙的事务中解脱出来，感受一下另一种气息，也许你会有新的发现，也许蓦然回首时那个萦绕在你心头的问题已经有了解决的方法。

学会从繁忙的工作中抽身，也就大大减小了情绪疾病产生的可能性。有的时候，休息和工作之间并不矛盾，懂得休息，才能以更加饱满的精神面对工作，你的工作效率才会高。

## 不要死钻牛角尖

从小我们就懂得“滴水穿石”“绳锯木断”的道理，它们无一不在说明坚持不懈带来的成功，那些“半途而废”的行为让人唾弃，为人不齿。然而生活中有些事情就需要我们“半途而废”，因为过度偏执，太钻牛角尖，就会产生情绪问题。不钻牛角尖就是不让我们固守一成不变的东西，及时从不好的状态与情绪中走出来，这也是人生应该掌握的改变固执的智慧。

从前，村庄里有一位对上帝非常虔诚的牧师，40年来，他照管着教区所有的人，施行洗礼，举办葬礼、婚礼，抚慰病人和孤寡老人，是一个典型的圣人。有一天下起雨来，倾盆大雨连续不停地下了20天，水位高涨，迫使老牧师爬上了教堂的屋顶。正当他在那里浑身颤抖时，突然有个人划船过来，对他说道：“神父，快上来，我把你带到高地。”

牧师看了看他，回答道：“我一直按照上帝的旨意做事，我真诚地相信上帝，因为我是上帝的仆人，因此你可以驾船离开，我将停留在这里，上帝会救我的。”

那人划着船离去了。两天之后，水位涨得更高，老牧师紧紧地抱着教堂的塔顶，水在他的周围打着转。这时，一架直升机来了，飞行员对他喊道:“神父,快点,我放下吊架,你把吊带安在身上,我们将把你带到安全地带。”对此，老牧师回答道:“不，不。”他又一次讲述了他一生的工作和他对上帝的信仰。这样，直升机也离去了，几个小时之后，老牧师被水冲走，淹死了。

因为是一个好人，他直接升入天堂。他对自己最后的遭遇颇为愤怒，来到天堂时，情绪很不好。他气冲冲地在天堂中走着，突然间碰到了上帝，上帝说道："麦克唐纳神父欢迎你！"老神父凝视着上帝，说："40年来，我遵照你的旨意做事，有过之而无不及，但当我最需要你的时候，你却让我被大水淹死了。"

上帝微笑着说："哦！神父，请原谅，我确信我派去了一条船和一架直升机去救你，是你的偏执害了你。"

的确，偏执者坚持己见，缺乏变通的智慧和情绪调节的能力，因而常常正邪不分，忠奸不辨。

有一个大学生，爱上了他的一个女老师。这个女老师虽说只有30来岁，可结婚已经两年了。所以，这个学生对她的爱，应该说，无论如何是没有希望的。

可是，这个学生却十分热着于自己的这种所谓的爱情，不顾一切地追求这位女老师，又写情书、又送鲜花，还跑到她家里去，弄得她十分恼怒。后来女老师的丈夫知道了，狠狠教训了他一通。可是，他还是不知回头，依然写情书、送鲜花，痴情不断，热着得像个不怕牺牲的斗士，一直闹到神经错乱，被送进精神病院为止。

这个大学生的这种执着，就是一种死钻牛角尖的偏执。

偏执心理是一种病症，患上这种病的人，往往走极端，不回头，还自以为是，分明是自己做错了，却总觉得是别人不对；当自己不能和别人取得一致意见时，从来不反思自己的过错，而总是去探究别人做错了什么。

所以，生活中一定要学会变通，不要一味地坚持自己认为正确的道路，有时换一个方向，生活会更美好，天地会更开阔。

## 唱歌也能疏解情绪压力

娱乐是非常好的情绪转移方式，卡拉OK就是其中的一种。

现在KTV店越开越多，很多人在周末消遣的时候，都会约上三五个朋友，到KTV店里高歌一曲。"K歌"已经成为许多人排解负面情绪、消磨时间、交友娱乐的首选方法。

卡拉OK的风靡也与快节奏的生活紧密相关。在快节奏的生活环境下，身在职场的人们越来越感到工作压力大，很大一部分人为工作所累。但是工作是生活的一部分，工作也是为了更好地生活，于是"努力工作，尽情享受"

的理念也得到很多人的认同和倡导。

在KTV里，卡拉OK可以提供很多种的娱乐方式，让每个人都能从音乐的感染力中得到快乐，而且唱歌时经常采用腹式呼吸，这能促进神经兴奋，有助于缓解紧张情绪。另外，中国古代“沉默是金”的文化氛围影响了亚洲各国，或许亚洲人由于礼节约束很少宣泄负面情绪。而K歌以歌曲为由头，又有酒水相伴，很适合缓解胸中的郁结。可以说，KTV的高歌不仅仅是一种娱乐手段，更是众多人的心理发泄手段。

除了KTV，当下人们的娱乐方式也是多种多样，如打高尔夫球、游泳、做瑜伽、旅游，等等。这些活动不仅能帮助你缓解工作的压力，还能促使你养成健康、平衡的生活习惯，促进你的个人成长和能力发展，从而提高你的生活品质和工作效率。更重要的是，这样还能培养自己积极的人生态度，把工作当作快乐的生活过程。

人们常说，如果你没有时间休息，就一定有时间看医生。休息、娱乐也是保证身体健康运行的必要条件，完全可以把自己的业余活动当作本职工作一样认真对待，拿出足够的时间用在它们上面，如此便可保持一种放松、积极的状态。事业上过度的劳累和紧张，不仅不能让自己保持高效明智的状态，而且还会拖垮工作激情，使自己处于工作疲惫期。张弛有度的生活态度应该提倡和鼓励。可以每周腾出一定的时间去消遣、娱乐，放松地享受生活。特别是在事业遭到瓶颈的时候，娱乐活动是帮助自己疏解心中郁结、转移负面情绪的有效方法。

平衡的情绪才能造就幸福的生活。虽然职业或事业在大多数人的生活中占有很大的比重，但是在生活有规律的基础上，留出时间与朋友和家人相聚、参加健身运动、丰富精神生活、发展自我也同样重要。写时间日记，能看清楚自己的时间如何失衡地分配，也能让自己明白生活究竟在哪里失去了平衡。如果对自己过去的生活状态不清楚，那将很难掌握或调整生活的天平。

不要等情绪敲响警钟，再去花钱找心理医生解决，不妨现在就放下恼人的工作，花一些时间在娱乐休闲上，而后带着激情重新投入工作。

# 第五章　消极情绪的积极评估——情绪转化

## 发掘负面情绪的价值

每个人都会遇到令自己沮丧的事情，从失意中挖掘快乐，这是人们对待负面情绪的最有效的方法。即使是让人沮丧的事情，其中也有闪光点，正如我们很多人喜欢喝咖啡一样，虽然苦涩，但是苦涩中却带有一点点的甘甜，让人久久回味。看似枯燥苦涩的生活中总是隐含着快乐。快乐和痛苦总是相互转化的，面对困境，如果能换个角度看问题，就会发现别有洞天。

咨询人："上个月女朋友和我分手了，我感到极度自卑，为什么没有女孩愿意跟我在一起？我一直不能从这种阴影中走出来，觉得自己已经到了绝望的边缘。"

咨询师："这确实是一件令人伤心的事，但你有没有想过单身的好处呢？"

咨询人："好处？到目前为止还没有发现。"

咨询师："你正好有了跟自己独处的时间，抛开那个女孩离开你的原因，但她的离开至少证明了一点，就是你们不合适，所谓强扭的瓜不甜就是这个道理。没有女朋友会有很多自由，你可以有大把的时间用于工作，为自己充电。在异性眼中，认真工作的人最具魅力。你还可以毫无顾忌地和朋友聚会挽回曾经冷落的友情，为父母家人多尽一点孝心，或者从事一些公益活动来分散自己的精力，总之只要尽量让自己变得热情、值得信赖，你就会吸引到更值得你去珍惜呵护的女孩。"

失恋本身是件很糟糕的事，但是在咨询师的开导下，似乎失恋也很不错，还能带来不少机遇。深层挖掘事件的积极意义是人们对待负面情绪的三种态度之一，又叫积极应对型。另外还有两种态度，分别是压抑型和放任型。

积极应对型，在出现负面情绪时，首先承认其产生的合理性，坦然接受它。然后冷静分析情况，寻找问题产生的原因，对症下药，找到关键所在，运用心理学知识进一步将负面情绪转化为积极情绪。

压抑型，顾名思义，习惯把不良情绪隐藏起来。其原因有二：一是认为一个理性成熟的人不会也不应该产生负面情绪，所以就极力压制，似乎这样才能塑造理性成熟的形象；二是面对负面情绪时感到恐惧，担心任其发展下去，情况会非常糟糕，一发不可收拾，甚至产生无法预测的后果，因而努力地压抑，装作什么事都没有发生。但是，没有表现出来的情绪，并不表示不存在，被压制的情绪依旧会对自身的心理造成伤害。

放任型，与压抑型相反，当负面情绪产生时，不加以任何引导控制，任由其发展。放任的情绪会牵制自身的思想、感受和行为，对自身的心理状态和人际关系造成负面影响。更严重的是因一时冲动，造成生命、财产的损失，追悔莫及。

比较之后可以发现，深层挖掘事件的积极意义是面对负面情绪最有效、也是最理智的方法。其实，人们之所以会陷入负面情绪中，是因为在面对困境时，人们只看到了其负面意义，也就是将所有的精力都集中在了苦涩的现实上。随着这些思想的膨胀，人们也渐渐感到窒息。这时只要让自己的视线转移角度，就会发现绝望中也有希望的身影，苦涩中也有甘甜的滋味，如此这般，便会收获完全不同的结果。

它阐述了这样一种理念，即负面情绪其实是一种具有很高能量的激情，或者说是情绪资源。如果能正确地认识它们，并加以有效地引导和利用，转化成正面情绪，会带来强大的积极效果。

通过下面这个表格，我们能获取一些具体方法。

| 最初的想法 | 挖掘事件的积极意义 |
| --- | --- |
| 这件事难度太大了，我不可能完成 | 这件事难度太大了，但我可以完成，因为…… |
| 这个客户问题很多，我简直应付不了 | 这个客户问题很多，但我应付得了，因为…… |
| 这个考试时间非常紧，我不可能通过 | 这个考试时间非常紧，但我有可能通过，因为…… |

| | |
|---|---|
| 面试官太刁难了，我发挥得不好 | 面试官太刁难了，但我发挥得很好，因为…… |
| 这次竞争很激烈，我几乎没有胜算 | 这次竞争很激烈，但我很有信心，因为…… |

左边是大多数人都会面对的心理困境，右边则是运用我们所说的积极的方法对各种问题进行的相应的心理暗示，改装之后的句子虽然客观条件没有发生任何变化，但原有的负面情绪却会大大减弱，希望之光在字里行间若隐若现。

## 换个角度看问题

我们所处的这个世界时刻都在发生着变化。成功与失败，真理与谬论不再一成不变；积极与消极，时尚与落伍也不再界限清晰；有序与无序，公正与邪恶在不同环境中不再有绝对的标准，这是一个变通的世界。这些都要求我们抛弃绝对的、一成不变的认识习惯，转而运用非僵化的、非绝对的、变通的思维来认识与应对这个世界。

这种思维方式被称为“合理变通”。它是一种重要的心理调适方法，主张由个体通过完成对外部信息接收的角度和强度的转换，或对原有心理认知进行重组、升华之后予以整合，从而达到外部刺激与心理认知互为进退、协调统一的目的。通俗地说，一个人的情绪和心理状态就如一根弹簧，有伸有缩，如果外界刺激过强，弹簧绷得太紧，就会因为失去弹力而陷入危险的境地，这时就需要有针对地调整心态，让弹簧收缩到正常的范围内，及时释放心理空间，以避免心理矛盾冲突激化所造成的不良情绪。

合理变通有以下几种主要方式：

### 1. 升华法

人们的心理问题长期不能解决，往往与他们的消极心理认知有关。如何克服消极心理认知，有效的方法是进行心理位移。用一种全新的、积极的、为更多人所接受并认可的心理认知代替旧有的心理认知，这就是心理升华法。认识其中蕴涵着的积极因素，作为个人拼搏奋斗、积极面对现实的动力和契机。

**2. 回避法**

外部环境、行为、心理反应、情绪、思维是一个互相影响的系统，通过改变来自外界的环境刺激可以有效地影响自身情绪。这里的回避就是指尽可能躲开导致心理困境的外部刺激。除了转换外部环境，还可以转换注意力，通过主观努力来影响情绪。比如，停下正在从事的活动，转而进行一项需要全身心投入的球类运动来实现大脑中兴奋中心的转移。注意力转移是非常简单易行的主观回避法。

**3. 幽默法**

所谓剑走偏锋，出奇制胜，很多时候，艰涩、严谨的理论知识不能解决的矛盾，运用自嘲、嬉笑等幽默法却可以迅速地化解。如在电影《当幸福来敲门》中，男主角克里斯·加德纳穿着刷漆时的工作服参加面试，面试官尽管很满意但仍旧抛给他一个问题："如果我雇佣了一个没有穿着衬衫走进来的人，你会怎么说？"克里斯的回答堪称经典："他一定穿了一条很考究的裤子。"适时适度的幽默有时是摆脱困境的法宝。

**4. 转视法**

必须认识到，任何事物都有积极和消极两个方面，而且这两个方面可以互相转化。最浓重的黑暗往往出现在黎明之前，弹簧被压缩到的最低点通常就是反弹的起点。在审视、评价某一客观现实时，要学会转换视角。在情绪低落的时候，更要主动转换思维，使消极情绪转化为积极情绪，摆脱心理困境。

**5. 自慰法**

自我安慰在调节心理平衡方面非常有效。当一切结束的时候，面对现实总是比垂头丧气要好。其实，很多时候事情并不是多么糟糕，尽量少用"为什么"式的反问语句，转而使用"还好我不是……"开头的陈述句，情绪的转变就在一念之间。理性的自我安慰可以化解不少心理障碍，如同《伊索寓言》中那只没有吃到葡萄只吃到柠檬的聪明狐狸，它说"葡萄是酸的，但柠檬是甜的"。

**6. 补偿法**

人生不如意十之八九，不是所有的目标都能完成，当走不下去的时候，就是该转弯的时候。人们总是会因为一些内在或外在的障碍导致最佳目标动机受挫，继而引发不良情绪。这时需要采取各种方法来进行弥补，用以减轻、消除心理困扰。这在心理学上称为补偿作用，即目标实现受挫时，通过更替原来的行动目标，求得长远价值目标的一种心理调适方式。

补偿作用有两种：一种补偿是用一个新的目标来代替原来失败的目标，即通常所说的当上帝关上一扇门的时候，一定会为你打开一扇窗；另一种补偿则是通过努力，使自身弱点得到补救，达到原来的目标。

通过合理变通法，可以将不良情境或不良情绪进行有效的转化，使它们朝着健康、积极的方向发展。当遭遇不幸时，可以试着这样想：不幸能使我们调转方向，看到世界的另一处风景，而顺利只能让我们领略到一处风景。

## "ACT"疗法助你接受现实

关于解脱心理困境，美国曾出现过两波浪潮，分别是第一波的"行为疗法"和第二波的"认知疗法"。这里要介绍的是目前正在风靡全球的第三波"接受与实现疗法"，也就是"ACT"疗法。

这种新疗法不同于以往，在面对不良情绪与心理困境时它不再强调回避和遗忘，而是主张拥抱痛苦，树立一个信念——"幸福不是人生的常态"，然后在接受现实的基础上建立和实现自己的价值观。接受与实现疗法的主要观点是：当人们竭力想控制自己的思维的时候，就很难去考虑生命中真正的大事。这里提到的"大事"就是个体的价值存在，包括为什么存在和存在的意义。

接受与实现疗法的理论认为，过多地关注负面情绪，只会让人更难从痛苦的深渊中解脱出来。这好比人们刻意去忘记一件事，反而会不自觉地增加对这件事的印象。不要盲目跟负面情绪作斗争，也不要回避痛苦，因为痛苦也是生活的一部分。人们应该把精力集中在确立自己的价值观并竭力去实现它的过程中。

接受与实现疗法是一种不同于认知疗法的新理论。认知疗法所坚持的长期治疗策略就是攻击并且最终改变否定性思维，而不是接受它们。比如，当患者表达这样的想法："我的工作真是一团糟"，"每个人都在看着我的大肚子”时，认知疗法治疗师会质疑这些想法：“你真的总是把工作搞得一团糟吗，还是你总是对自己要求很高？真的是所有人都盯着你的肚子吗，还是你自己太在乎别人对你的看法？”认知疗法的基本理念是帮助病人建立更为现实、更容易被接受、更为积极的新理念。

对比之下，接受与实现疗法并不注重如何操纵人们思考的内容，而是更注重如何改变人们的思维观念，即矫正人们看待问题的思维和情感方式。你认为别人老是盯着你的肚子？也许事实是这样，也许你的肚子确实很大；也许不是这样，只是你对自己太过苛求罢了。

具体说来，接受与实现疗法有两大步骤：

### 1. 与其忘记，不如先接受消极心理

接受与实现疗法认为，当我们试图赶走痛苦时，很可能会适得其反，就好像人们越是告诫自己忘掉某个片段，反而印象越是深刻一样，不合理的自我暗示是一种折磨我们的力量。应该承认，人的一生中不可避免地存在消极的想法。它似乎与生俱来，人们与其浪费那么多的时间与根本不可能战胜的消极想法做斗争，不如用那些精力追求自己的人生价值。当有一天，自己愿意接受消极的想法时，就会发现自己更容易看出生命的方向。因此，所做的不是试图挑战所遇到的种种消极心理，而是试图削弱这些消极心理的力量。

### 2. 积极规划人生的意义

削弱消极心理之后的下一步就是委托、找到个人生存的价值，提升生命质量的途径。这是接受与实现疗法最为重要的步骤与核心内容。

看看我们身边，不少人每天忙忙碌碌，其实孤独又脆弱，他们总是在奔波中迷失了自己的方向。针对这个问题，接受与实现疗法的专家通过发掘人们内心的渴望来帮助迷失的人们找回自信。具体的办法就是让他们为自己写墓志铭，让他们对自己进行客观的评价。这种评价中往往还夹杂着对自己的期望和对人生的规划，意识到人生中有什么事情是必须要完成的，最终认识到自己所追求的事物的价值。

## 积极的后悔才可能产生积极的情绪

人生一世，花开一季，谁都想让此生了无遗憾，谁都想让自己所做的每一件事都永远正确,从而达到自己预期的目的。可这只能是一种美好的幻想，人不可能不做错事，不可能不走弯路。做了错事，走了弯路都会让我们或多或少地错过一些美好事物。这个时候难免会有一种后悔的情绪。有后悔情绪是很正常的，它能让我们的情绪保持平稳而不亢奋，而且这是一种自我反省，是自我解剖的前奏曲，正因为有了这种“积极的后悔”，我们才会在以后的人生之路上走得更好、更稳。

但是，如果你后悔不已，或羞愧万分，一蹶不振；或自惭形秽，自暴自弃，那么你的这种做法就是蠢人之举了。要知道人生没有返程票，世上亦没有后悔药。

但还是有许多年轻人生活在悔恨的阴影里。他们简直成了一台名副其实的悔恨机器。对于我们来讲，悔恨的形成有其深刻的社会根源。其主要原因在于：如果你不感到悔恨，就会被人看作是“缺乏良知”；如果不感到内疚，就会被人认为是“不近情理”。这一切都涉及你是否关心他人。如果你确实关心某人或某事，那么显示你的关心的方法就是为自己所做的错事感到悔恨，或者对其将来感到关注。这无异于表明，如果你是一个有责任感的人，就必须表现出神经机能性病的症状。

在各种误区中，悔恨是最为无益的，它无疑是在浪费你的情感。悔恨是你在现实中由于过去的事情而产生的惰性。然而，时光一去不复返，无论你怎样悔恨，已经发生的事情是无法挽回的。

在这里，我们有必要指出，悔恨与吸取教训是存在很大区别的：悔恨不仅仅是对往事的关注，而且是过去某件事情产生的现时惰性。这种惰性范围很广，其中包括一般的心烦意乱直至极度的情绪消沉。假如你是在吸取过去的教训，并决意不再重蹈覆辙，这就不是一种消极悔恨。但是，如果你由于自己过去的某种行为而到现在都无法积极地生活，那就变成了一种消极的悔恨了。

吸取教训是一种健康有益的做法，也是我们每个人不断取得进步与发展的必要环节。悔恨则是一种不健康的心理，它白白浪费自己目前的精力。这种行为既没有好处，又有损身心健康。实际上，仅靠悔恨是绝不能解决任何问题的。我们不应该让自己陷入无尽的悔恨当中。

其实，令人后悔的事情，在生活中经常出现。许多事情做了后悔，不做也后悔；许多人遇到了要后悔，错过了更后悔；许多话说出来后悔，不说出来也后悔……人的遗憾与后悔情绪仿佛是与生俱来的，正像苦难伴随生命的始终一样，遗憾与悔恨也与生命同在。

必须接受和适应那些不可避免的事情，这不是很容易学会的一课。错过了就别后悔，后悔不能改变现实，只会消弭未来的美好，给未来的生活增添阴影。要是得不到我们希望的东西，最好不要让忧虑和悔恨来打扰我们的生活，且让我们原谅自己，学得豁达一点。

# 第六章　别让不良情绪毁了你——情绪调控

## 以目标的形式改进情绪问题

人类之所以能够摆脱原始的动物性，创造文明世界，是因为人类有自我控制情绪和行为的能力。控制自己的不健康的负面情绪并将其转换为健康的负面情绪是自控能力的重要体现。

情绪的产生具有偶然性。由于人所处的环境是不断变化的，身边发生的事情也是随机的，导致情绪的刺激源也是偶发性的。情绪的产生又具有必然性。由于人的情绪模式已经形成，在出现相同的刺激源时，情绪模式会以极快的速度开启并做出反应，导致了必然的结果。由此可见，要做到自我情绪控制必然要先了解自己的情绪模式，这一过程可以分解为两个具体步骤——发现情绪问题、定立改进目标。

步骤一，发现情绪问题。我们对情绪问题的定义主要集中在不健康的负面情绪方面。我们的重点观察对象为不健康的负面情绪产生的环境类型，诱发不健康的负面情绪的原因，及其不健康的负面情绪导致的非建设性的行为。

发现自我的情绪问题可以是方方面面的，例如：

公司过几天要进行中层干部竞聘上岗了，你认为自己不如那些年资相仿的竞争对手，这让你焦虑不安，这使你整整一星期都在准备竞聘材料和演说词。

女儿学习成绩又下降了，你认为这都是因为自己忙于工作很少管她。因此感到很内疚，但又无计可施，只能在深夜拼命地喝酒。

当同一办公室的女同事穿了新衣服得到同事夸奖时，你会认为自己身材臃肿，穿什么都不好看，就会感到抑郁，逃避和这位女同事正面接触的机会。

当爱人承诺自己一件事情结果却食言的时候，会觉得他不爱自己。感到受到了伤害，对婚姻很无望，继而会展开持续数天的家庭冷战。

情绪模式的形成是日积月累的，不健康的负面情绪的诱因总是反复出现。而在同样的诱因下，人们很可能会遇到同样的现实问题的困扰，产生相似的不健康的负面情绪，随之而来的就是采取相似的非建设性的行为或是“意愿中”的行为去解决问题。尽管每次的表现形式或许会有差别，但是作为一种模式，这种连锁反应被固定了下来。

步骤二，订立改进目标。清楚地察觉了自己的情绪模式问题后就可以着手订立解决问题的改进目标。在此过程中，我们需要克服自身的心理问题，将不健康的负面情绪转换为健康的负面情绪；在结果上，力求用建设性的行为替代非建设性的行为。

继续本文上面的例子，我们可以如此设定目标：

公司过几天要进行中层干部竞聘上岗了，你希望自己能够为此担心而不是焦虑，那么，就要尽量充分地准备竞聘材料。你的现实目标是尽自己最大的能力去参与，成功与否都权当学习。

女儿学习成绩又下降了，你希望感到懊悔而不是内疚，那么，就要积极寻找平衡工作和家庭的方法而不是酗酒。你的现实目标是增强自己平衡工作与家庭关系的能力。

当同一办公室的女同事穿了新衣服得到同事夸奖时，你希望感到悲伤而不是抑郁，那么，就要自然地与这位女同事交往而不是逃避。你的现实目标是在不影响身心健康的前提下适当减肥并增强自信心。

当爱人承诺自己一件事情却食言的时候，你希望感到悲哀而不是受伤，那么，就要耐心询问他食言的原因是什么，并尽量体谅他的难处。你的现实目标是放宽心胸，培养和谐的家庭关系。

发现情绪问题和订立改进目标二者之间是相辅相成、缺一不可的关系，下面的图表能够更加直观地显示这一关系：

| 情绪诱因 | 受到同事指责 |
|---|---|
| 面临的困境 | 认为同事不尊重我 |
| 不健康的负面情绪 | 我感到极度愤怒 |
| 非建设性行为 | 立刻反唇相讥，揭露对方短处 |
| 建设性行为 | 接受批评并询问对方自己错在何处 |
| 目标 | 正视批评，提高自我 |

在设定改进目标的过程中应当注意以下两点：一是量体裁衣，制订适合自己的目标。在订立目标时切忌好大喜功，以希望的形式而不是必需的形式要求自己，避免增加自己的心理负担；二是做好未能完成既定目标的心理准备。冰冻三尺非一日之寒，情绪模式的形成是一个日积月累的过程，改变它也非一朝一夕能够完成的任务。

相信只要不断尝试，就能够越来越接近目标，即便目标未能达到，也要以一颗平常心对待它。

## 不要被小事拖入情绪低谷

工作中，使人分心的原因有很多，如，发生突发状况，本来自己已经计划好了工作程序和工作时间，然而正当自己准备开始有条不紊地工作的时候，发生了一些突发状况，打乱了自己的计划，使工作不得不延期。此时，人的情绪就会十分低落，产生强烈的挫败感。

童先生在某公司任职，工作时总是无法集中精力，这个问题一直困扰着他，造成他的工作效率很低。于是，他向心理专家求助。专家对他的生活工作情况了解分析后得出结论，使童先生分心的原因就是嘈杂的工作环境。他们公司的人说话的声音很大，同时进出他办公室的人也非常多，而且十分频繁，这样就使得童先生无法集中思考。对此专家给他提出了一些建议。比如，在思考问题时，可以选择一个比较安静的地方，例如会议室，图书馆或是在市郊的公寓里。这些地方都有助于集中精力，思考问题。如果寻找这些地方不是很容易,也可以在办公室的门上悬挂一张“勿扰”的警示牌。

不仅是童先生，我们每个人在工作中都会遇到相似的问题。这些干扰，不仅会影响你的情绪，也会使你的工作效率降低。所以，干扰已经成为困扰工作人士的一个十分普遍且棘手的问题。

根据调查显示，办公室内干扰的另一大因素是纸张泛滥成灾。在政府机关、事业单位里这种问题尤为突出。到处都是文件、书籍、报告等文本，其中大多数都是无用的纸张。这些纸张在填满办公室的同时，也将你的视野填满，使你的视野变得狭窄，情绪也会随之变糟。

办公室内嘈杂的环境、同事的大声喧哗、老板的呵斥声，等等，这些都会影响情绪。可以用以下方法排除琐事对情绪的干扰：

**1. 清理你的办公室**

如果你的办公室里也被各种纸张填满，那么你应该尽快将它们整理一下，可以先将有用的部分挑选出来，再将特别重要但不常用的资料保存起来，而将常用的且相对重要的文件放在能够容易看到的地方。至于短时间内无法翻阅的书籍就要放入抽屉或是柜子里，等有时间时再浏览。最后就可以将挑选剩下的纸张捆扎起来扔掉或是卖掉了。这样不仅能更好地利用办公室的空间，也可以开阔你的视野，使得心情舒畅。

**2. 换个新环境**

面对嘈杂的办公环境，应该学会自我调整，逐渐摆脱影响情绪以及干扰你工作的各种不利因素，同时也要找到适合自己的解决方法。比如可以尝试换一个安静的环境，选择图书馆，或是咖啡厅等人比较少且安静的地方。如果条件允许，最好可以回家工作，或许会收到意想不到的效果。

**3. 利用信念，学会习惯**

经理、主管等人，他们是无法挑选自己的工作环境的，同时每天还要完成大量的工作，而且还要管理下属，奖惩他人，与老板沟通，应付难缠的顾客，评估员工的表现，等等。这些工作都会使他们的情绪产生波动。那么此时，就要学会利用自己坚强的信念来控制自己的情绪，并慢慢地习惯这些状况以及恶劣的工作环境。俗话说习惯成自然，即当你习惯以后，这些情况就会成为你工作中的一部分，它们自然就不会对你产生压力。正如有些人打呼噜，但是他们的爱人依然可以酣睡如常。

身边的琐事每时每刻都在发生，它们会不同程度地影响你的情绪，然而你却可以换个环境或是利用信念来摆脱它们，达到怡然自若的状态，而你的工作效率也会随之提高。

## 九型人格中的情绪调控

性格是一种与社会关系最密切的人格特征，表现人们对现实和周围世界的态度，并表现在人们的行为举止中，而这些行为举止恰恰是在情绪的控制下进行的。也就是说，不断的情绪累积，形成了一个人的性格。例如，一个人每天开开心心的，没有什么烦恼，喜欢与人沟通，那么我们就说这个人偏外向；反之，如果一个人心思比较重，顾虑太多，不善于和人交流，我们就说他性格比较内向。

既然性格与情绪有着这样紧密的关系，那么我们就通过对自我性格的调控来进行情绪调控。心理学认为，性格并不是天生的，而是在后天社会环境中逐渐形成的，因而也是可以改变的。例如，一个本来很单纯的人，进入一个复杂的环境，时间长了就会变得比较圆滑世故。

由于性格对人类生活的重要性，自古以来就有很多人对其进行研究，并进行了概括总结，因而关于性格的分类有很多种。在这里，我们采用时下最流行的“九型人格”分类法来进行情绪调控。具体来说，就是通过对人们各自性格的调节，来达到愉悦生活的效果。具体方法我们将在下面几节分别介绍，这里我们先来熟悉一下什么是“九型人格”。

顾名思义，九型人格其实就是把性格概括为九种，每个人都会属于其中的一种。在九型人格之中，没有哪一型是“男人专属”，也没有哪一型是“女人专属”。更没有哪一型比较好，哪一型比较差的绝对价值观。事实上，每一型的人都各有其优缺点，只要扬长避短，发扬优点，抛弃缺点，就会达到我们控制情绪的目的。

九型人格，具体指以下 9 种类型的性格：

**1. 完美主义者**

具有完美主义性格特点的人，总是希望得到别人的肯定，害怕出现任何差错，他们对待工作和生活的态度永远是精益求精，追求至善至美。他们的脸总是布满凝重的表情，对待一顿饭如同对待一场外交一样慎重。

**2. 给予者**

这样的人平时总是温和而友好的，因而非常讨人喜欢，他们从小到大，生活的意义似乎都是为了让别人开心。小时候，为了得到父母的奖励，他们做乖孩子；上学后，为了让老师赞赏，他们成了好学生；再后来，为了伴侣的开心，他们又总是想尽办法做个好丈夫或好妻子。

**3. 现实主义者**

“天下熙熙，皆为利来，天下攘攘，皆为利往。”这句话送给现实主义者再合适不过。他们的身上有着难能可贵的务实精神，从不将精力浪费在“无用”的地方，他们在做一件事情的时候总是不断分析它的利弊。与此同时，他们可能是很有“表演”天赋的一群人，他们会用不同的表情来面对不同的人，有时候难免让人觉得虚伪。

### 4. 浪漫主义者

这种类型的人是天生的艺术家，他们高兴的时候尽情地开怀大笑，伤心的时候号啕大哭而不惧怕别人的眼光。他们生活得最自我也最真实，很少看到他们的虚伪和做作。尽管如此，他们的身上总有一股忧郁的气息，让人难以捉摸。

### 5. 观察者

这类人不喜欢与人交往，宁愿孤独地面对整个世界。在工作上，他们的理性让他们很少感情用事。他们和任何人交往都是“君子之交淡如水”，他们不会让别人走进他们的内心，当然，他们也没有兴趣走进别人的内心。

### 6. 怀疑论者

他们的脸上总是一副怀疑的表情，他们难以相信任何人，甚至对自己也不信任。信任危机一直困扰着他们。

### 7. 享乐主义者

他们的脸上永远洋溢着快乐，烦恼在他们的心里不会驻足太久。对于他们来说今朝有酒今朝醉是非常好的生活哲学，因为生命太短暂，要抓紧时间享受。

### 8. 领导者

领导者给人的印象是严肃而有威严的。他们从小可能就是那些调皮捣蛋的孩子王，长大了那种领导众人的魅力也就显现出来了。他们可能是为了帮助弱小者挺身而出的人，也可能是为了反对某种不合理的制度而带头“革命”的人。他们身上的正义感很强，愿意保护社会中的弱势群体。然而，他们喜欢命令人的脾气可能不会受到周围人的欢迎。

### 9. 协调者

合纵连横，纵横捭阖，这是协调者的强势。他们脾气好，能够说服别人，因而无论走到哪里，都会留下一个好人缘。但是，他们天生缺乏决断能力，在重大事情面前总是摇摆不定。

这里只是对九型人格进行了一些简略的叙述，有兴趣的人可以找来相关的著作，或者在网上找一些资料，进行深入研究。另外，你还可以进行一些性格测试，确定自己属于哪一类性格，然后再有针对性地对自我情绪进行调整。

## 给生活加点让人愉悦的色彩

不同的颜色会给我们带来不同的心情，这是每个人都能体会到的。例如，当你抬起头，看到的是湛蓝的天空，一定会感觉神清气爽；而如果看到的是一片乌云，一定会心情压抑。再例如，不同色调的画作和摄影作品，会使我们感受到不同的心情；房间里墙壁刷上不同的颜色，也会让我们的感受不同；甚至我们还会根据不同的心情和个性，选择不同颜色的衣服，等等。这些都说明，颜色具有影响人情绪的特性。有的时候，这种影响是至关重要的。

国外曾发生过这样的事：有一座黑色的桥梁，每年都有一些人在那里自杀。后来，有人提出把桥涂成天蓝色，结果自杀的人就明显减少了。再后来，人们又把桥涂成了粉红色，在那里自杀的人就一个都没有了。

从心理学的角度分析，黑色显得阴沉，会加重人的痛苦和绝望的心情，容易把本来心情绝望、濒临死亡的人，向死亡更推进一步。而天蓝色和粉红色则容易使人感到愉快开朗，充满希望，所以不容易让人产生绝望的情绪。

心理学家对颜色与人的心理健康之间的关系进行了研究。研究表明，在一般情况下，红色表示快乐、热情，使人情绪热烈、饱满，激发爱的情感；黄色表示快乐、明亮，使人兴高采烈，充满喜悦；绿色表示和平，使人的心里有安定、恬静、温和之感；蓝色给人以安静、凉爽、舒适之感，使人心胸开朗；而灰色则使人感到郁闷、空虚；黑色使人感到庄严、沮丧和悲哀；白色使人有素雅、纯洁、轻快之感。

另外，在临床实践中，有关学者对利用颜色治病也进行了研究，效果非常显著。高血压病人戴上烟色眼镜可使血压下降；红色和蓝色可使血液循环加快；病人如果住在涂有白色、淡蓝色、淡绿色、淡黄色墙壁的房间里，心情就会很安定，有助于健康的恢复。

颜色不仅可以给你带来有益的刺激，而且还可以对你的情绪起到安抚的作用。

粉红色：能抑制愤怒，降低心肌收缩力，减缓心率。

浅蓝色：可消除大脑疲劳，使人清醒而精力旺盛。

咖啡色：能让人心理趋于平静，消除孤独感。

黄色：可集中注意力，增加食欲。

紫色：能消除紧张情绪，对孕妇有一定的镇静作用。

红色：能提高食欲、升高血压，但易让人性急、发怒。有心脏病的人不宜居住在墙壁为红色的房间内。

白色：对烦躁情绪有一定的镇静作用，对心脏病人有益。

黑色：能减少人体内的红细胞，并容易诱发事故，易使人感到疲倦。

蓝色：可减慢心率，降低胆红素，对呼吸道疾病的治疗有一定的作用。

绿色：具有调节神经系统的作用，能消除紧张情绪，减慢心率，活跃思维；对治疗抑郁症、厌食症有一定的作用。

总之，各种颜色都会给人的情绪带来一定的影响，使人的心理活动发生变化，进而影响人的生理机能。因此，我们的日常生活中一定要注意颜色的搭配，无论是衣服，还是家里的装修，最好都选择一些给人带来好心情的“阳光颜色”。这样，我们的生活必然会多一点快乐，少一些焦虑。

## 走出情绪调适的误区

良好情绪是提高生活质量的基础，它有利于促进健康、学习、工作和生活。评定良好情绪的标准主要有以下几点：情绪反应有一定原因；能够控制自己的情绪变化；情绪反应不过度，适度合理；心情愉快，心境稳定、乐观。

生活中，不可避免会产生不顺心的事情，从而可能引发悲观、焦虑、恐惧、愤怒等情绪。拥有这些情绪是不可避免的，但要懂得调适这些情绪，以保持健康身心。但是，在调适情绪时，人们很容易陷入以下3个误区：

### 1. 误认为情绪调适就是使人时时“快乐”

现实生活中，“快乐”已经成为人们非常频繁而贴心的祝福，只有这种情绪体验显然不够。不能为了总是拥有快乐而刻意去回避随时可能遇到的矛盾和困难。

丰富多彩的生活决定人们的应该有各种各样的情绪体验。情绪按体验的程度可分为心境、激情、应激。常说的“快乐”“开心”即心境。情绪健康的人的主导心境应是乐观向上。情绪具有两极性，当你紧张而不知道如何放松时，可以试着攥紧拳头，当松开拳头的那一瞬间即可体验到放松的感受。

**2. 误认为情绪调适只是方法问题**

人们在情绪调适的问题上通常仅仅注重自我暗示、咨询、宣泄等具体的调适方法。实际上，形成正确的认知、养成快乐的习惯才是情绪调适的根本方法。明确自己的定位、目标、优势和不足，而不去追求不切实际的目标，才是保持良好情绪的关键所在。勇于承认自身存在的不足，不刻意压抑自己，抛除虚荣心，对别人的评价也不要过分敏感。如此这般，才不会因无法达到预期目标而产生不良情绪，才能更清晰地认识到自身不良情绪引发的原因，而后合理地处理事情，而不是遇到不好情况就过分紧张。

**3. 误认为情绪调适只是成年人的事**

对于成年人的不良情绪，人们通常可以理解，但对于儿童身上出现的不良情绪许多人却理解不了，如，经常听到大人对小孩说“小小年纪，烦什么烦”。但是，研究表明，相比成年后的经历，童年时期的经历对人一生的心理影响更大，对情绪的影响也是如此。成年人不良情绪的产生通常可以追溯到他们童年时期的经历。因此，儿童成长中出现的情绪问题必须引起重视。要重视儿童的情绪调适问题，使儿童积累各种类别的情绪。当儿童出现不良情绪反应时，要积极、合理地引导他们，让他们从小养成情绪调适的习惯。

情绪调适能反映出一个人的智慧、习惯、人的精神意志和道德水平。情绪调适与人的童年经历密切相关。从情绪调适的误区中走出去，使自己拥有持久稳定的良好情绪。

# 第七章　微小情绪的强大力量——情绪传导

## 情绪具有感染力

将一个乐观开朗的人和一个整天愁眉苦脸、抑郁难解的人放在一起，不到半个小时，这个乐观的人也会变得郁郁寡欢。道理很简单，情绪具有感染力，悲观者将自己的苦闷、抑郁传递给了他。那就让我们及时调整好自己的情绪，不要让你的负面情绪到处去“惹祸”了。

有这样一幅漫画：

有个小男孩被老师批评了一顿，心情非常不好，在路边遇到一条觅食的小狗，便狠狠踢了它一下，吓得小狗狼狈逃窜；小狗无端受了惊吓，见到一个西装革履的老板走过来，便“汪汪”狂吠；老板无故被狗这么一闹，心情很烦躁，在公司里抓住他的女秘书的一点小小过错就大发雷霆；女秘书回家后，越想越气，把怨气一股脑儿全撒给了丈夫，夫妻俩吵了一架，把以前陈芝麻烂谷子的事都抖了出来；第二天，这位身为教师的丈夫如法炮制，把自己一个不长进的学生狠狠批评了一顿；挨了训的学生，碰巧就是前面提到的那个小男孩。小男孩怀着恶劣的心情放了学，归途又碰见了那条小狗，二话没说又一脚踹去……

看过漫画，大家都忍不住哈哈大笑，漫画用夸张的手法给我们展示了一条不良情绪的传染链。其实，我们每个人都是不良情绪的始作俑者，每个人也都是不良情绪的受害者。其实，只要处于这条传染链中间的某个人控制住自己的情绪，这个恶性循环就不会再传递下去。

良好的情绪会带给周围人无尽的欢乐，如果我们仔细回想一下，一定能够想到许多因他人的良好情绪而感染我们的例子。比如某小区的物业人员总是真诚、友善地和你道一句“你好”“再见”之类的话语，你可能本来因忙碌而觉得心烦，但一听到他的问候、看到他的笑脸，你的内心也会绽放出一朵花来。许多经常来往的人会互相影响，也是基于这样的道理。但如果是负面情绪的传染，有时会带来毁灭性的灾难。

俄亥俄州大学社会心理生理学家约翰·卡西波指出，人们之间的情绪会互相感染，看到别人表达的情感，会引发自己产生相同的情绪，尽管你并未意识到在模仿对方的表情。这种情绪的鼓动、传递与协调，无时无刻不在进行，人际关系互动的顺利与否，便取决于这种情绪的协调。

情绪的感染通常是很难察觉的。专家做过一个简单的实验，请两个被实验者写出当时的心情，然后请他们相对静坐等候研究人员到来。两分钟后，研究人员来了,请他们再写出自己的心情。这两个实验者是经过特别挑选的，一个极善于表达情感，一个则是喜怒不形于色。实验结果，后者的情绪每次都会受到前者的感染，那么，这种神奇的传递是如何发生的呢?

人们会在无意识中模仿他人的情感表现，诸如表情、手势、语调及其他非语言的形式，从而在心中重塑自己的情绪。这有点像导演所倡导的表演逼真法，要演员回忆产生某种强烈情感时的表情动作，以便重新唤起同样的情感。

研究发现，人容易受到负面情绪的传染，如果带着满肚子闷气，绷着脸回到家,摔摔打打,看什么都不舒服,立刻便将负面情绪传染给了全家。同样，在家里怄了气，也会把负面情绪带到外面。这就像一个圆圈，以最先情绪不佳者为中心，向四周荡漾开去，这就是常被人们忽视的“情绪污染”。用心理学家的话说：情绪这种无形的“病毒”就像瘟疫一样从这个人身上传播到另一个人身上，一传十、十传百，其传播速度有时要比有形的病毒和细菌的传染还要快。被传染者常常一触即发，越来越严重，有时还会在传染者身上潜伏下来，到一定的时期重新爆发。这种负面情绪传染给人造成的身心损害，绝不亚于病毒和细菌引起的疾病危害。

同样，你听同一首歌，在家听的感受与到演唱会现场去听的感受肯定是大相径庭,因为你在现场情绪受到了感染。认识到情绪这种特殊的“传染病”，我们就要重视它，并积极利用正面情绪克制、舒缓负面情绪，这样才能赢得成功的品质。

人是情绪传染中的“导体”,要学会找出情绪在传递和传染过程中的“元凶”。有的“元凶”显而易见,在人际交往中占主导地位,这类人喜欢表达自己，任何情绪都能用语言或动作轻松地传给别人，抑或转嫁给别人。

有些人在情感上比较强势，喜欢通过影响他人的情绪获得一种成就感。这类人喜欢让别人与自己同喜同悲。有些人则在情绪传递中占劣势地位，很容易受他人的情绪感染、影响与控制。这类人或极为敏感，或富有同情心，或善于察言观色，不知不觉就会受到他人情绪传染。女性通常更容易受到他人的情绪传染。

要提高自己对负面情绪的“免疫力”，避免被负面情绪感染。尽量远离消极的人，可以有计划地避开那些有严重消极情绪的人，如，改变自身的行为习惯。无法远离时，就要学会与消极的人相处。如果消极的人是自己的同事，与他相处时就要尽量避开敏感话题，以免使同事产生消极情绪。敏锐觉察同事的情绪，必要时制定对策。

做个有主见的人，培养乐观积极的心态。有主见的人往往不易受他人的情绪传染。要从根本上避免受不良情绪传染，还得培养乐观积极的心态。心态积极的人能有效而准确地处理外界信息。此外，还可以用言语进行积极的自我暗示，可以提高保护自身情绪方面的意识。如不理会流言飞语，不知所措时暂时逃离，坚信自己有能力应付各类难题，等等。

自己的情绪自己做主，别被他人的情绪左右。提升自身对他人不良情绪的免疫能力，让自己每天都处于积极情绪的包围中。同时，自己也不要做个喜怒无常的人，让自己的心理状态完全被情绪左右，那样伤害的不只是别人，自己也会因此失去更多机会。

## 用笑容改善情绪气场

人与人第一次见面的时候，如果真诚地微笑，将会收到很好的效果，彼此留下美好的印象，此时“微笑”代表了“接纳、亲切”的意义。微笑能带给人很多正面的情绪反应，一张笑脸能给双方带来安心的感觉。也就是说，当人们发出一个微笑的表情，等于是发出一个“我喜欢你”“希望和你成为朋友”的亲切信息。

不要怀疑，微笑被认为是最具效率和感染力的交际语言，是人类特有的，也是最好的情绪传导方式。微笑不仅在人际交往中，而且在工作中也有着举足轻重的意义。

一家公司曾这样要求自己的员工：上班表情不佳，影响到部门其他员工工作情绪的每次扣罚 10 元。

这个规定看似有些荒诞，但有很大的正面效应。制定这样的制度，是源于总经理经常接到员工对部门经理表情僵硬的举报："某部门经理总是愁眉苦脸，员工情绪受到影响，工作积极性下降"；"部门开会的时候，由于部门经理表情僵硬眉头紧锁，导致几名员工在办公室门外不敢进入，严重影响会议效率"，等等。

为此总经理特意召开会议，传达了"老板不笑，员工烦恼"的新型理念。还做出新的规定要求公司中层领导以上的员工在工作中一定要保持良好的表情，让整个办公环境保持一种愉快的气氛。

开始，这个规定让人哭笑不得，但在有意识地关注这个问题后，问题很快得到了解决。不久，那些部门经理能明显感到微笑给自己带来的愉快心情。不仅如此，员工的情绪也变得饱满，提高了工作积极性。

看似荒诞的公司规定，却能带来如此良好的效果，微笑的作用确实不容忽视。关于笑容的奇妙作用曾有实验人员验证过：面对微笑的图片 2 分钟，诸如悲伤、痛苦等负面情绪会很快得到缓解和改善；反之，面对痛苦表情 2 分钟的人，情绪会受到暗示，之前快乐、激动等正面情绪会开始低落。除此以外，实验人员还发现，在所有的表情中，保持目光交流，并保持微笑的人最具有吸引力，如果是异性发出这样的表情，吸引力会更强。

微笑的人通常给人一种自信、乐观、潇洒的印象，容易赢得他人的认同，容易让人对其产生信任感。那么，如何微笑呢？

**1. 分清场合和对象**

微笑能够传递友好和信心，但毕竟是一种愉快、轻松的情绪，在有些场合并不适用。如，参加追悼会，或是庄严的集会活动，或是大家在讨论严肃、不幸的话题时，就应避免微笑，此时微笑将招人厌恶。此外，面对不同的人，应当使用不同的微笑。

不同的微笑能传达不同的感情，主要区别体现在眼神上。面对长者应该报以尊重、真诚、谦逊的微笑；面对孩童应该报以关切的、慈爱的微笑；面对同辈的人可以轻松一些，根据场合报以不同的微笑。

但是无论面对的是谁，都要从内心发出微笑，这样的微笑才能充满自信，才能打动周围的人，传递出友善的信息。号称酒店帝国的希尔顿家族就将"今天你微笑了吗"作为座右铭，这是创始人希尔顿先生在创业过程中发现的一条黄金定律，不仅能吸引大量的顾客，而且简单易行，更重要的是不需要经济成本。由此看来，微笑真是人类世界创造的一个奇迹。

**2. 发自内心，自然而然**

微笑是美好善意的窗口，只有发自内心的微笑才能直达对方心中，切记不要皮笑肉不笑，或是为了笑而笑。人们对他人的笑容具有很强的甄别力，其中的真情假意、蕴涵的深意只需一眼就可以敏锐地判断出来。

微笑的时候，请一定用真诚的眼神看着对方。这样的微笑才能把温暖和问候直接送到对方心中，使双方产生情感的互动，在愉快的交流中留下美好的回忆。

**3. 微笑的其他细节**

微笑不仅向对方表示一种礼节和尊重，而且也是自身修养和仪态的体现，但这并不意味着需要时时刻刻微笑。把握好“微笑”之“微”不仅体现在笑的幅度、持续时间，也体现在频率上。蒙娜丽莎的微笑之所以倾倒世界，就在于她的眼睛、嘴角、整个面部都在酝酿一个美丽的微笑，含蓄、迷人、恰到好处。如果笑得夸张、没有节制，就会适得其反，收到相反的效果，引起对方的反感。当对方视线掠过的时候，可以迎着他的视线微笑并轻轻点头。

所以，想要给他人积极的情绪感染，不用花太多力气与心思就可以实现，一个小小的微笑就能唤起别人的好心情，还可以得到别人回报给我们一个微笑。生活中多一些这种互动，正面情绪也就不难产生。

## 领导者情绪的扩散效应

任何一个人，都有机会成为一名出色的领导者，但真正成为领导者的人并不多。这是因为要做一个优秀的领导者，必须注意到管理情绪这个问题。领导者需要有比非领导者更出色的能力，而这些能力并不神秘，只要努力，我们都可以做到。心理学上有一个“踢猫效应”的故事就形象地说明了这一点。

一公司老板因急于赶时间去公司，结果闯了两个红灯，被警察扣了驾驶执照。到了办公室，他把秘书叫进来问道：“我给你的计划打好了没有？”

她回答说："没有。我……" 老板立刻火冒三丈，指责秘书说："不要找任何借口！赶快去做。如果你办不到，我就交给别人，虽然你在这儿干了 3 年，但并不表示你将终生受雇！" 秘书用力关上老板的门出来，抱怨说："真是糟透了！"

秘书回家后仍然在发怒。她进了屋，看到 8 岁的孩子正躺着看电视。在极其愤怒之下，她嚷道："我告诉你多少次了，放学回家要做作业，以后不许看电视！"

8 岁的儿子一边走出客厅一边说："真是莫名其妙！妈妈也不给我机会解释到底发生了什么事，就冲我发火。"就在这时，他的猫走到面前。小孩狠狠地踢了猫一脚，骂道："给我滚出去！你这只该死的臭猫！"

这个故事说明了负面情绪是可以传染的，如果领导者把这个情绪带给周围的人，那么这个负面情绪有可能像滚雪球一样越来越大。

领导者，是最容易将情绪进行扩散的人，因为他们的手中拥有权力。如果领导者不善于控制自我情绪，就会像上面例子中的老板一样，肆意向下属发泄自己的负面情绪，而下属却不能对这种情绪有自己真实的反应，一般都会隐忍。这样的结果就会造成领导者越来越放纵自己的情绪，却没有人向他提及这种情绪的危害性。很多员工在受到领导的负面情绪影响后，自己也到了要发泄情绪的关口，而不能发泄给领导，就只能发泄给周围的人。

所以，一般的人际关系之间的情绪互动，都是双方内部的，以一对一的形式进行，不会涉及不相干的人，但是在领导与下属这种典型情景中，情绪互动就成为了链条式的，许多不相干的人也都会被牵扯进来，负面情绪就会像空气一样，不断向外扩散。

由于敌军实力强大，所以拿破仑所率的军队在战役中接连战败。在长达三天三夜的顽强抵抗后，队伍损失惨重，形势非常危急。就在这个时候，拿破仑也因一时不慎掉入泥潭中，弄得满身泥巴，狼狈不堪。

拿破仑却浑然不顾这突如其来的狼狈。因为他内心只有一个信念，那就是无论如何也要赢得这场战斗，他要听到胜利的号角。只听他大吼一声："冲啊！" 他手下的士兵见到他那副滑稽模样，忍不住都哈哈大笑起来，同时也被拿破仑的乐观自信所鼓舞。

一时间，战士们群情激昂、奋勇当先，终于取得了战斗的最后胜利。

这个故事告诉我们，正是拿破仑的积极情绪得到了扩散，才鼓舞了士气，取得了胜利。

作为领导者，应该重视对自身的情绪智力的开发和培养，提高领导效能。正确识别自身和他人情绪是提高情绪控制能力的基础。领导者可以通过以下 3 个方面来提高情绪识别能力：

**1. 关注自身情绪**

领导者首先必须对自己的情绪给予关注，从而对自己的情绪有准确的认知。

**2. 学会准确表达自身情绪**

准确地表达自身信息并能使他人准确接收是进行有效沟通和交流的基础。领导者首先必须学会运用语言或非语言的信息准确地表达自己的情绪。

**3. 善于识别他人情绪**

领导者要善于从一些细微的线索认知他人的情绪，这些线索包括：他人的面部表情、言语的语调和节奏、手势和其他身体语言等。

如果你恰好是一名领导，那么一定要做好自我情绪的控制，发挥领导真正该有的魅力与修养。如果你只是一名普通职员，在平时与领导的接触中，如果不小心接收了领导的负面情绪，就要注意不能将情绪发泄到身边的人，防止负面情绪的扩散。

## 多和快乐的人在一起

我们在阅读文学作品，或者欣赏艺术作品的时候，往往会有这样的审美经验：当你阅读一部文学作品，到动情的时候，或者心潮澎湃，或者潸然泪下；当你欣赏一幅描绘大自然背景的油画时，就可能瞬间感到天物我合一，感到你与大自然的一种契合，这正是情绪共鸣的作用。同样的，快乐也是如此，快乐也会引起人的情绪共鸣。

快乐是一种心境。得到快乐，与你住在多么高级的社区、有多么高薪的工作、有多少休闲时间、有多么显赫的头衔、有多少名牌衣服、有多么豪华的房车、有多少银行存款全然没有关系。罗马哲学家锡尼卡也指出：“认为自己命运悲惨，就会过得凄风苦雨。”

懂得快乐的人，无论他们生活处境如何，总会发现值得感谢的事物。富兰克林说："真正快乐的人，即使绕道而行，也懂得欣赏沿路风光。"这句话的意思就是：快乐的人即使遇到环境变迁，依然笑口常开。事实上，这种快乐是会传染的。这也就是为什么人们总是乐于同那些开朗乐观的人交往——因为他们也能从中得到快乐。

有一个国王，常为过去的错误而悔恨，为将来的前途而担忧，整日郁郁寡欢。于是，他派一位大臣四处寻找一个快乐的人，并把这个快乐的人带回王宫。这位大臣寻找了好几年，终于有一天，当他走进一个贫穷的村落时，听到一个快乐的人在放声歌唱。寻着歌声，他找到了正在田间犁地的农夫。

大臣问农夫："你快乐吗？"农夫回答："我没有一天不快乐。"

大臣喜出望外地把自己的使命和意图告诉了农夫。农夫不禁大笑起来，他又说道："我曾因为没有鞋子而沮丧，直到有一天我在街上遇到了一个没脚的人。"

大臣把农夫带回王宫，国王发现一个连鞋子都没有的农夫都能如此快乐，而自己拥有强大的国家，有拥护他的大臣和子民，还有什么理由不快乐呢？于是他对前途充满希望，也变得快乐起来。

人生就像爬山登高，爬在中途的时候，不必往下看，也不要过多地往上看。因为你不大可能看清楚顶峰，何必要为看不清楚的未来费神费力，分散注意力呢？国王为过去的错误而悔恨，为未来担忧，总是活在痛苦里，但是因为他受到农夫的感染，联想到自己所拥有的，最终他也变得乐观了。

人的一生总会遇到各种各样的不幸，但快乐的人不会将这些装在心里，他们没有忧虑。快乐就是珍惜已拥有的一切，知足常乐。学会多与快乐的人交朋友，这样你就会被他们的快乐所感染。加利福尼亚大学曾经进行过一项研究，研究结果发表在《英国医学期刊》上，这份报告称，快乐可以传染，与快乐的人接触可提高个人的幸福感，"如果你认识的一个人快乐，你的快乐几率会提高15%。如果你朋友的朋友，或是配偶或兄弟姐妹的朋友快乐，你快乐的几率会增加10%。"因此，为了让自己更快乐，我们还是多与快乐的人接触吧。

一个人的快乐与否，与外在的环境有很大的关系，当你意识到这一点的时候，就应该主动去寻找快乐，去接触快乐，只有这样，你才能真正成为一个快乐的人。

# 第八章　心理暗示能左右心情——情绪激励

## 绕过苦难直达目标需要积极暗示

积极的自我暗示能够不经意地影响我们的心理和行为，增强我们的自信心，克服我们的畏难心理，从而情绪也能向好的方向转变。

当我们要参加某种活动或面临竞争时，一定要用积极的自我暗示为自己注入情绪力量，让自己产生勇气、增强自信，从而取得出人意料的优异成绩。

多年前，一个世界探险队准备攀登马特峰的北峰，在此之前从没有人到达过那里。记者对这些来自世界各地的探险者进行了采访。

记者问其中一名探险者："你打算登上马特峰的北峰吗？"他回答说："我将尽力而为。"记者问另一名探险者，得到的回答是："我会全力以赴。"

记者问第三个探险者，这个探险者直视着记者说："我没来这里之前，我就想象到自己能攀上马特峰的北峰。所以，我一定能够登上马特峰的北峰。"

结果，只有一个人登上了北峰，就是那个说自己能登上马特峰北峰的探险者。他想象自己能到达北峰，结果他的确做到了。

你自信能够成功,那么成功的机会就越大。每当你相信"我能做到"时，自然就会寻找"如何去做"的方法，并为之努力。无论做什么事，我们都应该在实现目标之前进行积极的自我暗示，这样，情绪本来只有五分，会因你的积极暗示变成十分，我们就更容易成功。

我们的大脑存有两股力量，一股力量使我们觉得自己能够成为伟人；另一股力量却时时提醒我们："你办不到！"这样一对矛盾的内部力量的斗争，在我们遇到困境与失败时，会变得更加激烈。我们做人最大的敌人是自疑和害怕失败。它们经常扯我们的后腿，不让我们去尝试，或在失败后给我们打击；它们吸取我们的能量，使得我们不能充分发挥自己的能力。

许多时候，在我们的征途中，我们会萎靡不振，感觉生活走到了尽头，好像人生的音乐从自己的生活中消失了。但是，其实音乐依然在我们心中。不论什么时候，不论在哪里，也不论我们的环境如何恶劣，我们的遭遇如何不幸，生活的音乐始终不会消失。它在我们的心里，只要我们注意听，我们就会发现它的美妙。

做任何事，我们都要想到成功，不要在心里制造失败，要想办法把“必定会失败”的意念排除掉。这样我们才能克服畏难的心理，消除悲观情绪的障碍，积极地向成功的目标迈进。

那么，如何进行积极的自我暗示呢？有没有什么技巧呢？以下是培养积极自我暗示的几种方法：

（1）每天有意用充满希望的语调谈每一件事，谈你的工作、你的健康、你的前途。“存心”对每件事采取乐观的态度。

（2）想着“我将要成功”而不是会失败。当你建立成功的信念后，你的才智会积极帮你寻找成功的方法。

（3）乐于接受各种创意。要丢弃“不可行”“办不到”“没有用”“那很愚蠢”等思想渣滓。

（4）与自己亲近的人谈谈心，请他们帮助你告别过去，让他们在你犯下错误时提醒你。

（5）不要说“我就是这样”，而说“我曾经是这样”。

（6）不要说“我也没办法”，而说“只要努力一下，我就可以改变自己”。

（7）不要说“我一直是这样”，而说“我一定要做出改变”。

（8）不要说“我天生就是这样”，而说“我曾认为自己生性如此”。

不要小看这些细微的暗示，正所谓三人成虎，暗示如果多了，我们就会渐渐地信以为真。同时，暗示不是自我欺骗，是通过暗示产生积极正面的情绪，再由情绪带动我们的行动。所以，多一些健康的暗示，能让我们的生活远离苦难，渐渐驶向幸福的彼岸。

## 积极的自我暗示激发潜能

前面已经提过暗示是一种特殊的心理意识，对人的情绪有巨大的影响。

现代科学证明，暗示对于人体的生理机能也有明显的影响。

有人曾做过这样一个实验，设计一个两端平衡的跷跷板，让实验者躺在上面假想自己正骑自行车。虽然身体未动一丝一毫，但不断地自我暗示使没有外力作用的平衡跷跷板朝脚底倾斜。原来假想的意向性运动使实验者的下肢血管扩张，血流向下肢，敏感的跷跷板就发生了变化。

暗示可以分为积极暗示和消极暗示。消极的暗示能扰乱人的情绪、行为及人体生理机能并造成疾病。许多神经衰弱官能症患者，往往由于消极的自我暗示而加重病情。心理学家指出，如果你反复进行消极的自我暗示，便会形成根深蒂固的消极模式，使自己在潜意识或无意识中做出行为。

当你发现自己的情绪被消极暗示束缚而无法自拔时，可以运用积极暗示，并且做到持之以恒，积极的暗示就会起潜移默化的作用，逐渐唤醒体内积极的暗示作用，达到健全心理机能的功效。

积极的自我暗示，是对某种事物有利、积极的叙述，是情绪的正面表达，这是使一种我们正在想象的事物保持坚定和持久的表达方式。进行肯定的练习，能让我们开始用一些更积极的思想和概念来替代我们过去陈旧的、否定性的思维模式，这是一种强有力的技巧，一种能在短时间内改变我们对生活的态度和期望的技巧。

自我暗示有很多种方法：可以默不作声地进行，也可以大声地说出来，还可以在纸上写下来，更可以歌唱或吟诵，每天只要十分钟有效的肯定练习，就能抵消我们许多年的思想习惯。归根到底，都是一种积极心态在起作用。我们经常意识到我们正在告诉自己的一切，如果选择积极的语言和概念，就能够很容易地创造出一个美好的现实。

摩拉里在很小的时候，就梦想站在奥运会的领奖台上，成为世界冠军。

1984 年，一个机会出现了，他在自己擅长的项目中，成为全世界最优秀的游泳者。但在洛杉矶奥运会上，他只拿了亚军，梦想并没有实现。

他没有放弃希望，仍然每天在游泳池里刻苦训练。这一次目标是 1988 年韩国汉城奥运会金牌，他的梦想在奥运预选赛时就烟消云散了，他竟然被淘汰。

带着对失败的不甘，他离开了游泳池，将梦想埋于心底，跑去康乃尔念律师学校。在以后的三年的时间里，他很少游泳。可他心中始终有股烈焰在熊熊燃烧。

离 1992 年夏季赛不到一年的时间，他决定孤注一掷。在这项属于年轻人的游泳比赛中，他算是高龄者，就像拿着枪矛戳风车的现代堂吉诃德，想赢得百米蝶泳的想法简直愚不可及。

这一时期，他又经历了种种磨难，但他没有退缩，而是不停地告诉自己："我能行。"

在不停地自我暗示下，他终于站在世界泳坛的前沿，不仅成为美国代表队成员，还赢得了初赛。

他的成绩比世界纪录只慢了一秒多，奇迹的产生离他仅有一步之遥。

决赛之前，他在心中仔细规划着比赛的赛程，在想象中，他将比赛预演了一遍。他相信最后的胜利一定属于自己。

比赛如他所预想，他真的站在领奖台上，颈上挂着梦想的奥运金牌，看着星条旗冉冉上升，听到美国国歌响起，心中无比自豪。

摩拉里没有被消极思想所打败，在艰苦的环境中，他不断地进行积极的自我暗示，终于打破常规，获得奇迹般的胜利。

自我暗示是世界上最神奇的力量，积极的自我暗示往往能提升人的情绪力量，唤醒人的潜在能量，将他提升到更高的境界。

潜能是一个巨大的能量宝库，积极心态是开启这座宝库的金钥匙。不断地对自己进行积极暗示，就能够发掘这座巨大的能量宝库，发挥无穷的力量，创造出一个又一个奇迹。

## 意识唤醒法使人走出悲伤情绪

世事变幻无常，有时候人们难免会陷入失意情绪之中。心理学家认为，这是人们的自我意识没有被唤醒，一旦沉睡在他们心底的意识苏醒，他们会轻松跨过难关。心灵觉醒的人，能够清醒地看到自己的人生状态并会为自己的人生负责，他们的正面情绪也是觉醒的；而心灵沉睡的人，常常会迷失在生活里，他们的正面情绪也并不活跃。如果你能激发他们的心灵，他们就能从悲伤情绪中走出。

小姜的一个同学因患黄疸型肝炎被学校劝退休学，为此整天愁眉苦脸，总认为自己的病没有好转的可能，因而产生了悲观情绪，丧失了信心。小姜放假时，到这位同学住的医院探视他。一见面他就做出一副欣喜状，对这位同学说："哥们儿，你的脸色比以前好多了嘛！听医生说，你的黄疸指数已有所下降，这说明你的病情在好转啊！"

小姜的话客观实在，使朋友的精神为之振作。于是，他乐观地接受治疗，加速了康复进程，不久便病愈出院了。

小姜富有情绪感染力的一句话，就让他的同学走出阴霾，重获希望。我们每个人的人生都不是一帆风顺的，人们在遇到各种变故的时候，产生负面情绪是正常的，例如烦躁、悲观、郁闷等。作为朋友的我们有责任帮他们走出负面情绪的泥沼，给他们安慰和鼓励。但是，安慰和鼓励并不代表帮助他们逃避自我的情绪问题，我们应该抓住某些好的方面，适时予以积极的暗示，这样才有助于唤起他们的自我意识，重新找回积极情绪。

上大四的小文恋爱3年了，不久前女朋友不知何故跟他分手了。他很伤心，整天精神恍惚。他的班主任王老师知道此事后，来做他的工作。

王老师一见到小文就说："我知道你失恋了，是来向你道贺的！"

小文很生气，转身就走。

"难道你不问问为什么吗？"小文停下来，等着听王老师的下文。

王老师说："大学生都希望自己快点成熟起来，失败能使人的心理、思想进一步成熟，这不值得道贺吗？大学生的恋爱大多属于非婚姻型，一是大学生在学习期间不大可能结婚，二是很难预料双方将来能否在一个地方工作。这种恋爱的时间又不长，随着知识的积累，人慢慢成熟了，就有可能重新考虑对方，恋爱变局也就悄悄发生了。应该说，这是大学生心理成熟的一种重要标志，你这么放任自己的感情，是心理成熟还是不成熟的表现呢？另外，越到高年级，大学生越倾向于用理智处理爱情。这时，感情是否相投，性格是否和谐，理想和追求是否一致，学习和工作是否互助互补，都会成为择偶的标准，甚至双方家庭有时也会成为重点考虑的条件，这就是择偶标准的多元化。这种标准多元化更是大学生心理逐渐成熟的表现，也符合普遍规律。你女朋友和你分手是不是出于择偶条件的全面考虑？你全面考虑过你的女朋友吗？如何处理你目前的感情失落，你该心中有数了吧？"

王老师先设置悬念——"祝贺你失恋"，把小文从情绪的泥沼中"唤"

了出来，然后通过合情合理的分析，唤醒他的理智，多次用“大学生失恋不是坏事，而是心理成熟的标志”的观点来加以点拨。王老师就是通过一步步唤醒小文的自我意识，使他能够用理智来处理感情问题，从而约束自己的感情，恢复心理平衡。在这个过程中，小文沉睡的心灵得以苏醒，凝固的气场能量又能够重新流动。

从本质上讲，每个人都具有自我意识，只是被暂时的失意情绪蒙蔽了。因此，我们要帮助失意的人唤醒他们心底沉睡的狮子，即唤醒他们的自我意识、唤醒他们沉睡的心灵。这是一种对消除消极情绪非常有效的手段，可以用最短的时间使失意者幡然醒悟，重新面对积极的人生。

# 第九章　给负面情绪找个出口——情绪释放

## 为情绪找一个出口

情绪的宣泄是平衡心理、保持和增进心理健康的重要方法。不良情绪来临时，我们不应一味控制与压抑，而应该用一种恰当的方式，给汹涌的情绪找一个适当的出口，让它从我们的身上流走。

在我们的生活中，可能会产生各种各样的情绪，情绪上的矛盾如果长期郁积心中，就会引起身心疾病。因而，我们要及时排解不良情绪。很多时候，只要把困扰我们的问题说出来，心情就会感到舒畅。我国古代，有许多人在他们遭到不幸时，常常赋诗抒发感情，这实际上也是使情绪得到正常宣泄的一种方式。

有人经过研究认为，在愤怒的情绪状态下，伴有血压升高的状况，这是正常的生理反应。如果怒气能适当地宣泄，紧张情绪就可以获得松弛，升高的血压也会降下来；如果怒气受到压抑，长期得不到发泄，那么紧张情绪得不到平定，血压也降不下来，持续过久，就有可能导致高血压。由此可见，情绪需要及时地宣泄。

尽管自控是控制情绪的最佳方式，但在实际生活中，始终以积极、乐观的心态去面对不顺心的外部刺激，是非常难做到的。所以，人们在控制情绪时常常综合应用忍耐和自控的方法，而且，为了顾忌全局，暂时忍耐的方法用得更多。所以，尽管在面对不愉快时会努力做到自控，但往往并非能做到真正的洒脱，还需要检验个人的忍耐力。然而，每个人的忍耐力都是有极限的，当情绪上的烦躁、内心的痛苦达到一定程度，最终会非理性地爆发出来。所以，在实际生活中，不能一味地压抑情绪，要懂得适当地宣泄，为自己的负面情绪找一个“出口”，将内心的痛苦有意识地释放出来，而要避免不可控地爆发。

有天晚上，汉斯教授正准备睡觉，突然电话铃响了，汉斯教授接起了电话，他一听才知道电话是一个陌生妇女打来的，对方的第一句话就是："我恨透他了！""他是谁？"汉斯教授感到莫名其妙。"他是我的丈夫！"汉斯教授想，哦，打错电话了，就礼貌地告诉她："对不起，您打错了。"可是，这个妇女好像没听见，如竹桶倒豆子一般说个不停："我一天到晚照顾两个小孩，他还以为我在家里享福！有时候我想出去散散心，他也不让，可他自己天天晚上出去，说是有应酬，谁知道他干吗去了！"

尽管汉斯教授一再打断她的话，说不认识她，但她还是坚持把话说完了。最后，她喘了一口气，对汉斯教授说："对不起，我知道您不认识我，但是这些话在我心里憋了太长时间了，再不说出来我就要崩溃了。谢谢您能听我说这么多话。"原来汉斯教授充当了一个听筒。但是他转念一想，如果能挽救一个濒临精神崩溃的人，也算是做了一件好事。

这位陌生的妇女之所以选择了汉斯教授作为自己情绪的出口，就是因为彼此不认识，这名妇女能轻松地将自己的情绪倾倒出来，而不会引起恶性循环。

所以，我们要找到合适的发泄情绪的管道，当有怒气的时候，不要把怒气压在心里，对于情绪的宣泄，可采用如下几种方法：

**1. 直接对刺激源发怒**

如果发怒有利于澄清问题，具有积极性、有益性和合理性，就要当怒则怒。这不但可以释放自己的情绪，而且是一个人坚持原则、提倡正义的集中体现。

**2. 借助他物发泄**

把心中的悲痛、忧伤、郁闷、遗憾借助他物痛快淋漓地发泄出来，这不但能够充分地释放情绪，而且可以避免误解和冲突。

**3. 学会倾诉**

当遇到不愉快的事时，不要自己生闷气，把不良心境压抑在内心，而应当学会倾诉。

**4. 高歌释放压力**

音乐对治疗心理疾病具有特殊的作用，而音乐疗法主要是通过听不同的乐曲把人们从不同的不良情绪中解脱出来。除了听以外，自己唱也能起同样的作用。尤其高声歌唱，是排除紧张、舒缓情绪的有效手段。

**5. 以静制动**

当人的心情不好，产生不良情绪体验时，内心都十分激动、烦躁对此坐立不安，此时，可默默地侍花弄草，观赏鸟语花香，或挥毫书画，垂钓河边。这种看似与排除不良情绪无关的行为恰是一种以静制动的独特的宣泄方式，它是以清静雅致的态度平息心头怒气，从而排除沉重的压抑。

**6. 哭泣**

哭泣可以释放人心中的压力，往往当一个人哭过之后，发现心情会舒畅很多。当然，宣泄也应采取适当的方式，一些诸如借助他人出气、将工作中的不顺心带回家中、让自己的不得意牵连朋友等做法都不可取，于己于人都不利。与其把满腔怒火闷在心中，伤了自己，不如找个合适的出口，让自己更快乐一些。

## 不要刻意压制情绪

马太定律指的是好的越好，坏的越坏，多的越多，少的越少的一种现象。最初，它被人们用来解释一种社会现象，例如，社会总是对已经成名的人给予越来越多的荣誉，而那些还没有出名的人，即使他们已经做出了不少贡献，也往往无人问津。

其实，这一定律同样适用于人的情绪。也就是说，那些快乐的人，会越来越快乐；相对应的，那些压抑的人，总是感到越来越压抑。我们经常会看到这样一些人，他们总是抱怨自己人生的不如意，并由此产生了一系列的压抑情绪的心理问题。

心理学研究表明，情绪需要的是疏导而不是压抑，要勇敢地表达自己的情绪，而非拼命地压制。当你大胆地表达出你的真实情感时，目标将有可能实现，反则将事与愿违。

白雪是一个很美丽的女子，老公是她的初恋，因为爱，她一直都在迁就他。从大学恋爱到结婚，一直如此。而他，则有着别人不能反抗、永远是他对你错的嚣张气焰。他不喜欢她工作，她就得放弃工作在家带孩子。他不喜欢她的朋友，她就乖乖地一个朋友都不见，渐渐失去了一切朋友。每当他心情不好时，她都对他百般迁就与迎合，希望老公在自己的关爱与包容下，情绪会有所改善。可是，日子一天天过去，他的脾气非但没有改善，反而愈演愈烈。在她稍稍不听话的时候，得到的就是一顿狂风暴雨式的武力伺候。

她纵然有一千个想法，也从来不敢表达。她努力地迎合公公婆婆，得到的却永远是白眼多于黑眼的冷漠。她不敢对老公说让公公婆婆搬走另住，只好继续默默承受着除了丈夫之外的公公婆婆的冷暴力。

她从此很少说话，保持着令人崩溃的沉默，把一切放在心里。但却不曾料到，在这样的环境中，小时候非常活泼可爱的女儿居然也学会了迎合她的情绪。看到白雪哭的时候，她会安慰妈妈，唱歌给妈妈听，说老师夸奖她之类的话，其实白雪知道老师并没有表扬她。孩子在学校非常的自闭，没有朋友，常常一个人呆呆地不说话。这让白雪非常揪心。

9 年的婚姻，9 年的迎合，她从一个活泼快乐的公主变成了一个深度抑郁的女人，还影响到了孩子的成长。虽然跟双方的性格有关，但更是她一味迎合、纵容的结果。

白雪一味将自己的情绪压抑下来，其实对她的婚姻一点好处都没有。我们常说不敢表达自己真实想法的人是怯弱的，一个人如果连自己的所思所想都不敢让别人知道，别人又怎敢相信他。所以不要压抑自己的真实想法与情绪，当自己想表达某种情绪时，就要勇敢地表达出来。

那么该如何排解自己的压抑情绪，让想法顺利地表达出来呢？我们通常可以采取以下几种方法：

**1. 鼓励自己，给自己勇气**

缺乏信心是我们不敢表露真实情绪的一个原因，由于在乎对方的看法或情感，于是我们开始压抑自认为不利于双方关系的情绪。

这个时候，我们需要给自己勇气，告诉自己即使对方不认可也没有关系，心里也会觉得坦然，情绪也就很自然地表露出来了。

**2. 情绪表达要平缓**

情绪即使再激烈，也可以选择一种相对轻缓的方式来表达。否则很容易遭到对方的情绪反抗，沟通也就不能再继续进行了。

我们要试着对别人说“我现在很生气……”，而不是用各种激烈的指责或行动来表达生气，情绪是可以“说出来”的。

**3. 学会拒绝别人**

在某些时候，如果你想拒绝别人，也要大胆地表达出来。但是拒绝是讲究技巧的，太直率的拒绝可能会影响双方的关系。在拒绝对方的时候，你要考虑到对方的心理感受，可以肯定而委婉地告诉他你没法答应，并表达你的歉意。

**4. 学会赞美与肯定**

赞美是一种有效的人际交往技巧，能在很短时间内拉近人与人之间的距离，消除戒备心理。每个人都渴望听到赞美和肯定的话，真诚的欣赏与赞扬，会使你的人际关系更加和谐，也便于你顺利表达自己的想法。

大自然水库的水位超过警戒线时，水库就必须做调节性泄洪，否则会危害到水库的安全。倘若此时不但没有泄洪，反而又不断进水时，水库就会崩溃。人的情绪也是一样，当需要表达的时候，请先勇敢地迈出沟通的第一步。

## 情绪发泄掌握一个分寸

关于情绪发泄，一个男人曾经这样说过：只要给女人发泄的机会，女人就会像开足马力的机器，让你无处可退，最终崩溃。相对于男人而言，女人更喜欢通过倾诉的方式释放和发泄自己的情绪，但是有些女人往往不能掌握情绪发泄的度，结果导致自己像个失控的魔鬼，影响到自己的生活。

其实，当人产生负面情绪时，发泄是一个很好的途径，能最快地甩掉情绪的包袱，但是我们现在很多人面临的问题是把握不住这个发泄的度。一旦发泄过度，就会对我们的人际关系产生影响，没有人喜欢和不分场合、不分时机、不分轻重随意发泄情绪的人做朋友。我们需要将情绪发泄得恰到好处，才能保证生活的平和。

赵佳是北京某技术公司的总经理，由于她经常出差，甚至有时候要加班，她发现自己大多数的时间都放在工作上，时间一长，她便对自己的工作状态感到烦躁。

当意识到自己的工作状态不佳时，她就想借助运动或者唱歌发泄一下。她喜欢打网球，每每工作烦躁的时候，她就叫上几个同伴一起打网球，或者去 KTV 发泄一下。她认为打网球和唱歌都是发泄的好办法，特别是将心中的郁结通过打网球打出去或者唱歌唱出来的那一瞬间，仿佛一切都放下了。等发泄完了，她又重拾好心情，继续工作。

赵佳借助网球或者唱歌的方式来发泄自己的负面情绪，其实就是一种恰到好处的发泄方式，这种方式不仅调整了自己的情绪，而且也获得了乐趣。

负面情绪必须释放出来，如果不发泄出来的话，心灵的堤坝就会崩溃。而释放与发泄情绪所要做的就是用语言或者是动作把情绪表达出来，从而让处于战争中的躯体和大脑达成共识。当我们处于负面情绪状态时，正确的疏导才能让情绪发泄得恰到好处。

首先，我们应该体察自己的情绪变化。了解自己的情绪波动是控制情绪的第一步，就像医生医治病人一样，必须先了解病人的病症，然后才能对症下药。如果你连自己的情绪变化都不了解，又谈何控制和治理。唯一不同的是情绪必须自己感知，然后自己控制。

但是适当的情绪释放与发泄并不容易掌握，大多数人常会犯这样的错误：本来是在诉说自己的情绪问题，最后却误转了矛头，本来倾听的那个人成箭靶子，你已忘记了你的初衷。

其次，分析自己的情绪。寻找自己情绪变动的原因并有针对性地找到解决方案。情绪发泄与释放首先要对自己的情绪负责，必须认识到无论有什么样的情绪，都不应责怪和转嫁给他人。分析情绪的过程也是梳理个人情绪变化的过程，当分析情绪时，个人处于一种冷静、理性的状态，便于找到情绪源，从而利于缓解不良情绪。

再次，情绪归类。分析完情绪之后，就要将我们的情绪归类，到底属于有益的负面情绪，还是有害的负面情绪，程度的深浅又是如何，自己以往有没有相同的情绪体验，当你把这一次的情绪贴好标签后，所有情况就会一目了然。

最后，调控情绪。心理学认为：“人的情绪不是由某一诱发性事件本身所引起的，而是经历了这一事件的人对这一事件的解释和评价所引起的。”这是心理学著名的一条理论。当找到诱发情绪的原因之后，接下来就是调节情绪了。当一个人情绪低落的时候，要学会找一种适合自己的调节方法，如转移注意力、运动发泄，等等，以促使自己的情绪始终处于平衡之中，使自己的心境始终处于快乐之中。情绪发泄要恰到好处，就是要注意情绪发泄的度。发泄不满情绪，并不是单纯为了宣泄不满情绪，更不是“泼妇骂街”，不要因为过分的情绪发泄而摧毁了自己好不容易建立起来的光辉形象。在发泄情绪时千万注意要就事论事，不要进行人身攻击，否则事情的性质就改变了，也很难善后。

经营生活，其实就是经营心情。我们学会了不随意发泄情绪，也就能够成功地管理心情了，从而掌握好了自己的人生。

## 把负面情绪写在纸上

释放负面情绪的方式很多，“把负面情绪写在纸上”是非常流行的一种排解负面情绪的方法。这种方法简单且随意，在动笔将负面情绪写在纸上的过程中，自己的情绪已经得到表达和排解，内心也会有一种欣慰和解脱之感。

其实，生活中的每个人都需要倾诉内心的喜怒哀乐，把负面情绪写出来是缓解压抑情绪的重要方法。它的做法非常简单：将那些自己无法解决的困难或烦恼逐条写在纸上，将无形的压力化作“有形”。这样，原本紧张的情绪便可得到舒缓，思路会变得清晰，自己也能更冷静地解决问题。

瞿先生在一家公司供职约十余年，近些天因为升职的事情，心里非常郁闷。身边和自己同时进公司的同事乃至比自己晚进公司的同事都得到升迁，唯独自己升迁的机会非常渺茫。

面对这种情况，瞿先生在很长的一段时间里情绪都非常低落。他说：“我非常恼火，而且这种感觉还一直在扩张，以至于我觉得非离开这家公司不可。但在写辞职信之前，我随手拿了一支红水笔，将我对公司领导层的意见都写在纸上，写着写着，我的心境就开朗起来，好像负面情绪悄悄离开了一样。写完之后，我就把这些纸张收起来，并和老朋友说了这件事。”

朋友建议瞿先生用另一种颜色的笔，将每一位领导的才能和优点写出来，然后又让他把自己想晋升的职位、需要具备的素质甚至未来的规划等都一一写在纸上。两种颜色的纸张一对比，瞿先生的愤怒便马上消减。他又充满了激情，明白了自己怎样努力才能实现目标。

自此，瞿先生就找到了一种发泄情绪的好办法。他总是随身带着纸笔，每当自己有什么想法的时候，就习惯性地先将想法写在纸上。“这是一种很好又很安全的控制情绪的方法，每当我写完之后，就感到一身清爽，时间长了，我控制和调节情绪的能力也越来越强。”他这样说道。

当情绪需要发泄时，不妨像瞿先生那样，养成将情绪写在纸上的习惯。作家罗兰在《罗兰小语》中写道:“情绪的波动对有些人可以发挥积极的作用。那是由于他们会在适当的时候发泄，也在适当的时候控制，不使它泛滥而淹没了别人，也不任它淤塞而使自己崩溃。”情绪宣泄的方法有很多种。如:倾诉、哭泣、高喊等。适度的宣泄可以把不快的情绪释放出来，使波动情绪趋于平和。当你心中有烦恼和忧虑时，可以向老师、同学、父母兄妹诉说，也可用写日记的方式进行倾诉。